高等学校计算机基础教育规划教材

大学计算机基础
（立体化教材）（第2版）
——Windows 10+Office 2016

马　利 范春年 桂梓原 编著

清华大学出版社
北京

内容简介

本书是《大学计算机》(立体化教材)(ISBN：9787302378327)的修订本，在上一版的基础上做了大量的修改，编排更加合理。内容上增加了物联网、云计算、人工智能等新技术介绍。内容共分7章，内容包括计算机与计算思维、信息在计算机中的表示、系统思维、Word 2016版面设计、Excel 2016电子表格、网络化思维、伦理思维。

本书是作者对大学计算机基础课程体系、教学内容、教学方法、教学手段进行综合改革实践的具体成果，本书集基础性、时代性、系统性、实践性和启发性于一体，通俗易懂，可作为非计算机专业学生的计算机入门教材，也可作为成人自学教材。

图书在版编目(CIP)数据

大学计算机基础：Windows 10+Office 2016/马利，范春年，桂梓原编著. —2版. —北京：清华大学出版社，2020.9(2023.8重印)
高等学校计算机基础教育规划教材. 立体化教材
ISBN 978-7-302-56352-5

Ⅰ. ①大… Ⅱ. ①马… ②范… ③桂… Ⅲ. ①Windows操作系统－高等学校－教材 ②办公自动化－应用软件－高等学校－教材 Ⅳ. ①TP316.7 ②TP317.1

中国版本图书馆CIP数据核字(2020)第167261号

责任编辑：袁勤勇　薛　阳
封面设计：常雪影
责任校对：焦丽丽
责任印制：杨　艳

出版发行：清华大学出版社
　网　址：http://www.tup.com.cn，http://www.wqbook.com
　地　址：北京清华大学学研大厦A座　**邮　编**：100084
　社 总 机：010-83470000　**邮　购**：010-62786544
　投稿与读者服务：010-62776969，c-service@tup.tsinghua.edu.cn
　质量反馈：010-62772015，zhiliang@tup.tsinghua.edu.cn
　课件下载：http://www.tup.com.cn，010-83470236
印 装 者：三河市铭诚印务有限公司
经　销：全国新华书店
开　本：185mm×260mm　**印　张**：13.75　**字　数**：317千字
版　次：2014年9月第1版　2020年9月第2版　**印　次**：2023年8月第4次印刷
定　价：48.00元

产品编号：088593-01

前言

进入 21 世纪后，计算机成为人类日常生活中必不可少的现代工具，每一个受过高等教育的人都应该了解计算机，学会使用计算机来处理日常事务。作为教育部计算机教学指导委员会指定的公共基础必修课，大学计算机基础是学习其他计算机类课程的基础。根据教育部《关于进一步加强高等学校计算机基础教学的意见》和《高等学校非计算机专业计算机基础课程教学基本要求》，贯彻分类分层教学、因材施教、强化计算机应用能力和创新能力培养的原则，有序地推进大学计算机公共基础课程的改革，即分类分层教学。

本书主要内容如下：

(1) 第 1 章从计算工具的发展引入计算机科学的概念，探讨图灵机和冯・诺依曼计算机，然后讲述计算机的发展历史，并进而探讨什么是计算思维。

(2) 第 2 章从信息的基本单位比特入手，介绍计算机中用比特表示数值信息、文字符号、数字图像、数字视频和数字音频各类信息的方法。

(3) 第 3 章从计算机的硬件系统和软件系统两方面介绍计算机系统是如何工作的。

(4) 第 4 章从实际学习、工作需要出发，介绍长文档的编辑、批量处理通知、邀请函、证书、信函等 Word 2016 高级应用。

(5) 第 5 章介绍复杂的数据运算、分析、统计和汇总，包含公式与常用函数的使用、数据图表化和数据管理等 Excel 2016 高级应用。

(6) 第 6 章介绍如何把计算机连接在一起、如何把网络联接在一起、如何把自己的网络接入 Internet、如何实现计算机与网络设备间的数据通信、如何实现基于网络的信息交换和资源共享。同时，进一步介绍物联网的工作流程；物联网的应用；云计算与物联网；人工智能与物联网。

(7) 第 7 章从全新的角度介绍网络安全与信息伦理，介绍物联网、云计算、人工智能等新技术的应用。

本书作者马利、范春年、桂梓原分别完成第 6 章、7 章，第 1～3 章，第 4、5 章编写，编写过程中得到了课程组老师们的支持和帮助，在此一并感谢。

鉴于编者水平有限，书中难免存在不当之处，殷切希望各位读者提出宝贵意见，并恳请各位专家、学者给予批评指正。

编　者

2020 年 5 月

目录

第1章　计算机与计算思维……………………………………………… 1

1.1　导学 …………………………………………………………………… 1
1.2　计算机科学 ……………………………………………………………… 1
1.2.1　计算工具的发展 ……………………………………………………… 1
1.2.2　图灵机 ……………………………………………………………… 7
1.2.3　冯·诺依曼“存储程序控制”思想 ………………………………… 8
1.3　计算思维 ………………………………………………………………… 8
1.3.1　计算思维的概念 ……………………………………………………… 8
1.3.2　计算思维的本质 ……………………………………………………… 9
1.4　计算机的发展 …………………………………………………………… 9
1.4.1　计算机的发展概况 …………………………………………………… 9
1.4.2　计算机的特点………………………………………………………… 10
1.4.3　计算机的分类………………………………………………………… 11
1.4.4　计算机的应用………………………………………………………… 13
1.4.5　计算机的发展方向…………………………………………………… 16
思考题 ……………………………………………………………………… 17

第2章　0和1的思维——信息在计算机中的表示 ……………………… 18

2.1　导学 …………………………………………………………………… 18
2.2　计算机中的数制 ……………………………………………………… 18
2.2.1　信息的基本单位——比特…………………………………………… 18
2.2.2　十进制数、二进制数、八进制数和十六进制数……………………… 19
2.2.3　不同进制数之间的转换……………………………………………… 21
2.3　数值信息的表示 ……………………………………………………… 24
2.4　文字符号的表示 ……………………………………………………… 26
2.5　数字图像的表示 ……………………………………………………… 30
2.6　数字视频的表示 ……………………………………………………… 31
2.7　数字音频的表示 ……………………………………………………… 32

思考题 …… 32

第 3 章　系统思维 …… 34

3.1　导学 …… 34
3.2　计算机系统概述 …… 35
3.3　计算机硬件系统 …… 35
3.3.1　CPU 的结构和原理 …… 37
3.3.2　指令与指令系统 …… 40
3.3.3　主板、芯片组与 BIOS …… 41
3.3.4　存储器 …… 44
3.3.5　常用输入输出设备 …… 52
3.4　计算机软件系统 …… 55
3.4.1　计算机软件概述 …… 55
3.4.2　计算机软件的分类 …… 55
3.4.3　程序设计语言 …… 57
3.4.4　程序设计语言处理系统 …… 58
3.5　操作系统 …… 59
3.5.1　什么是操作系统 …… 59
3.5.2　操作系统的主要功能 …… 60
3.5.3　文件与文件系统 …… 61
3.5.4　常用操作系统 …… 62
3.6　计算机系统工作过程 …… 64
思考题 …… 65

第 4 章　Word 2016 版面设计 …… 66

4.1　导学 …… 66
4.2　页面布局 …… 67
4.2.1　页面设置 …… 68
4.2.2　页面主题和背景 …… 69
4.3　视图方式 …… 71
4.3.1　常用视图方式的对比 …… 71
4.3.2　导航窗格和显示比例 …… 72
4.3.3　大纲视图下的主控文档 …… 74
4.4　页面区域分隔方式 …… 77
4.4.1　段落和页面的分隔方法 …… 77
4.4.2　节和栏 …… 79
4.4.3　页眉页脚的设置 …… 81
4.5　引用功能 …… 83

4.5.1 目录 …… 83
4.5.2 题注与交叉引用 …… 85
4.6 综合案例 …… 86
4.6.1 案例要求 …… 86
4.6.2 操作示范 …… 86

第 5 章 Excel 2016 电子表格 …… 91

5.1 导学 …… 91
5.2 电子表格基础 …… 92
5.2.1 文件组成 …… 92
5.2.2 Excel 2016 工作界面 …… 92
5.2.3 数据输入 …… 93
5.2.4 工作表的格式化 …… 94
5.3 公式与函数 …… 96
5.3.1 单元格地址的引用 …… 96
5.3.2 公式 …… 96
5.3.3 函数 …… 97
5.3.4 函数使用实例 …… 99
5.4 数据图表化 …… 101
5.4.1 图表的生成和类型 …… 101
5.4.2 图表的编辑和修改 …… 103
5.5 数据管理 …… 104
5.5.1 数据导入 …… 105
5.5.2 数据排序 …… 105
5.5.3 数据筛选 …… 106
5.5.4 分类汇总 …… 109
5.5.5 数据透视图 …… 111
5.5.6 数据保护 …… 112

第 6 章 网络化思维 …… 114

6.1 导学 …… 114
6.2 互联网的产生和发展 …… 115
6.2.1 互联网的基本概念 …… 115
6.2.2 计算机网络发展的四个阶段 …… 116
6.2.3 互联网发展的四个阶段 …… 118
6.2.4 互联网在我国的发展及应用大事件 …… 119
6.3 计算机网络概述 …… 120
6.3.1 计算机网络概念及分类 …… 120

6.3.2 通信技术基础 …… 123
6.3.3 计算机网络性能指标 …… 128
6.3.4 网络的体系结构 …… 129
6.3.5 IP 地址与 MAC 地址 …… 135
6.3.6 传输介质及常见的网络设备 …… 138
6.4 局域网 …… 150
6.4.1 局域网特点 …… 150
6.4.2 局域网参考模型 …… 151
6.4.3 局域网的介质访问控制方法——CSMA/CD …… 153
6.4.4 以太网技术 …… 153
6.4.5 无线局域网 …… 156
6.5 因特网 …… 157
6.5.1 因特网的核心特征 …… 157
6.5.2 因特网架构 …… 157
6.5.3 TCP/IP 协议簇 …… 158
6.5.4 因特网宽带接入方式 …… 160
6.5.5 因特网基本应用 …… 162
6.6 物联网 …… 162
6.6.1 物联网定义及特征 …… 162
6.6.2 物联网的工作流程 …… 163
6.6.3 物联网的应用 …… 165
6.6.4 云计算与物联网 …… 165
6.6.5 人工智能与物联网 …… 166
第 7 章 伦理思维——网络安全与信息伦理 …… 168
7.1 导学 …… 168
7.2 恶意代码的概念及关键技术 …… 169
7.2.1 恶意代码概念 …… 169
7.2.2 恶意代码生存技术 …… 170
7.2.3 恶意代码隐藏技术 …… 172
7.3 计算机病毒 …… 173
7.3.1 计算机病毒概述 …… 174
7.3.2 计算机病毒防治技术 …… 177
7.4 木马 …… 184
7.4.1 木马概述 …… 184
7.4.2 木马工作原理 …… 185
7.4.3 木马防治技术 …… 188
7.5 蠕虫 …… 191

7.5.1 蠕虫概述 …… 191
7.5.2 蠕虫的传播过程 …… 193
7.5.3 蠕虫的分析和防范 …… 194
7.6 网络安全管理体系与信息伦理 …… 195
7.6.1 网络安全管理体系 …… 195
7.6.2 信息伦理 …… 196
7.7 保障信息安全常用手段 …… 197
7.7.1 数据加密技术 …… 197
7.7.2 数字签名技术 …… 201
7.7.3 数字证书技术 …… 202
7.7.4 身份认证技术 …… 203
7.7.5 数字水印技术 …… 206
7.7.6 区块链技术 …… 208
思考题 …… 209

第1章

计算机与计算思维

随着信息时代的到来，作为其主要标志的计算机应用已经渗透到各个领域，正在从根本上改变着人们的工作、学习和生活方式，而计算机技术自身的发展也是日新月异。因此，了解和掌握计算机技术是信息时代对现代人的基本要求。

本章主要讲述计算机与计算思维，从计算工具的发展引入计算机科学的概念，探讨图灵机和冯·诺依曼计算机，然后讲述计算机的发展历史，并进而探讨什么是计算思维。

1.1 导 学

本章结构导图如图1-0所示。

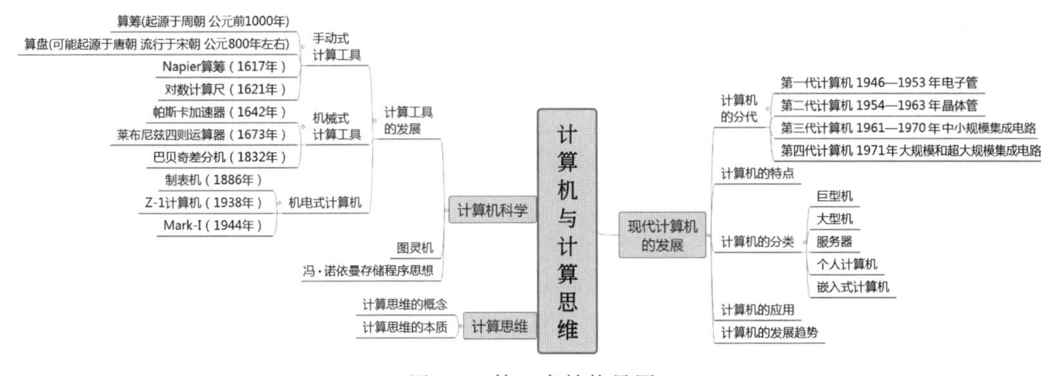

图1-0 第1章结构导图

1.2 计算机科学

1.2.1 计算工具的发展

计算工具是计算时所用的器具或辅助计算的实物。自古以来，人类就在不断地发明和改进计算工具，从古老的“结绳记事”，到算盘、计算尺、差分机，直到1946年第一台电子计算机诞生，计算工具经历了从简单到复杂、从低级到高级、从手动到自动的发展过程，而且还在不断发展。

1. 手动式计算工具

人类最初用手指进行计算。人有两只手，十个手指头，所以，自然而然地习惯用手指记数并采用十进制记数法。用手指进行计算虽然很方便，但计算范围有限，计算结果也无法存储。于是人们用绳子、石子等作为工具来延长手指的计算能力，如中国古书中记载的“上古结绳而治”，拉丁文中“Calculus”的本意是用于计算的小石子。

最原始的人造计算工具是算筹，我国古代劳动人民最先创造和使用了这种简单的计算工具。算筹最早出现在何时，现在已经无法考证，但在春秋战国时期，算筹的使用已经非常普遍了。根据史书的记载，算筹是一根根同样长短和粗细的小棍子，一般长为13～14cm，径粗0.2～0.3cm，多用竹子制成，也有用木头、兽骨、象牙、金属等材料制成的，如图1-1所示。算筹采用十进制记数法，有纵式和横式两种摆法，这两种摆法都可以表示1,2,3,4,5,6,7,8,9九个数字，数字0用空位表示，如图1-2所示。算筹的记数方法为：个位用纵式，十位用横式，百位用纵式，千位用横式，……，这样从右到左，纵横相间，就可以表示任意大的自然数了。

图1-1　算筹

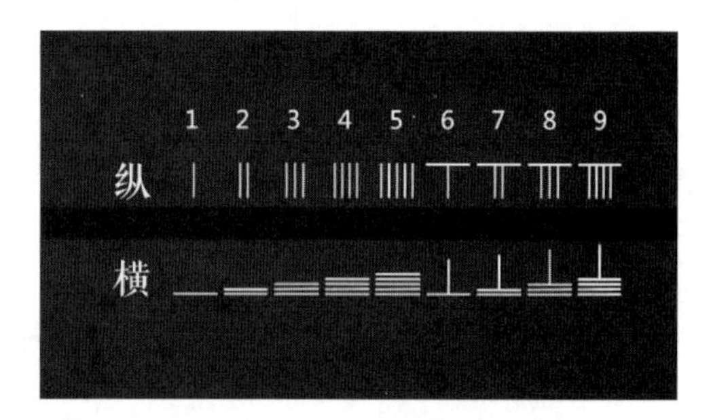

图1-2　算筹的摆法

计算工具发展史上的第一次重大改革是算盘(如图1-3所示)，也是我国古代劳动人民首先创造和使用的。算盘由算筹演变而来，并且和算筹并存竞争了一个时期，终于在元代后期取代了算筹。算盘轻巧灵活、携带方便，应用极为广泛，先后流传到日本、朝鲜和东南亚等国家和地区，后来又传入西方。算盘采用十进制记数法并有一整套计算口诀，例如，“三下五除二”“七上八下”等，这是最早的体系化算法。算盘能够进行基本的算术运算，是公认的最早使用的计算工具。

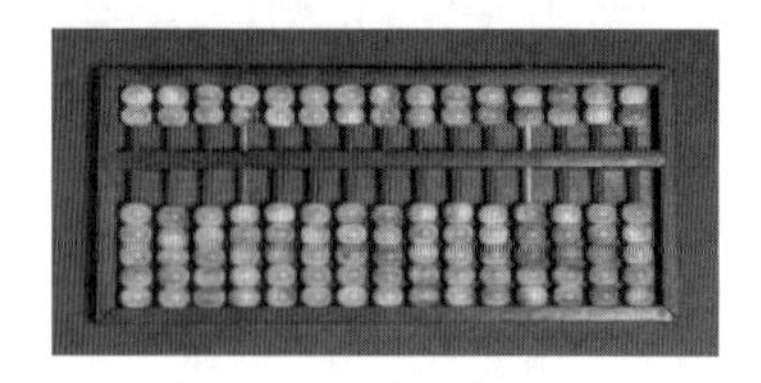
图1-3　算盘

1617 年，英国数学家约翰·纳皮尔(John Napier)发明了 Napier 乘除器，也称 Napier 算筹，如图 1-4 所示。Napier 算筹由十根长条状的木棍组成，每根木棍的表面雕刻着一位数字的乘法表，右边第一根木棍是固定的，其余木棍可以根据计算的需要进行拼合和调换位置。Napier 算筹可以用加法和一位数乘法代替多位数乘法，也可以用除数为一位数的除法和减法代替多位数除法，从而大大简化了数值计算过程。

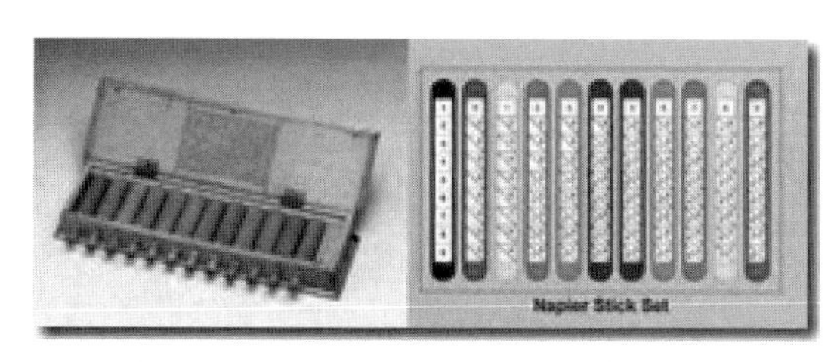

图 1-4　Napier 算筹

1621 年，英国数学家威廉·奥特雷德(William Oughtred)根据对数原理发明了圆形计算尺，也称对数计算尺。对数计算尺在两个圆盘的边缘标注对数刻度，然后让它们相对转动，就可以基于对数原理用加减运算来实现乘除运算。17 世纪中期，对数计算尺改进为尺座和在尺座内部移动的滑尺。18 世纪末，发明蒸汽机的瓦特独具匠心，在尺座上添置了一个滑标，用来存储计算的中间结果。对数计算尺不仅能进行加、减、乘、除、乘方、开方运算，甚至可以计算三角函数、指数函数和对数函数，它一直使用到袖珍电子计算器面世。即使在 20 世纪 60 年代，对数计算尺仍然是理工科大学生必须掌握的基本工具，是工程师身份的一种象征。如图 1-5 所示是 1968 年由上海计算尺厂生产的对数计算尺。

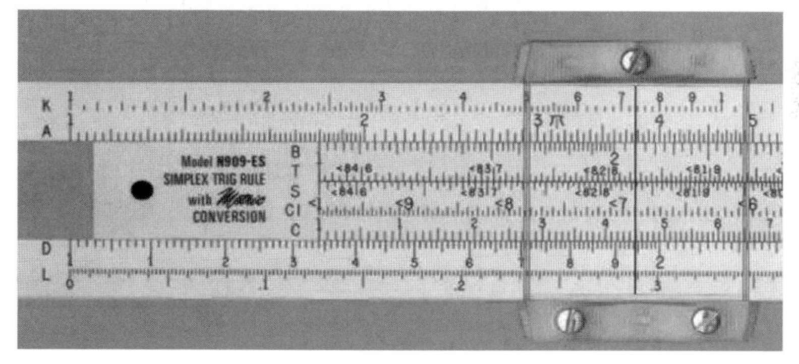

图 1-5　对数计算尺

2. 机械式计算工具

17 世纪，欧洲出现了利用齿轮技术的计算工具。1642 年，法国数学家帕斯卡(Blaise Pascal)发明了帕斯卡加法器，这是人类历史上第一台机械式计算工具，其原理对后来的计算工具产生了持久的影响。如图 1-6 所示，帕斯卡加法器是由齿轮组成、以发条为动力、通过转动齿轮来实现加减运算、用连杆实现进位的计算装置。帕斯卡从加法器的成功中得出结论：人的某些思维过程与机械过程没有差别，因此可以设想用机械来模拟人的思维活动。

德国数学家莱布尼茨(G.W.Leibnitz)发现了帕斯卡一篇关于“帕斯卡加法器”的论文,激发了他强烈的发明欲望,决心把这种机器的功能扩大为乘除运算。1673年,莱布尼茨研制了一台能进行四则运算的机械式计算器,称为莱布尼茨四则运算器,如图1-7所示。这台机器在进行乘法运算时采用进位-加(shift-add)的方法,后来演化为二进制,被现代计算机采用。

图1-6　帕斯卡加法器

图1-7　莱布尼茨四则运算器

莱布尼茨四则运算器在计算工具的发展史上是一个小高潮,此后的一百多年中,虽有不少类似的计算工具出现,但除了在灵活性上有所改进外,都没有突破手动机械的框架,使用齿轮、连杆组装起来的计算设备限制了它的功能、速度以及可靠性。

1804年,法国机械师约瑟夫·雅各(Joseph Jacquard)发明了可编程织布机,通过读取穿孔卡片上的编码信息来自动控制织布机的编织图案,引起法国纺织工业革命。雅各织布机虽然不是计算工具,但是它第一次使用了穿孔卡片这种输入方式。如果找不到输入信息和控制操作的机械方法,那么真正意义上的机械式计算工具是不可能出现的。直到20世纪70年代,穿孔卡片这种输入方式还在普遍使用。

19世纪初,英国数学家查尔斯·巴贝奇(Charles Babbage)取得了突破性进展。巴贝奇在剑桥大学求学期间,正是英国工业革命兴起之时,为了解决航海、工业生产和科学研究中的复杂计算,许多数学表(如对数表、函数表)应运而生。这些数学表虽然带来了一定的方便，但由于采用人工计算，其中的错误很多。巴贝奇决心研制新的计算工具，用机器取代人工来计算这些实用价值很高的数学表。1822 年，巴贝奇开始研制差分机，专门用于航海和天文计算，在英国政府的支持下，差分机历时十年研制成功，这是最早采用寄存器来存储数据的计算工具，体现了早期程序设计思想的萌芽，使计算工具从手动机械跃入自动机械的新时代。1832 年，巴贝奇开始进行分析机的研究。在分析机的设计中，巴贝奇采用了三个具有现代意义的装置。

（1）存储装置。采用齿轮式装置的寄存器保存数据，既能存储运算数据，又能存储运算结果。

（2）运算装置。从寄存器取出数据进行加、减、乘、除运算，并且乘法是以累次加法来实现的，还能根据运算结果的状态改变计算的进程，用现代术语来说，就是条件转移。

（3）控制装置。使用指令自动控制操作顺序、选择所需处理的数据以及输出结果。

巴贝奇的分析机是可编程计算机的设计蓝图，实际上，我们今天使用的每一台计算机都遵循着巴贝奇的基本设计方案。但是巴贝奇先进的设计思想超越了当时的客观现实，由于当时的机械加工技术还达不到所要求的精度，使得这部以齿轮为元件、以蒸汽为动力的分析机一直到巴贝奇去世也没有完成。

3. 机电式计算机

1886 年，美国统计学家赫尔曼·霍勒瑞斯（Herman Hollerith）借鉴了雅各织布机的穿孔卡原理，用穿孔卡片存储数据，采用机电技术取代了纯机械装置，制造了第一台可以自动进行加减四则运算、累计存档、制作报表的制表机，这台制表机被用于美国 1890 年的人口普查工作，使预计十年的统计工作仅用一年零七个月就完成了，是人类历史上第一次利用计算机进行大规模的数据处理。霍勒瑞斯于 1896 年创建了制表机公司 TMC 公司。1911 年，TMC 与另外两家公司合并，成立了 CTR 公司。1924 年，CTR 公司改名为国际商业机器公司（International Business Machines Corporation），这就是赫赫有名的 IBM 公司。

1938 年，德国工程师朱斯（K.Zuse）研制出 Z-1 计算机，这是第一台采用二进制的计算机。在接下来的四年中，朱斯先后研制出采用继电器的计算机 Z-2、Z-3、Z-4。Z-3 是世界上第一台真正的通用程序控制计算机，不仅全部采用继电器，同时采用了浮点记数法、二进制运算、带存储地址的指令形式等。这些设计思想虽然在朱斯之前已经提出过，但朱斯第一次将这些设计思想具体实现。在一次空袭中，朱斯的住宅和包括 Z-3 在内的计算机统统被炸毁。德国战败后，朱斯流亡到瑞士一个偏僻的乡村，转向计算机软件理论的研究。

1936 年，美国哈佛大学应用数学教授霍华德·艾肯（Howard Aiken）在读过巴贝奇和爱达的笔记后，发现了巴贝奇的设计，并被巴贝奇的远见卓识所震惊。艾肯提出用机电的方法，而不是纯机械的方法来实现巴贝奇的分析机。在 IBM 公司的资助下，1944 年研制成功了机电式计算机 Mark-Ⅰ（如图 1-8 所示）。Mark-Ⅰ长 15.5m，高 2.4m，由 75 万个零部件组成，使用了大量的继电器作为开关元件，存储容量为 72 个 23 位十进制数，采用了穿孔纸带进行程序控制。它的计算速度很慢，执行一次加法操作需要 0.3s，并且噪声很大。尽管它的可靠性不高，仍然在哈佛大学使用了 15 年。Mark-Ⅰ只是部分使用了继电器，1947 年研制成功的计算机 Mark-Ⅱ才全部使用继电器。

图 1-8　Mark-Ⅰ

艾肯等人制造的机电式计算机，其典型部件是普通的继电器，继电器的开关速度是 1/100 秒，使得机电式计算机的运算速度受到限制。20 世纪 30 年代已经具备了制造电子计算机的技术能力，机电式计算机从一开始就注定要很快被电子计算机替代。事实上，电子计算机和机电式计算机的研制几乎是同时开始的。

4. 电子计算机

1939 年，美国依阿华州大学数学物理学教授约翰·阿塔纳索夫(John Atanasoff)和他的研究生贝利(Clifford Berry)一起研制了一台称为 ABC(Atanasoff Berry Computer)的电子计算机。由于经费的限制，他们只研制了一个能够求解包含 30 个未知数的线性代数方程组的样机。在阿塔纳索夫的设计方案中，第一次提出采用电子技术来提高计算机的运算速度。

第二次世界大战中，美国宾夕法尼亚大学物理学教授约翰·莫克利(John Mauchly)和他的研究生普雷斯帕·埃克特(Presper Eckert)受军械部的委托，为计算弹道和射击表启动了研制 ENIAC(Electronic Numerical Integrator and Computer)的计划。1946 年 2 月 15 日，这台标志人类计算工具历史性变革的巨型机器宣告竣工。ENIAC，如图 1-9 所示，是一个庞然大物，共使用了 18 000 多个电子管、1500 多个继电器、10 000 多个电容和 7000 多个电阻，占地 167m^2，重达 30t。ENIAC 的最大特点就是采用电子器件代替机械齿轮或电动机械来执行算术运算、逻辑运算和存储信息，因此，同以往的计算机相比，ENIAC 最突出的优点就是高速度。ENIAC 每秒能完成 5000 次加法，300 多次乘法，比当时最快的计算工具快 1000 多倍。ENIAC 是

图 1-9　ENIAC

世界上第一台能真正运转的大型电子计算机，ENIAC 的出现标志着电子计算机(以下称计算机)时代的到来。

虽然 ENIAC 显示了电子元件在进行初等运算速度上的优越性，但没有最大限度地实现电子技术所提供的巨大潜力。ENIAC 的主要缺点是：第一，存储容量小，至多存储 20 个 10 位的十进制数；第二，程序是“外插型”的，为了进行几分钟的计算，接通各种开关和线路的准备工作就要用几个小时。新生的电子计算机需要人们用千百年来制造计算工具的经验和智慧赋予更合理的结构，从而获得更强的生命力。

1945 年 6 月，普林斯顿大学数学教授冯·诺依曼(von neumann)发表了 EDVAC (Electronic Discrete Variable Computer，离散变量自动电子计算机)方案，确立了现代计算机的基本结构，提出计算机应具有五个基本组成部分：运算器、控制器、存储器、输入设备和输出设备，描述了这五大部分的功能和相互关系，并提出“采用二进制”和“存储程序”这两个重要的基本思想。迄今为止，大部分计算机仍基本遵循冯·诺依曼结构。

1.2.2 图灵机

在 ENIAC 产生之前，1936 年，英国数学家阿兰·麦席森·图灵(1912—1954)提出了一种抽象的计算模型——图灵机(Turing machine)。图灵机，又称图灵计算机，即将人们使用纸笔进行数学运算的过程进行抽象，由一个虚拟的机器替代人类进行数学运算。

图灵的基本思想是用机器来模拟人们用纸笔进行数学运算的过程，他把这样的过程看作下列两种简单的动作。

(1) 在纸上写上或擦除某个符号。

(2)把注意力从纸的一个位置移动到另一个位置。

而在每个阶段，人要决定下一步的动作，依赖于：①此人当前所关注的纸上某个位置的符号；②此人当前思维的状态。

为了模拟人的这种运算过程，图灵构造出一台假想的机器，该机器由以下几个部分组成。

(1) 一条无限长的纸带 TAPE。纸带被划分为一个接一个的小格子，每个格子上包含一个来自有限字母表的符号，字母表中有一个特殊的符号，表示空白。纸带上的格子从左到右依次被编号为 0,1,2,…，纸带的右端可以无限伸展。

(2) 一个读写头 HEAD。该读写头可以在纸带上左右移动，它能读出当前所指的格子上的符号，并能改变当前格子上的符号。

(3) 一套控制规则 TABLE。它根据当前机器所处的状态以及当前读写头所指的格子上的符号来确定读写头下一步的动作，并改变状态寄存器的值，令机器进入一个新的状态。

(4) 一个状态寄存器。它用来保存图灵机当前所处的状态。图灵机的所有可能状态的数目是有限的，并且有一个特殊的状态，称为停机状态。

注意这个机器的每一部分都是有限的，但它有一个潜在的无限长的纸带，因此这种机器只是一个理想的设备。图灵认为这样的一台机器就能模拟人类所能进行的任何计算过程。

图灵提出图灵机的模型并不是为了同时给出计算机的设计，它的意义有如下几点。

（1）它证明了通用计算理论，肯定了计算机实现的可能性，同时它给出了计算机应有的主要架构。

（2）图灵机模型引入了读写和算法与程序语言的概念，极大地突破了过去的计算机器的设计理念。

（3）图灵机模型理论是计算学科最核心的理论，因为计算机的极限计算能力就是通用图灵机的计算能力，很多问题可以转换到图灵机这个简单的模型来考虑。

通用图灵机向人们展示这样一个过程：程序和其输入可以先保存到存储带上，图灵机就按程序一步一步运行直到给出结果，结果也保存在存储带上。更重要的是，隐约可以看到现代计算机的主要构成，尤其是冯·诺依曼理论的主要构成。

1.2.3 冯·诺依曼“存储程序控制”思想

冯·诺依曼的主要思想为“存储程序控制”，其主要内容如下。

（1）计算机硬件由运算器、控制器、存储器、输入设备和输出设备5个基本部分组成。

（2）计算机的工作由程序控制，程序是一个指令序列，指令是能被计算机理解和执行的操作命令。

（3）程序（指令）和数据均以二进制编码表示，均存放在存储器中。

（4）存储器中存放的指令和数据按地址进行存取。

（5）指令是由CPU一条一条顺序执行的。

1.3 计算思维

1.3.1 计算思维的概念

2006年3月，美国卡内基·梅隆大学计算机科学系主任周以真（Jeannette M. Wing）教授在美国计算机权威期刊 *Communications of the ACM* 杂志上给出计算思维（Computational Thinking）的定义。计算思维是运用计算机科学的基础概念进行问题求解、系统设计，以及人类行为理解等涵盖计算机科学之广度的一系列思维活动。

2010年，周以真教授又指出计算思维是与形式化问题及其解决方案相关的思维过程，其解决问题的表示形式应该能有效地被信息处理代理执行。

周以真教授为了让人们更易于理解，又将它更进一步地定义为：通过约简、嵌入、转换和仿真等方法，把一个看来困难的问题重新阐释成一个我们知道问题怎样解决的方法；是一种递归思维，是一种并行处理，是一种能把代码译成数据又能把数据译成代码，是一种多维分析推广的类型检查方法；是一种采用抽象和分解来控制庞杂的任务或进行巨大复杂系统设计的方法，是基于关注分离的方法（SoC方法）；是一种选择合适的方式去陈述一个问题，或对一个问题的相关方面建模使其易于处理的思维方法；是按照预防、保护及通过冗余、容错、纠错的方式，并从最坏情况进行系统恢复的一种思维方法；是利用启发式推理寻求解答，也即在不确定情况下的规划、学习和调度的思维方法；是利用海量数据来加快计算，在时间和空间之间，在处理能力和存储容量之间进行折中的思维方法。

计算思维是每个人的基本技能，不仅属于计算机科学家。计算和计算机促进了计算思维的传播。

1.3.2 计算思维的本质

计算思维是运用计算机科学的基础概念去求解问题、设计系统和理解人类行为，其本质是抽象和自动化。计算思维的本质就是抽象、自动化，也就是在不同层面进行抽象以及将这些抽象机器化。简单地说，计算思维就是设计、构造与计算。

当前环境下理论研究和实验在面临大规模数据的情况下，不可避免地要用计算手段来辅助进行。那么通过计算机来进行构造，辅助我们进行理论研究和实验，就尤为重要。因此计算思维广泛存在于社会自然相关的各种问题求解当中。

计算思维在早期表现为构造传统计算机，现在是构造各种新型计算机器及各种新型计算机的应用。

1.4 计算机的发展

1.4.1 计算机的发展概况

自从1946年第一台电子计算机ENIAC（Electronic Numerical Integrator and Calculator，电子数字积分器与计算器，如图1-9所示）问世以来，计算机已经走过了大半个世纪的发展历程。在微电子技术的进展和各种应用需求的强力推动下，其发展速度之快，大大超出了人们的预期。

早期的计算机每隔8～10年其运算速度就提高10倍，而成本和体积却只是原来的1/10。从20世纪80年代开始，更进一步发展到几乎每三年计算机的性能就提高近四倍，成本却下降一半。

计算机硬件的发展受到所使用电子元器件的极大影响，因此过去很长时间，人们通常是根据计算机所使用的元器件的不同，将计算机的发展划分为4代。表1-1是4代计算机主要特点的对比。

自20世纪90年代开始，计算机的发展进一步加快，学术界和工业界早就不再沿用“第x代计算机”的说法。人们正在研发的计算机系统，主要着力于计算机应用的智能化，它以知识处理为核心，以模拟或部分替代人的智能活动为目标。在芯片技术、大数据和人工智能的推动下，这个目标有望逐步实现。也有部分专家称这种智能计算机为第五代计算机。

表 1-1　计算机的时代划分

时代	年份	主要元器件	使用的软件类型	主要应用领域
一	1946—1958	CPU：电子管 内存：磁鼓	机器语言 汇编语言	科学计算
二	1958—1964	CPU：晶体管 内存：磁芯	高级语言	数据处理 工业控制
三	1964—1971	CPU：中、小规模集成电路 内存：半导体存储器	操作系统 数据库管理系统	文字处理 图形处理
四	1971 年至今	CPU：大规模超大规模集成电路 内存：半导体存储器	分布式计算软件 软件开发工具和平台	社会各个领域

1.4.2　计算机的特点

计算机作为一种通用的信息处理工具，它具有极高的处理速度、很强的存储能力、精确的计算和逻辑判断能力，其主要特点如下。

1. 高速运算能力

计算机具有神奇的运算速度，这是以往其他一些计算工具无法做到的。当今计算机系统的运算速度已达到每秒亿亿次，微型计算机也可达每秒亿次以上，使大量复杂的科学计算问题得以解决，例如，卫星轨道的计算、大型水坝的工程计算、24 小时天气预报的计算等。

2. 计算精确度高、具有可靠的判断能力

科学技术的发展特别是尖端科学技术的发展，需要高度精确的计算。计算机控制的导弹之所以能准确地击中预定的目标，是与计算机的精确计算分不开的。一般计算机可以有十几位甚至几十位(二进制)有效数字，计算精度可由千分之几到百万分之几，是任何计算工具所望尘莫及的。此外，可靠的判断能力也有助于实现计算机工作的自动化，以保证计算机控制的判断可靠、反应迅速、控制灵敏。

3. 具有记忆和逻辑判断能力

随着计算机存储容量的不断增大，可存储记忆的信息越来越多。它不仅可以存储所需的原始数据信息、中间结果和最后结果，还可以存储指挥计算机工作的程序。计算机不仅可以对各种信息(如语言、文字、图形、图像、音乐等)通过编码技术进行算术运算和逻辑运算，甚至可以进行推理和证明。

4. 具有自动控制能力

计算机内部操作是根据人们事先编好的程序自动控制进行的。用户根据解题需要，

事先设计运行步骤与程序，计算机十分严格地按程序规定的步骤操作，整个过程不需要人工干预。计算机中可以存储大量的程序和数据。存储程序是计算机工作的一个重要原则，这是计算机能自动处理的基础。

1.4.3 计算机的分类

计算机的分类有多种方法。一种是按照其内部逻辑结构进行分类，如 16 位机、32 位机或 64 位机等；另一种是按照计算机的性能和用途进行分类，目前大多把计算机分为以下五大类。

1. 巨型计算机

巨型计算机也称为超级计算机，它采用大规模并行处理的体系结构，包含数以千万计的 CPU。它有极强的运算处理能力，浮点运算速度达到每秒千万亿次（或亿亿次），比当前个人计算机的处理速度高出了 3 个数量级，大多使用在军事、科研、气象预报、石油勘探、飞机设计模拟、生物信息处理和破解密码等领域。我国研制成功的“神威·太湖之光”巨型计算机，其峰值计算速度达每秒 12.54 亿亿次，包含 40 960 个自主研发的 SW26010 处理器，每个处理器芯片有 260 个 CPU 内核，内存容量达 1310TB，如图 1-10 所示。2016—2017 年两年内连续 4 次在全球巨型计算机 500 强排行榜中位居首位。

图 1-10　巨型计算机

2. 大型计算机

大型计算机指运算速度快、存储容量大、通信联网功能强、可靠性很高、安全性好以及有丰富的系统软件和应用软件的计算机。它采用虚拟化技术同时运行多个操作系统，因此不像一台计算机，更像是多台不同的虚拟计算机，因而可以替代数以百计的普通服务器，用于为企业或政府的海量数据提供集中的存储、管理和处理，承担主服务器的功能。

3. 服务器

服务器原本只是一个逻辑上的概念，指的是网络中专门为其他计算机提供资源和服务的那些计算机，巨、大、中、小、微各种计算机原则上都可以作为服务器使用。但由于服务器往往需要具有较强的性能,因此计算机厂商专门开发了用作服务器的一类计算机产品。与普通的 PC 相比,服务器需要连续工作在 7×24h 的环境中,对可靠性、稳定性和安全性要求更高。

4. 个人计算机

个人计算机(PC)早期称为微型计算机,其体积小巧、结构精简、功能丰富、使用方便,通常由使用者自行操作使用,并由此得名。PC 分为台式计算机和便携式计算机(笔记本电脑)两大类。近几年开始流行一些更小更轻的超级便携式计算机,如平板电脑和智能手机等,它们摒弃了键盘,采用多点触摸屏进行操作,动能多样,有通用性,能无线上网,大多作为物联网的终端设备使用,人们可以随身携带作为通信、工作和娱乐的工具,如图 1-11 所示。

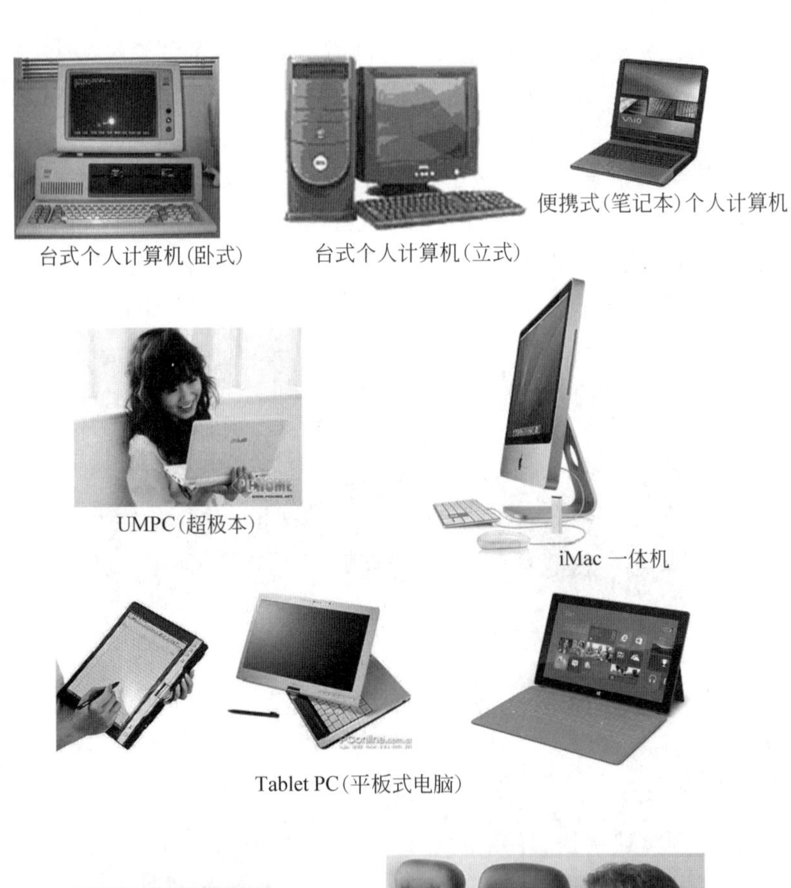

智能手机iPhone 4

eBook(电子书)

图 1-11　个人计算机

5. 嵌入式计算机

上面介绍的都是通用计算机,它们具有多用途和通用性。还有一类计算机,它们并不以计算机产品的面貌出现,但却在相关装备中起着核心关键的作用,如数控机床、电话交换机、手机、数码相机、电视机、机顶盒、信用卡、优盘、银行卡和 SIM 卡等,这些产品中的计算机大多用途单一、专业性强,此类计算机称为嵌入式计算机。嵌入式计算机是内嵌在其他设备中的专用计算机,它们往往安装在其他产品中,执行特定的任务。由于用户并不直接与计算机接触,它们的存在往往不被人们所知晓。

1.4.4 计算机的应用

由于计算机具有运算快速、精确,存储容量大等特点,使得它在很多领域内都可以代替或协助人类的工作。随着微型计算机和计算机网络的诞生和发展,其应用领域也不断地深入和扩展。归纳起来可分为以下几个方面。

1. 科学计算

科学计算也称数值计算。计算机最开始是为解决科学研究和工程设计中遇到的大量数学问题的数值计算而研制的计算工具。随着现代科学技术的进一步发展,数值计算在现代科学研究中的地位不断提高,在尖端科学领域中显得尤为重要。例如,人造卫星轨迹的计算,房屋抗震强度的计算,火箭、宇宙飞船的研究设计都离不开计算机的精确计算。在工业、农业以及人类社会的其他领域中,计算机的应用也都取得了许多重大突破,就连我们每天收听收看的天气预报都离不开计算机的科学计算。

2. 信息处理

目前,信息处理已成为计算机应用中的一个最主要的部分。信息处理所涉及的范围和内容十分广泛,在科学研究和工程技术中,会得到大量的原始数据,其中包括大量图片、文字、声音等。信息处理就是对数据进行收集、分类、排序、存储、计算、传输、制表等操作。目前,计算机在信息处理方面的应用已非常广泛,信息处理具有计算方法比较简单、数据处理量相当大的特点。例如,人事管理、库存管理、财务管理、图书资料管理、商业数据交流、情报检索、经济管理、人口普查、办公自动化、数据统计等都属于信息处理的范畴。信息处理已成为当代计算机的主要应用领域,是现代化管理的基础。据统计,全世界计算机用于信息处理的工作量占全部计算机应用的 80%以上,大大提高了工作效率,提高了管理水平。

3. 自动控制

自动控制是指通过计算机对某一过程进行自动操作,它无须人工干预,能按人预定的目标和预定的状态进行过程控制。过程控制是指对操作数据进行实时采集、检测、处理和判断,按最优值进行调节的过程。目前被广泛用于机械制造、冶金电力、操作复杂的钢铁企业、石油化工业、医药工业等生产中。使用计算机进行自动控制可大大提高控制的实时性和准确性,提高劳动效率和产品质量,降低成本,缩短生产周期。计算机自动控制还在国防和航空航天领域中起着决定性作用,例如,无人驾驶飞机、导弹、人造卫星和宇宙飞船等飞行器的控制,都是靠计算机实现的。可以说,计算机是现代国防和航空航天领域的神经中枢。

4. 计算机辅助设计和辅助教学

计算机辅助设计(Computer Aided Design,CAD)是指借助计算机的图形处理能力帮助设计人员进行工程设计,以提高设计工作的自动化程度,节省人力与物力。目前,CAD技术已应用于飞机设计、船舶设计、建筑设计、机械设计、大规模集成电路设计等。在京九铁路的勘测设计中,使用计算机辅助设计系统绘制一张图纸仅需几个小时,而过去人工完成同样的工作则要一周甚至更长时间。可见,采用计算机辅助设计,可缩短设计时间,提高工作效率,节省人力、物力和财力,更重要的是提高了设计质量。CAD已得到各国工程技术人员的高度重视。目前该领域内的研究重点是计算机集成制造系统(Computer Integrated Manufacturing System,CIMS),指的是将CAD和计算机辅助制造(Computer Aided Manufacturing,CAM)、计算机辅助测试(Computer Aided Test,CAT)及计算机辅助工程(Computer Aided Engineering,CAE)组成一个集成系统,使设计、制造、测试和管理有机地组合成为一体,形成高度的自动化系统。在此基础上可以发展出自动化生产线和"无人工厂"。

计算机辅助教学(Computer Aided Instruction,CAI)是指用计算机来辅助完成教学计划或模拟某个实验过程。计算机可按不同要求,分别提供所需教材内容,还可以个性化教学,及时指出该学生在学习中出现的错误,根据计算机对该生的测试成绩决定该生的学习从一个阶段进入另一个阶段。CAI不仅能减轻教师的负担,还能激发学生的学习兴趣,提高教学质量,为培养现代化高质量人才提供了有效方法。

5. 人工智能

人工智能(Artificial Intelligence,AI)是指计算机模拟人类某些智力行为的理论、技术和应用。人工智能是计算机应用的一个新的领域,这方面的研究和应用正处于发展阶段,在医疗诊断、定理证明、语言翻译、机器人等方面,已有了显著的成效。人工智能研究方向最具有代表性和最尖端的两个领域是专家系统(Expert System)和机器人(Robert)。

1) 专家系统

专家系统是计算机专家咨询系统,是具有大量专门知识的计算机程序系统。建立专家系统需要总结某个领域中专家的经验和知识,根据这些专门的知识,系统可以对输入的原始数据进行推理,做出判断和决策,以回答用户的咨询。例如,用计算机模拟人脑的部分功能进行思维学习、推理、联想和决策,使计算机具有一定的"思维能力"。我国已开发成功一些中医专家诊断系统,可以模拟名医给患者诊病开方。目前,专家系统已广泛应用于地质学与勘探、化学结构研究、医疗诊断、遗传工程、空中交通控制和商业等领域。

2）机器人

机器人是计算机人工智能的典型例子，是一种能模仿人类职能和肢体功能的计算机操作装置，其核心是计算机。第一代机器人是机械手；第二代机器人对外界信息能够反馈，有一定的触觉、视觉和听觉；第三代机器人是智能机器人，具有感知和理解周围环境，使用语言、推理、规划和操纵工具的技能，模仿人完成某些动作。机器人不怕疲劳，精确度高，适应力强，现已开始用于搬运、喷漆、焊接、装配等工作中。机器人还能代替人在危险工作中进行繁重的劳动，如在有放射线、污染、有毒、高温、低温、高压、水下等环境中工作。

6. 多媒体技术的应用

随着电子技术特别是通信和计算机技术的发展，人们已经有能力把文本、音频、视频、动画、图形和图像等各种媒体综合起来，产生了一种全新的概念"多媒体"（Multimedia）。在医疗、教育、商业、银行、保险、行政管理、军事、工业、广播和出版等领域中，多媒体的应用发展很快。

7. 计算机网络的应用

随着网络技术的发展，计算机的应用进一步深入到社会的各行各业，通过高速信息网络实现数据与信息的查询、高速通信服务（电子邮件、电视电话、电视会议、文档传输）、电子教育、电子娱乐、电子购物（通过网络选看商品、办理购物手续、质量投诉等）、远程医疗和会诊、交通信息管理等。计算机网络的应用将推动信息社会更快地向前发展。

8. 商务处理

计算机在商业业务中广泛应用的项目有：办公室计算机，数据处理机，发票处理机，销售额清单机，零售终端，会计终端，出纳终端，以及利用 Internet 的"电子商务"等。电子商务（Electronic Commerce；EC 或 Electronic Business，EB）是指利用计算机和网络进行的新型商务活动。它作为一种新型的商务方式，将生产企业、流通企业以及消费者和政府带入了一个网络经济、数字化生存的新天地。它可让人们不再受时间、地域的限制，以一种非常简捷的方式完成过去较为繁杂的商务活动。

在银行业务上，广泛采用金融终端、销售点终端、现金出纳机。银行之间利用计算机进行的资金转移正式代替了传统的支票。在邮政业务上，大量的商业信件，现在开始用传真系统和电子邮件（E-mail）传送。

9. 信息管理

计算机的引入，使信息处理系统获得了强有力的存储和处理手段。信息管理系统成为实现企业信息化的主要工具，通过信息管理系统可以提高管理效率，降低管理成本，优化企业组织结构。例如，利用计算机物资管理系统可以随时掌握各类物资的库存情况，合理调剂，减少库存。

10. 家用电器

目前，不仅使用各种类型的个人计算机，而且将单片机广泛应用于微波炉、磁带录音机、自动洗涤机、煤气用定时器、家用空调设备控制器、电子式缝纫机、电子玩具、游戏机等。21世纪,国际互联网络和计算机控制的设备将广泛应用于家用电器之中,使整个家用电器都受控于计算机,提高家电的使用效率和功能。

1.4.5 计算机的发展方向

计算机的应用有力地推动了国民经济的发展和科学技术的进步,同时也对计算机技术提出了更高的要求,促进它的进一步发展。以超大规模集成电路为基础,未来的计算机将向巨型化、微型化、网络化与智能化的方向发展。

1. 巨型化

巨型化并不是指计算机的体积大,而是指计算机的运算速度更快、存储容量更大、功能更强。为了满足如天文、气象、宇航、核反应等科学技术发展的需要,也为了满足模拟人脑学习、推理等功能所必需的大量信息记忆的需要,必须发展超大型的计算机。截至2018年年底,世界运算速度最快的超级计算机是美国IBM和美国能源部橡树岭国家实验室(ORNL)推出的Summit,理论峰值运算速度达200petaflops,能够每秒执行多达20亿亿(2×10^{17})次的“浮点数操作”。我国的“神威·太湖之光”超级计算机位列全球第二。

2. 微型化

超大规模集成电路的出现,为计算机的微型化创造了有利条件。目前,微型计算机已进入仪器、仪表、家用电器等小型仪器设备中,同时也可作为工业控制过程的心脏,使仪器设备实现“智能化”,从而使整个设备的体积大大缩小、重量大大减少。自20世纪70年代微型计算机问世以来,大量小巧、灵便以及物美价廉的个人计算机为计算机的广泛应用做出了巨大的贡献。随着微电子技术的进一步发展,个人计算机将发展得更加迅猛,其中,笔记本电脑、手持式计算机甚至智能手机,必将以更优的性价比受到人们的欢迎。

3. 网络化

随着计算机应用的深入,特别是家用计算机越来越普及,一方面希望众多用户能共享信息资源,另一方面也希望各计算机之间能互相传递信息进行通信。但个人计算机的硬件和软件配置相对比较低,其功能也有限,因此,要求大型与巨型计算机的硬件与软件资源以及它们所管理的信息资源能够为众多的微型计算机所共享,以便充分利用这些资源。这些原因促使计算机向网络化发展,人们将分散的计算机连接成网,组成了计算机网络。在计算机网络中,通过网络服务器,一台台计算机就像人类社会的一个个神经单元一样连接起来,从而组成信息社会中一个重要的神经系统。随着社会及科学技术的发展,对计算机网络的发展提出了更高的要求,同时也为其发展提供了更加有利的条件。计算机网络与通信网的结合,可以使众多的个人计算机不仅能够同时处理信息,而且网络中的计算机可以互为后备。

4. 智能化

计算机智能化是指计算机具有模拟人的感觉和思维过程的能力。智能化的研究包括模拟识别、物形分析、自然语言的生成和理解、博弈、定理自动证明、自动程序设计、专家系统、学习系统和智能机器人等。目前已经研制出多种具有人的部分智能的机器人,可以代替人在一些危险的工作岗位上工作。有人预测,智能化的家庭机器人是继 PC 之后下一个家庭普及的信息化产品。

2016 年 3 月,阿尔法狗(AlphaGo)与围棋世界冠军、职业九段棋手李世石进行围棋人机大战,以 4 比 1 的总比分获胜。AlphaGo 是第一个击败人类职业围棋选手、第一个战胜围棋世界冠军的人工智能机器人,由谷歌(Google)旗下 DeepMind 公司戴密斯·哈萨比斯领衔的团队开发。其主要工作原理是"深度学习"。

由于集成电路技术的发展和微处理器的出现,计算机发展速度之快,大大超出人们的预料。其性能不断提高,体积不断变小,功耗不断降低,价格越来越便宜,软件越来越丰富,使用越来越容易,应用领域越来越广泛,计算机数量不断增加。从目前的发展趋势来看,未来的计算机将是微电子技术、光学技术、超导技术和电子仿生技术相互结合的产物。

第一台超高速全光数字计算机,已经由欧盟的英国、法国、德国、意大利和比利时等国的七十多名科学家和工程师合作研制成功,光学计算机以光子代替电子,光互联代替导线互联,光硬件代替计算机中的电子硬件,光运算代替电运算。光子计算机的速度比电子计算机的速度快 1000 倍。

2019 年,IBM 推出了全球首款可商用的量子计算机 Q System One。量子计算机(Quantum Computer)是一类遵循量子力学规律进行高速数学和逻辑运算、存储及处理量子信息的物理装置,建立在量子力学基础上,可以同时使用多个不同的量子态来处理和存储信息。

生物计算机则借助蛋白质分子与周围物理化学介质的相互作用过程,计算机的转换开关由酶来充当,而程序则在酶合成系统本身和蛋白质的结构中极其明显地表示出来。预计 10～20 年后,DNA 计算机将进入实用阶段。

在不久的将来,超导计算机、神经网络计算机等全新的计算机也会诞生,届时计算机将发展到一个更高、更先进的水平。

思　考　题

1. 简述图灵机模型。
2. 冯·诺依曼"存储程序控制"思想的要点是什么?
3. 什么是计算思维?
4. 电子计算机如何分代?
5. 计算机有哪些类型?
6. 计算机的发展方向有哪些?

第2章

0和1的思维——信息在计算机中的表示

计算机可以处理各种类型的信息,如数值、文字、符号、图形图像、声音等。这些信息在计算机内部都是用二进制(比特)来表示的。用二进制如何表示各种不同类型的信息呢?

本章从信息的基本单位——比特入手,介绍计算机中用比特表示各类信息的方法,包括数值信息、文字符号、数字图像、数字视频和数字音频。

2.1 导　　学

本章结构导图如图2-0所示。

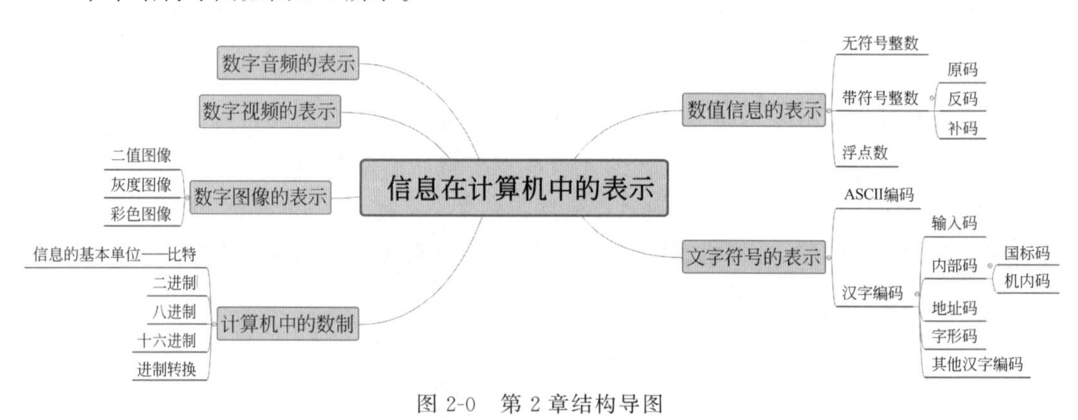

图2-0　第2章结构导图

2.2 计算机中的数制

2.2.1 信息的基本单位——比特

信息的基本单位是比特(bit),中文翻译为“二进位数字”“二进位”或简称为“位”,一般用小写字母“b”来表示。比特只有两种取值状态：“0”和“1”。如同DNA是人体组织的最小单位一样，比特是组成数字信息的最小单位。计算机中处理的各种信息如数值、文字、符号、图形图像、声音和命令等都使用比特来表示。

那么，在计算机中，如何在物理上表示与存储二进位呢？常用的方法有如下一些。例如，半导体存储器用电容的充电和放电两种状态分别表示“1”和“0”，CPU使用电路的高电平和低电平两种状态来表示“1”和“0”，磁盘存储器比如硬盘利用磁性材料两种不同的磁化状态来表示“1”和“0”，而光盘则使用盘片表面上的凹凸状态来分别表示“1”和“0”。

2.2.2 十进制数、二进制数、八进制数和十六进制数

“数”是一种信息，它有大小(“值”)，可以进行四则运算，在计算机中称为“数值”信息。“数”有不同的表示方法。日常生活中人们使用的是十进制数，但计算机使用的是二进制数，程序员还使用八进制和十六进制数。二进制数、八进制数和十六进制数怎样表示呢？其值又如何计算呢？本节将详细介绍这几种进制的数。

1. 十进制数

首先从人们熟悉的十进制数入手。在日常生活中，人们使用的是十进制数。人们习惯使用的十进制数由0,1,2,3,4,5,6,7,8,9这十个不同的数字组成，每一个数字处于十进制数中不同的位置时，它所代表的实际数值是不一样的。例如，$1706.05D=(1706.05)_{10}=1\times10^3+7\times10^2+0\times10^1+6\times10^0+0\times10^{-1}+5\times10^{-2}$，式中每个数字符号的位置不同，它所代表的数值即权值也不同。十进制数的特点如下。

(1) 每一位可使用十个不同数字表示(0,1,2,3,4,5,6,7,8,9)。

(2) 低位与高位的关系是逢10进1。

(3) 各位的权值是10的整数次幂(基数是10)。

(4) 在计算机中表示十进制数时的标志是尾部加“D”或省略。

2. 二进制数

使用比特表示的数称为二进制数。二进制数和十进制数一样，也是一种进位记数制，但它的基数是2。数中0和1的位置不同，它所代表的数值也不同。例如：

$$101.01B=(101.01)_2=1\times2^2+0\times2^1+1\times2^0+0\times2^{-1}+1\times2^{-2}$$
$$=4+0+1+0+0.25=5.25$$

二进制数具有如下特点。

(1) 每一位使用两个不同数字表示(0,1)，即每一位使用1个“比特”表示。

(2) 低位与高位的关系是逢2进1。

(3) 各位的权值是2的整数次幂(基数是2)。

(4) 二进制数的标志是尾部加B。

3. 八进制数

从十进制和二进制数的概念出发，可以进一步推广到其他进制的数。计算机程序员经常会使用八进制数和十六进制数。八进制数的特点如下。

(1) 每一位使用八个不同数字表示(0,1,2,3,4,5,6,7)。

(2) 低位与高位的关系是逢 8 进 1。

(3) 各位的权值是 8 的整数次幂(基数是 8)。

(4) 标志：尾部加 Q。

例如，一个八进制数 365.2Q 数值大小为十进制数 245.25。

$$365.2Q=(365.2)_8=3\times 8^2+6\times 8^1+5\times 8^0+2\times 8^{-1}$$
$$=192+48+5+0.25=245.25$$

4. 十六进制数

十六进制数的特点如下。

(1) 每一位使用十六个数字和符号表示(0,1,2,3,4,5,6,7,8,9,A,B,C,D,E,F)。

(2) 逢 16 进 1，基数为 16。

(3) 各位的权值是 16 的整数次幂(基数是 16)。

(4) 标志：尾部加 H。

例如，一个十六进制数 F5.4H 数值大小等于十进制数 245.25。

$$F5.4H=15\times 16^1+5\times 16^0+4\times 16^{-1}=240+5+0.25=245.25$$

四位二进制数与其他数制的对照关系如表 2-1 所示。

表 2-1 四位二进制数与其他数制的对照

二进制	十进制	八进制	十六进制
0000	0	0	0
0001	1	1	1
0010	2	2	2
0011	3	3	3
0100	4	4	4
0101	5	5	5
0110	6	6	6
0111	7	7	7
1000	8	10	8
1001	9	11	9
1010	10	12	A
1011	11	13	B
1100	12	14	C

续表

二进制	十进制	八进制	十六进制
1101	13	15	D
1110	14	16	E
1111	15	17	F

2.2.3 不同进制数之间的转换

用计算机处理十进制数,必须先把它转换成二进制数才能被计算机所接受,同理,计算结果应将二进制数转换成人们习惯的十进制数。这就产生了不同进制数之间的转换问题。不同进制数和十进制数之间转换的基本原则如下。

r 进制数转换成十进制数:数码乘以各自对应的权值然后将和累加起来。

十进制数转换成 r 进制数:整数部分除以 r 逆序取余数,直到商为 0 为止。小数部分乘以 r 顺序取整数。

1. 十进制数与二进制数之间的转换

1) 十进制整数转换成二进制整数

把一个十进制整数转换为二进制整数的方法如下:把被转换的十进制整数反复地除以 2,直到商为 0 为止,将依次所得的余数逆序排列起来就是这个数的二进制表示。简单地说,就是“除 2 逆序取余法”。

例 2.1 将十进制整数$(156)_{10}$转换成二进制整数。

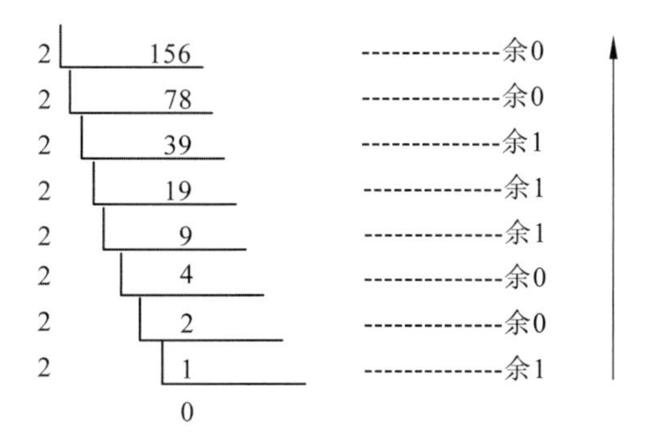

于是,$(156)_{10}=(10011100)_2$。知道十进制整数转换成二进制整数的方法以后,了解十进制整数转换成八进制或十六进制就很容易了。十进制整数转换成八进制整数的方法是“除 8 逆序取余法”,十进制整数转换成十六进制整数的方法是“除 16 逆序取余法”。

2) 十进制小数转换成二进制小数

把一个十进制小数转换为二进制小数的方法如下:将十进制小数乘以 2,选取乘积的整数部分作为二进制小数的最高位,然后把乘积的小数部分再乘以 2,得到二进制小数的第 2 位。重复上述过程,直到满足精度要求为止。简称“乘 2 顺序取整法”。

例 2.2　将十进制小数$(0.8125)_{10}$转换成二进制小数。

```
  0.8125
×      2
─────────
  1.6250      整数=1     │
  0.6250                 │
×      2                 │
─────────                │
  1.2500      整数=1     │
  0.2500                 │
×      2                 │
─────────                │
  0.5000      整数=0     │
  0.5000                 │
×      2                 │
─────────                │
  1.0000      整数=1     ↓
```

将十进制小数 0.8125 连续乘以 2,把每次所进位的整数,按从上往下的顺序写出。于是,$(0.8125)_{10}=(0.1101)_2$。

了解了十进制小数转换成二进制小数的方法以后,那么,了解十进制小数转换成八进制小数或十六进制小数就很容易了。十进制小数转换成八进制小数的方法是“乘 8 顺序取整法”,十进制小数转换成十六进制小数的方法是“乘 16 顺序取整法”。

3）二进制数转换成十进制数

把二进制数转换为十进制数的方法是将二进制数按权展开求和。

例 2.3　将$(111011.101)_2$转换成十进制数。

$$
\begin{aligned}
(111011.101)_2 &= 1\times 2^5+1\times 2^4+1\times 2^3+0\times 2^2+1\times 2^1+1\times 2^0\\
&\quad +1\times 2^{-1}+0\times 2^{-2}+1\times 2^{-3}\\
&=32+16+8+2+1+0.5+0.125\\
&=(59.625)_{10}
\end{aligned}
$$

同理,非十进制数转换成十进制数的方法是把各个非十进制数按权展开求和即可。如把二进制数(或八进制数或十六进制数)写成 2(或 8 或 16)的各次幂之和的形式,然后再计算其结果。

2. 二进制数与八进制数之间的转换

二进制数与八进制数之间的转换十分简捷方便,它们之间的对应关系是,每一位八进制数对应三位二进制数。

1）二进制数转换成八进制数

转换方法为：整数部分从右向左每三位一组,每组用对应的一位八进制数来替换,最后不足三位时高位用 0 补足;小数部分从左向右每三位一组,每组用对应的一位八进制数来替换,最后不足三位时低位用 0 补足。这样组合整数和小数部分,即可得到对应的八进制数。

例 2.4　将$(11110101010.11111)_2$ 转换为八进制数。

011 110 101 010 . 111 110

↓ ↓ ↓ ↓ ↓ ↓

3 6 5 2 . 7 6

于是，$(11110101010.11111)_2=(3652.76)_8$。

2）八进制数转换成二进制数

转换方法为：把每个八进制数字改写成等值的3位二进制数，且保持高低位的次序不变。

例 2.5 将$(5247.601)_8$转换为二进制数。

5 2 4 7 . 6 0 1

↓ ↓ ↓ ↓ ↓ ↓ ↓

101 010 100 111. 110 000 001

于是，$(5247.601)_8=(101010100111.110000001)_2$。

3. 二进制数与十六进制数之间的转换

二进制数与十六进制数之间的转换方法与二进制数与八进制数之间的转换方法类似，每一位十六进制数对应四位二进制数。

1）二进制数转换成十六进制数

转换方法为：将二进制数从小数点开始，整数部分从右向左四位一组，小数部分从左向右四位一组，不足四位用0补足，每组对应一位十六进制数即可得到十六进制数。

例 2.6 将二进制数$(111001110101.100110101)_2$转换为十六进制数。

1110 0111 0101. 1001 1010 1000

↓ ↓ ↓ ↓ ↓ ↓

E 7 5. 9 A 8

于是，$(111001110101.100110101)_2=(E75.9A8)_{16}$。

例 2.7 将二进制数$(101111101111110)_2$转换为十六进制数。

0101 1111 0111 1110

↓ ↓ ↓ ↓

5 F 7 E

于是，$(101111101111110)_2=(5F7E)_{16}$。

2）十六进制数转换成二进制数

转换方法为：把每个十六进制数字改写成等值的4位二进制数，且保持高低位的次序不变。

例 2.8 将$(7FE.11)_{16}$转换成二进制数。

7 F E . 1 1

↓ ↓ ↓ ↓ ↓

0111 1111 1110. 0001 0001

于是，$(7FE.11)_{16}=(11111111110.00010001)_2$。

2.3 数值信息的表示

数值信息指的是数学中的数，它有正负和大小之分。计算机中的数值信息分成整数和实数两大类。整数也叫作“定点数”，即指整数的小数点始终隐含在个位数的右边。实数称为“浮点数”。计算机中的整数分为两类：不带符号位的整数(Unsigned Integer，也称为无符号整数)，此类整数一定是正整数或零；带符号位的整数(Signed Integer，也称为带符号整数)，此类整数既可以表示正整数，也可以表示负整数。

1. 无符号整数

无符号整数采用“自然码”表示，其取值范围由位数决定。无符号整数常用于表示地址、索引等信息，它们可以是8位、16位、32位、64位甚至更多。8个二进制位表示的无符号整数其取值范围是0～255(2^8-1)，16个二进制位表示的无符号整数其取值范围是0～65 535($2^{16}-1$)，n位二进制位表示的无符号整数其取值范围是0～2^n-1。

2. 带符号整数

带符号的整数必须使用一个二进制位作为其符号位，一般最高位为符号位，“0”表示“+”(正数)，“1”表示“－”(负数)，其余各位用来表示数值的大小。计算机中常用的带符号整数表示方法有原码、反码和补码三种。数x的原码记作$[x]_{原}$，其反码记作$[x]_{反}$，补码记作$[x]_{补}$。

1) 原码

原码最高位表示符号，其余位表示数值。数值部分为整数的绝对值，以二进制自然码表示。在8位原码中，最高位表示符号，其余7位表示整数的绝对值的数值大小。

例如，+43和－43的8位原码表示为：

$$[+43]_{原}=00101011 \quad [-43]_{原}=10101011$$

原码表示法与人们日常的习惯比较一致，简单易懂。但在原码表示法中，“0”有“+0”(00000000)和“－0”(10000000)两种不同的表示，且加法运算和减法运算的规则不统一，增加了计算机运算器的复杂性。为此，人们设计了补码表示法。在计算机中，数值为负的整数均采用“补码”表示。

2) 反码

正数的反码与原码相同。一个负数的原码符号位保持不变，其余位按位取反(就是各位数码0变为1，1变为0)就得到了该数的反码。

例如，+43和－43的8位反码表示为：

$$[+43]_{反}=00101011 \quad [-43]_{反}=11010100$$

3) 补码

正数的补码与原码相同。一个负数的原码符号位保持不变，其余位取反(得到反码)，然后将反码最低位加1，就得到了该数的补码。

例如，+43 和−43 的 8 位补码表示为：

$$[+43]_{补}=00101011 \quad [-43]_{补}=11010101$$

补码表示法的优点是加法与减法运算规则统一，没有“−0”，可表示的数比原码多一个。其缺点是不直观，使用起来不方便。在计算机内，带符号整数是采用“补码”的形式表示的。

请注意以下几点。

(1) 无论是原码、反码还是补码，正整数的编码都是相同的，只有负整数的编码才有区别。

(2) 采用原码表示整数 0 时，有“00000000”和“10000000”两种表示形式，但在补码表示方法中，整数 0 被唯一地表示为“00000000”，而“10000000”则被用来表示负整数−128。正因为如此，二进制补码可表示的数的范围比同位数的原码多一个。

(3) 8 位原码和反码表示的带符号整数的范围为[−127,127]($[-2^7+1,+2^7-1]$)，而 8 位补码表示范围为[−128,127]($[-2^7,+2^7-1]$)；n 位原码和反码表示的带符号整数的范围为$[-2^{n-1}+1,+2^{n-1}-1]$，而 8 位补码表示范围为$[-2^{n-1},+2^{n-1}-1]$。

计算机中整数有多种，同一个二进制代码表示不同类型的整数时，其含义(数值)可能不同。一个代码到底代表哪种整数，是由指令决定的。表 2-2 对比了 8 位二进制码所表示的无符号整数和带符号整数的数值。

表 2-2　8 位二进制码表示的四种不同整数对比

8 位二进制码	无符号整数的数值	原码的数值	反码的数值	补码的数值
0000 0000	0	0	0	0
0000 0001	1	1	1	1
…	…	…	…	…
0111 1111	127	127	127	127
1000 0000	128	−0	−127	−128
1000 0001	129	−1	−126	−127
…	…	…	…	…
1111 1111	255	−127	−0	−1

3. 浮点数

实数通常是既有整数部分又有小数部分，它的小数点位置是不固定的，所以称为浮点数。整数和纯小数是实数的特例。例如，21.246、−2003.318 和−0.0034756 都是实数。

任何一个实数总可以表达成一个乘幂和一个纯小数之积的形式。

例如，十进制实数可以表示为：

$$21.246=0.21246\times10^2,\quad -2003.318=-0.2003318\times10^4,$$
$$-0.0034756=-0.34756\times10^{-2}$$

与十进制实数一样，二进制实数也可表示如下。

$+1001.011B=+0.1001011B\times2^{100}$， $-0.0010101B=-0.10101B\times2^{-10}$

浮点数的表示包含 3 个部分，分别是：①符号，表示浮点数的正负；②尾数，即纯小数部分，表示实数中的有效数字部分；③乘幂中的指数，也称为“阶码”，它是一个整数，表示实数中小数点的位置。可见，任何一个二进制实数 N 均可表示为：$N=\pm S\times2^{P}$。其中，$\pm$ 是该数的符号；S 是 N 的尾数；P 是 N 的阶码。

为了在不同计算机之间交换数据，1985 年，IEEE 制定了有关浮点数表示的工业标准 IEEE 754，该标准现已被绝大多数计算机所采用。IEEE 754 浮点数有 32 位浮点数（单精度浮点数）、64 位浮点数（双精度浮点数）和 80 位（扩充精度浮点数）等几种不同的格式。32 位浮点数和 64 位浮点数的标准格式分别如图 2-1 和图 2-2 所示。

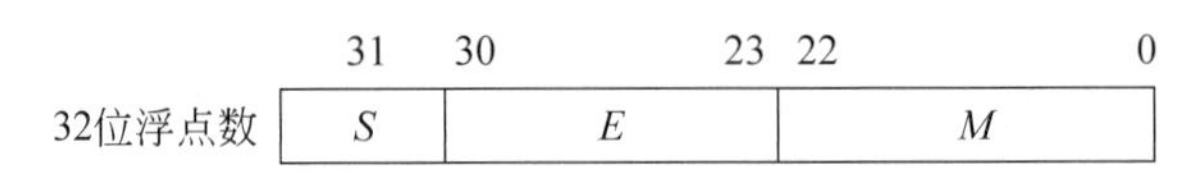

图 2-1　IEEE 754 规定的 32 位浮点数标准格式

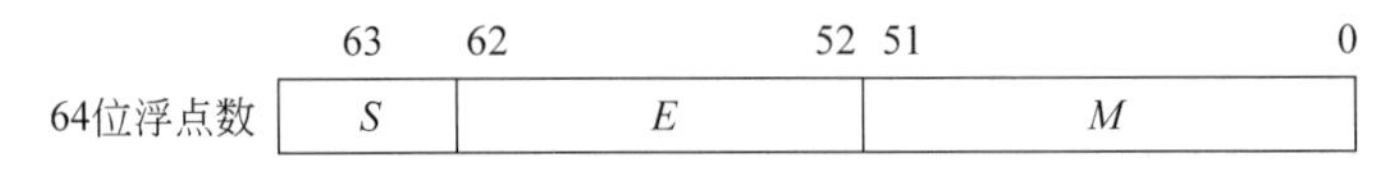

图 2-2　IEEE 754 规定的 64 位浮点数标准格式

其中，各部分的含义如下。

S：浮点数的符号位，1 位，0 表示正数，1 表示负数。

M：尾数，23 位，用小数表示，小数点放在尾数域的最前面。

E：阶码，8 位，阶符采用隐含方式，即采用移码方式来表示正负指数。

浮点数的表示方法比定点数复杂。浮点数的优点是可表示的数值范围大，其缺点是它是近似表示，运算有误差。浮点数常应用在科学、工程计算和财务处理等领域。

2.4　文字符号的表示

日常使用的书面文字由一系列称为“字符”(character)的书写符号构成。计算机中常用字符的集合叫作“字符集”。字符集中的每一个字符在计算机中各用一个二进制代码表示。常用的字符集有西文字符集和中文（汉字）字符集。

1. ASCII 码

西文是表音文字，它由拉丁字母、数字、标点符号以及一些特殊符号组成。目前计算机中使用得最广泛的西文字符集及其编码是 ASCII 字符集和 ASCII 码。ASCII (American Standard Code for Information Interchange)码，即美国信息交换标准码。基本的 ASCII 字符集包含 128 个字符，其中，控制字符 34 个，阿拉伯数字 10 个，大小写英文字母 52 个，各种标点符号和运算符号 32 个。每个字符使用 7 个二进位进行编码（ASCII

码)。因为计算机存储器的基本单位是字节,故而 ASCII 码在计算机中存储时仍然使用了一个字节(8 位二进制数)的存储空间,其中每个字节多出来的最高位均为二进制“0”。表 2-3 显示了 ASCII 字符集及其编码表。

表 2-3　ASCII 字符集及其编码表

字符	二进制表示	十六进制表示	字符	二进制表示	十六进制表示	字符	二进制表示	十六进制表示	字符	二进制表示	十六进制表示
NUL	00000000	00	SP	00100000	20	@	01000000	40	'	01100000	60
SOH	00000001	01	!	00100001	21	A	01000001	41	a	01100001	61
STX	00000010	02	"	00100010	22	B	01000010	42	b	01100010	62
ETX	00000011	03	#	00100011	23	C	01000011	43	c	01100011	63
EOT	00000100	04	$	00100100	24	D	01000100	44	d	01100100	64
ENQ	00000101	05	%	00100101	25	E	01000101	45	e	01100101	65
ACK	000000110	06	&	00100110	26	F	01000110	46	f	01100110	66
BEL	00000111	07	'	00100111	27	G	01000111	47	g	01100111	67
BS	00001000	08	(	00101000	28	H	01001000	48	h	01101000	68
SH	00001001	09	)	00101001	29	I	01001001	49	i	01101001	69
LF	00001010	0A	*	00101010	2A	J	01001010	4A	j	01101010	6A
VT	00001011	0B	+	00101011	2B	K	01001011	4B	k	01101011	6B
FF	00001100	0C	,	00101100	2C	L	01001100	4C	l	01101100	6C
CR	00001101	0D	_	00101101	2D	M	01001101	4D	m	01101101	6D
SO	00001110	0E	.	00101110	2E	N	01001110	4E	n	01101110	6E
SI	00001111	0F	/	00101111	2F	O	01001111	4F	o	01101111	6F
DLE	00010000	10	0	00110000	30	P	01010000	50	p	01110000	70
DC1	00010001	11	1	00110001	31	Q	01010001	51	q	01110001	71
DC2	00010010	12	2	00110010	32	R	01010010	52	r	01110010	72
DC3	00010011	13	3	00110011	33	S	01010011	53	s	01110011	73
DC4	00010100	14	4	00110100	34	T	01010100	54	t	01110100	74
NAK	00010101	15	5	00110101	35	U	01010101	55	u	01110101	75
SYN	00010110	16	6	00110110	36	V	01010110	56	v	01110110	76
ETB	00010111	17	7	00110111	37	W	01010111	57	w	01110111	77
CAN	00011000	18	8	00111000	38	X	01011000	58	x	01111000	78
EM	00011001	19	9	00111001	39	Y	01011001	59	y	01111001	79
SUB	00011010	1A	:	00111010	3A	Z	01011010	5A	z	01111010	7A
ESC	00011011	1B	;	00111011	3B	[	01011011	5B	{	01111011	7B
FS	00011100	1C	<	00111100	3C	\	01011100	5C	|	01111100	7C
GS	00011101	1D	=	00111101	3D	]	01011101	5D	}	01111101	7D
RS	00011110	1E	>	00111110	3E	^	01011110	5E	~	01111110	7E
US	00011111	1F	?	00111111	3F	—	01011111	5F	DEL	01111111	7F

2. 汉字编码

中文的组成单位是汉字。与西文字符比较，汉字数量大，字形复杂，同音字多，这就给汉字在计算机内部的存储、传输、交换、输入、输出等带来了一系列的问题。因此，为了用计算机处理汉字，和西文字符一样，必须对每个汉字用二进制数表示，即对汉字进行编码。

计算机处理汉字时，会遇到许多编码，其处理过程如图 2-3 所示。键盘输入汉字是输入汉字的外部码，或称为输入码。外部码必须转换为内部码才能在计算机内进行存储和处理，内部码包括国标码和机内码。为了将汉字以点阵的形式输出，还要将内部码按地址码和机内码的对应转换关系找到每个汉字字形码在汉字字库中的相对位移地址，取出字形码，然后再把字形送去输出。

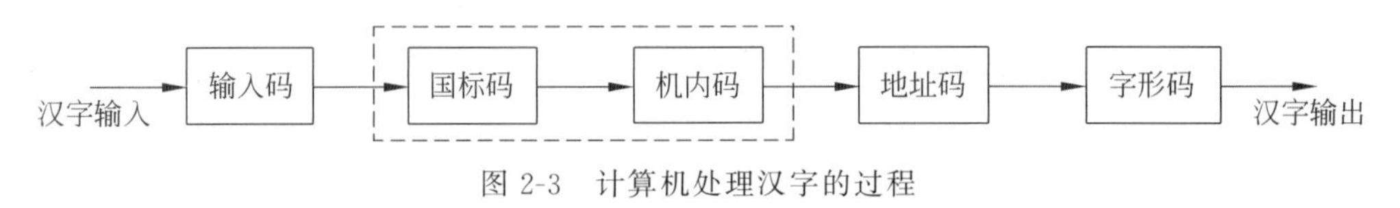

图 2-3　计算机处理汉字的过程

1）输入码

汉字主要是从键盘输入，所以称为输入码，也被称为外部码。每个汉字对应一个外部码，外部码是计算机输入汉字的代码，是代表某一个汉字的一组键盘符号。常见的外部码有以下几种。

（1）数字编码。数字编码是用数字串代表一个汉字输入。常用的是国标区位码，区位码是将国家标准局公布的 6763 个两级汉字分为 94 个区，每个区分 94 位，实际上是把汉字表示成二维数组，每个汉字在数组中的下标就是区位码。区码和位码各用两位十进制数字表示，因此输入一个汉字需按键四次。数字编码输入的优点是无重码，且输入码与内部编码的转换比较方便；缺点是代码难以记忆，通常为专用的汉字输入人员使用。

（2）拼音码。拼音码是以汉字拼音为基础的输入方法，使用简单方便，但因汉字同音字太多，输入重码率很高，同音字选择影响了输入速度。常用的拼音码有全拼、双拼等。在此基础上的输入法产品主要有：微软拼音、紫光拼音和智能 ABC 拼音等。

（3）字形编码。字形编码是用汉字的形状来进行的编码。把汉字的笔画部件用字母或数字进行编码，按笔画的顺序依次输入，就能表示一个汉字。字形码的代表是五笔字型，其相关的输入产品主要有：万能五笔和智能五笔等。

为了加快输入速度，在上述方法基础上，发展了词组输入、联想输入等多种快速输入方法，但是这些输入方式都是使用键盘进行“手动”输入。而理想的输入方式是利用语音或图像识别技术“自动”将拼音或文本输入到计算机内，使计算机能认识汉字，听懂汉语，并将其自动转换为机内代码表示。目前，这样的输入方式已经成为现实，如国内的汉王系列输入产品等。

2）内部码

汉字的机内码是计算机系统内部对汉字进行存储、处理、传输统一使用的代码，又称为汉字内码。在不同的汉字输入方案中，同一汉字的外部码不同，但同一汉字的内部码是唯一的。

计算机之间或计算机与终端之间交换信息时，要求其间传送的汉字代码信息完全一致。为此，国家根据汉字的常用程度定出了一级和二级汉字字符集，并规定了编码，这就是GB 2312—1980《信息交换用汉字编码字符集基本集》。GB 2312—1980中汉字的编码即国标码。

在国标码的字符集中共收录了6763个常用汉字和682个非汉字字符（图形、符号），其中，一级汉字3755个，以汉语拼音为序排列，二级汉字3008个，以偏旁部首进行排列。

GB 2312—1980规定，所有的国标汉字与符号组成一个94×94的矩阵，在此方阵中每一行称为一个"区"（区号为01～94），每一列称为一个"位"（位号为01～94），该方阵实际组成了94个区，每个区内有94个位的汉字字符集，每一个汉字或符号在码表中都有一个唯一的位置编码，叫作该字符的区位码。例如，"啊"字的国标码是3021H，区位码是1601D。如将区位码转换成国标码，应先将十进制的区位码按区和位转换成十六进制数再加上2020H转换成国标码。例如，区位码是1601D，先将十进制的区位码按区16和位01转换成十六进制数1001H，再加上2020H转换成国标码3021H。

由于汉字数量多，一般用2字节来存放汉字的内码。在计算机内汉字字符必须与英文字符区别开，以免造成混乱。英文字符的机内码是用一个字节来存放ASCII码，一个ASCII码占一个字节的低7位，最高位为"0"，为了区分，汉字机内码中两个字节的最高位均置"1"，即国标码＋8080H＝机内码，例如，汉字"中"的国标码为5650H$(0101\ 0110\ 0101\ 0000)_2$，机内码为D6D0H$(1101\ 0110\ 1101\ 0000)_2$。

3）地址码

地址码指的是每个汉字字形码在汉字字库中的相对位移地址，地址码和机内码要有简明的对应转换关系。

4）字形码

每一个汉字的字形都必须预先存放在计算机内，例如，GB 2312国标汉字字符集的所有字符的形状描述信息集合在一起，称为字形信息库，简称字库，通常分为点阵字库和矢量字库。目前，汉字字形的产生方式大多是用点阵方式形成汉字，即是用点阵表示的汉字字形代码。根据汉字输出精度的要求，有不同密度点阵。汉字字形点阵有16×16点阵、24×24点阵、32×32点阵等。汉字字形点阵中每个点的信息用一位二进制码来表示，"1"表示对应位置处是黑点，"0"表示对应位置处是空白。字形点阵的信息量很大，所占存储空间也很大，例如16×16点阵，每个汉字就要占32字节（16×16÷8＝32）；24×24点阵的字形码需要用72字节（24×24÷8＝72），因此字形点阵只能用来构成"字库"，而不能用来替代机内码用于机内存储。字库中存储了每个汉字的字形点阵代码，不同的字体（如宋体、仿宋、楷体、黑体等）对应着不同的字库。在输出汉字时，计算机要先到字库中去找到它的字形描述信息，然后再把字形送去输出。图2-4展示了一个16×16点阵的宋体汉字的编码。

5）其他汉字编码

除了上述汉字编码外，还有一些用于不同场合的其他的汉字编码，如UCS码、

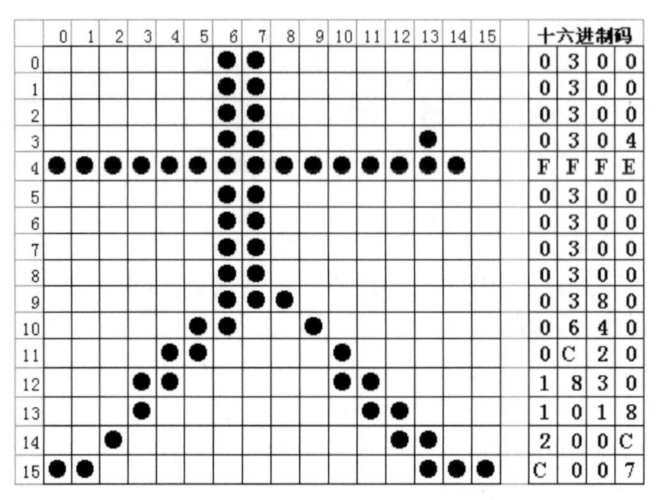

图 2-4 “大”的 16×16 宋体字形码

Unicode 码、GBK 码、BIG5 码等。

通用多八位编码字符集 UCS(Universal Code Set)是国际标准(ISO)为各种语言字符制定的编码标准。它是世界各种文字的统一的编码方案，一个字符占 4 字节。ISO/IEC 10646 字符集中的每个字符用 4 字节(组号，平面号，行号和字位号)唯一地表示，第一个平面(00 组中的 00 平面)称为基本多文种平面(BMP)，包含字母文字、音节文字以及中、日、韩(CJK)的表意文字等。Unicode 码是另一国际标准，采用双字节编码统一地表示世界上的主要文字。其字符集内容与 UCS 的 BMP 相同，但 Unicode 是一种使用更为广泛的国际字符编码标准。GBK 码等同于 UCS 的新的中文编码扩展国家标准，2 字节表示一个汉字。第一字节为 81H～FEH，最高位为 1，第二字节为 40H～FEH，第二字节的最高位不一定是 1。BIG5 编码是中国台湾地区、香港特别行政区普遍使用的一种繁体汉字的编码标准，包括 440 个符号，一级汉字 5401 个、二级汉字 7652 个，共计 13 060 个汉字。

2.5 数字图像的表示

数字图像在计算机中是采用二维矩阵形式表示的，矩阵的每个元素表示数字图像的一个像素，每个像素有两个属性，像素的坐标(表示像素点的位置)和像素值(表示像素点的颜色)。常见的数字图像有二值图像(黑白图像)、灰度图像和彩色图像。

二值图像的表示和汉字的字形码类似。每个像素点用一位二进制数来表示，“0”表示黑色，“1”表示白色。灰度图像的每个像素点通常采用 8 位二进制数来表示，取值范围是 0～255，“0”表示黑色，“255”表示白色，0～255 的数表示深浅不同的灰色。彩色图像的每个像素由红、绿、蓝(RGB)三基色分量组成，每个分量分别使用 8 位二进制数来表示。图 2-5和图 2-6 分别展示了二值图像、灰度图像和彩色图像在计算机中的表示。

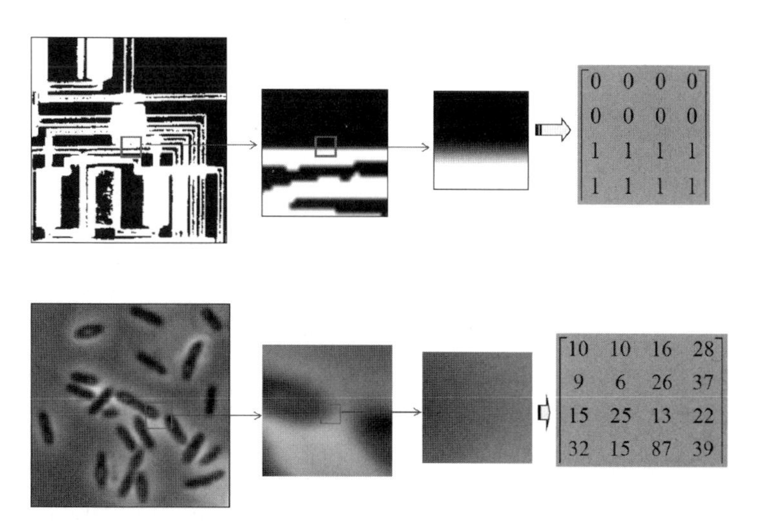

图 2-5　二值图像和灰度图像在计算机中的表示

图 2-6　彩色图像在计算机中的表示

2.6　数字视频的表示

人类接收的信息 70%来自视觉，其中，视频是信息量最丰富、直观、生动、具体的一种承载信息的媒体。常见视频信号有电视、电影、动画等。视频的内容随时间而变化，伴随有与画面动作同步的声音(伴音)，是多媒体技术的核心。

视频是表示的内容随时间变化的一组动态图像(25 或 30 帧/秒)，所以视频又叫作运动图像或活动图像。一帧就是一幅静态数字图像，快速连续地显示帧，便能形成运动的效果。每秒图像的帧数，称为视频的帧频。每秒钟显示帧数越多，即帧频越高，所显示的动作就会越流畅。

实质上，数字视频是一幅幅数字图像组成的图像序列。如果把数字图像看成是二维（空间 x，y），那么视频就是三维（空间 x，y，加时间 t，这个 t 有时候可能是帧号）。视频的数学表达是 $f(x,y,t)$ 或 $f(x,y,n)$。数字图像的数据量较大，作为数字图像序列的数字视频，其数据量尤其巨大，这给存储和传输带来了非常大的压力。因而，实际使用中，数字视频都经过了压缩处理。

常见的视频图像文件格式有 AVI、RM、ASF、WMV、MOV、MPEG 和 DAT 等。

2.7 数字音频的表示

声音来自声波，包括音乐、语声和各种音响效果，可以表示为随时间变化的连续波形，称为模拟音频。模拟音频经过数字化处理后就得到了数字音频。声音的数字划分为如图 2-7 所示的三个步骤：取样、量化和编码。模拟声波经过取样、量化和编码后以二进制形式存放在计算机里。

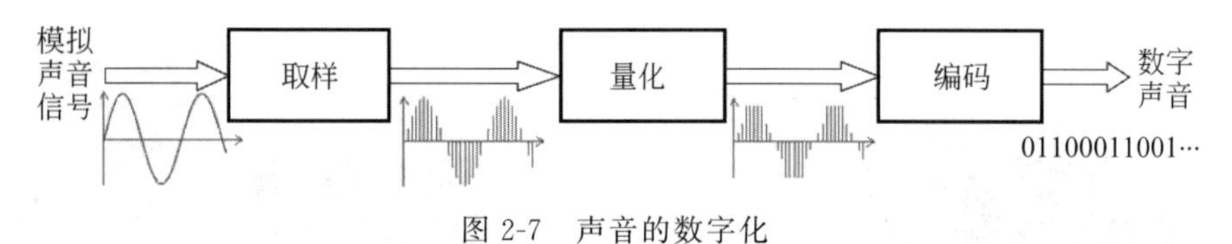

图 2-7 声音的数字化

数字化后若要能够无失真地恢复出原始信号，取样时的最低取样频率需要满足一定的条件。这个最低取样频率称为 Nyquist 取样频率。取样定理表明 Nyquist 取样频率为原始信号最高频率的 2 倍。另外，量化精度既决定了取样值的动态范围，也决定着所引入的噪声大小。

常见的数字音频文件格式有 WAV、MP3、WMA、RA 和 MIDI 等。

其他形式的信息如温度、压力、运动和指挥计算机工作的软件（程序）等都使用二进制表示。总之，计算机（包括其他数字设备）中所有信息都使用二进制（比特）表示，只有使用比特表示的信息计算机才能进行处理、存储和传输。

思　考　题

1. 计算机中为什么要采用二进制形式表示数据？

2. 把下列二进制数分别转换成十进制数、八进制数和十六进制数。

10111111.0011，11001111，0.11101，1000000

3. 把下列十进制数转换成二进制数和十六进制数。

128，0.675，1024，65535

4. 在一个字长为 8 位的计算机中，采用补码表示，符号为占 1 位，请写出下列十进制数在计算机中的二进制表示。

+78，+3，−5，−128，+127

5. 西文字符信息是如何用 ASCII 码表示的？试写出字符“A”“b”“C”，数字符号“0”“1”“9”以及空格的十六进制表示形式。

6. 在当前大量使用的 PC 中，汉字信息是如何编码表示的？有哪几种不同的编码？进一步的发展趋势如何？汉字信息怎样输入计算机？计算机怎样输出汉字？

7. 数字图像、视频和音频是如何表示的？

第3章

系统思维

计算机系统的工作是一个非常复杂的问题。它涉及计算机的硬件系统和软件系统。本章主要讲述计算机系统的组成,包括硬件系统和软件系统。

3.1 导学

本章结构导图如图3-0所示。

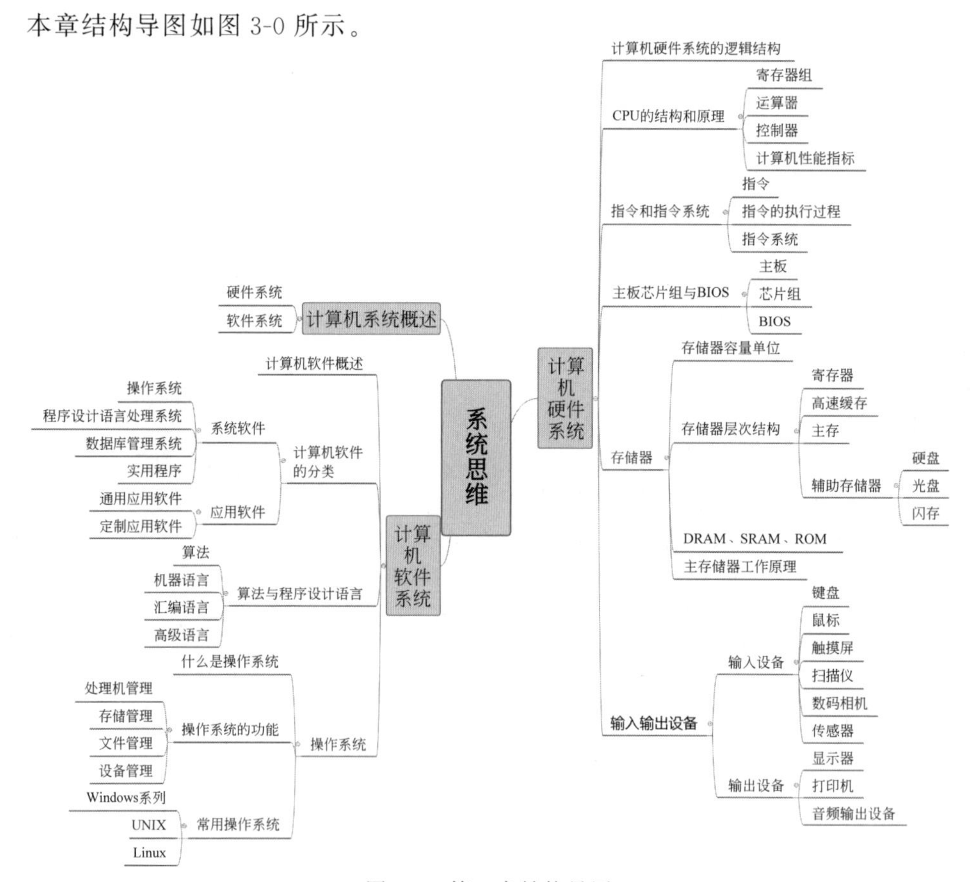

图3-0　第3章结构导图

3.2 计算机系统概述

一个完整的计算机系统包括两大部分，即硬件系统和软件系统，如图 3-1 所示。硬件是指构成计算机的物理设备，是由机械和电子器件构成的具有输入、存储、计算、控制以及输出功能的实体部件。例如，处理器芯片、存储器芯片、底板、各类扩充装置、机箱、键盘、鼠标、显示器、打印机和硬盘等都是计算机的硬件。计算机软件是指在计算机中运行的各种程序及其处理的数据和相关的文档。程序用来指挥计算机硬件自动进行规定的操作，数据则是程序所处理的对象，文档是软件设计报告和操作使用说明等，它们都是软件不可缺少的组成部分。

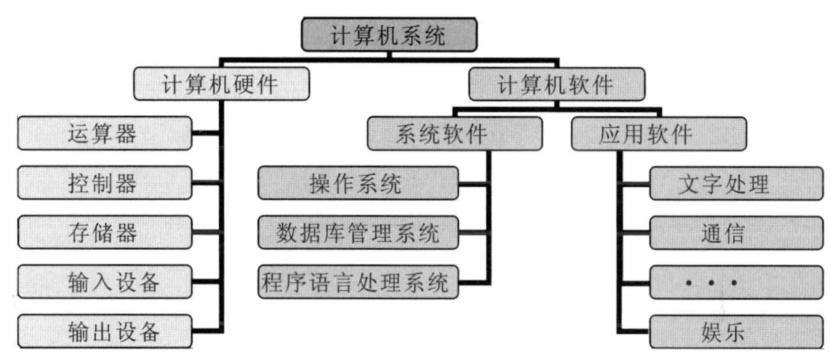

图 3-1　计算机系统结构

3.3 计算机硬件系统

经典计算机的逻辑结构如图 3-2 所示，计算机硬件由运算器、控制器、存储器、输入设备和输出设备五个基本部分组成，也称计算机硬件的五大部件。

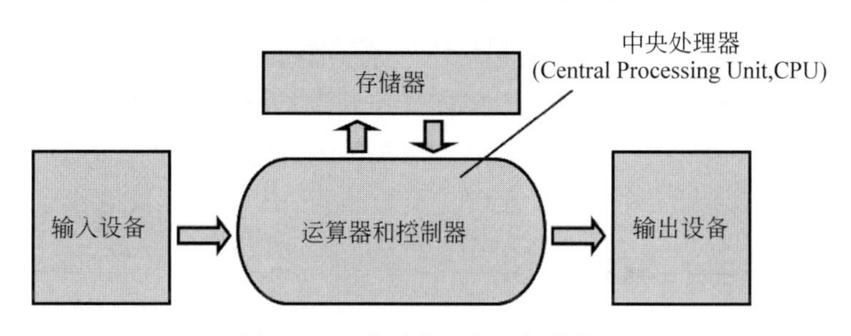

图 3-2　经典计算机的逻辑结构

这一基本结构是由美籍匈牙利科学家冯·诺依曼提出的。冯·诺依曼的主要思想为“存储程序控制”，其主要内容如下。

(1) 计算机硬件由运算器、控制器、存储器、输入设备和输出设备五个基本部分组成。

(2) 计算机的工作由程序控制,程序是一个指令序列,指令是能被计算机理解和执行的操作命令。

(3) 程序(指令)和数据均以二进制编码表示,均存放在存储器中。

(4) 存储器中存放的指令和数据按地址进行存取。

(5) 指令是由 CPU 一条一条顺序执行的。

现代计算机的逻辑结构如图 3-3 所示。计算机硬件主要包括中央处理器、主存储器、辅助存储器和输入输出设备等,它们通过总线互相连接。

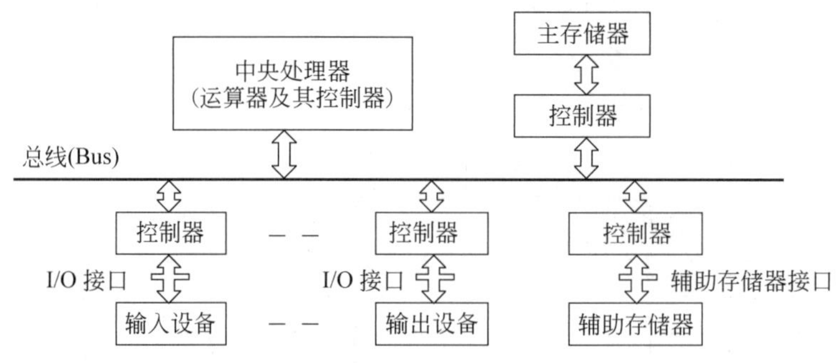

图 3-3　现代计算机的逻辑结构

1. 中央处理器

负责对输入信息进行各种处理(例如计算、转换、分类和检索等)的部件称为"处理器"。处理器能高速执行指令完成二进制数据的算术、逻辑运算和数据传送等操作,它的结构很复杂。超大规模集成电路的出现,使得处理器的所有组成部分都可以制作在一块面积仅为几平方厘米的半导体芯片上。因为体积很小,所以也称之为微处理器(Microprocessor)。

一台计算机中往往有多个处理器,它们各有其不同的任务,有的用于显示,有的用于通信。其中,承担系统软件和应用软件运行任务的处理器称为"中央处理器",简称 CPU(Central Processing Unit),它是任何一台计算机必不可少的核心组成部件。

CPU 的任务很繁重,为了提高处理速度,一台计算机可以包含几个或者几十个甚至几百几千个 CPU。这种使用多个 CPU 实现高速处理的技术称为"并行处理"。现在,个人计算机、平板电脑和智能手机等都普遍采用集成有 2 个、4 个甚至更多个 CPU 在同一芯片内的所谓"多核"CPU 芯片,性能得到了显著提高。

2. 主存储器和辅助存储器

计算机能够把程序和数据存储起来,具有这种功能的部件就是"存储器"。计算机中的存储器分为主存储器(简称主存,英文为 Memory)和辅助存储器(简称辅存,英文为 Storage)。早期计算机中的主存储器总是与 CPU 紧靠一起安装在主机柜内,而辅助存储器大多独立于主机柜之外,因此主存储器俗称"内存",辅助存储器俗称"外存",并一直沿用至今。

主存储器的存取速度快而容量相对较小(因成本较高),大多是易失性存储器。主存与 CPU 高速连接,按字节编址(每个字节均有地址,CPU 可直接访问任一字节),它用来存放已经启动的程序代码和需要处理的数据。CPU 工作时,它所执行的指令和处理的数据都是从主存中取出的,产生的结果也存放在主存中。因而,主存储器也称为计算机的工作存储器。

辅助存储器能长期存放计算机系统中几乎所有的信息,即使断电,信息也不会丢失。辅助存储器的容量很大,但存储速度相对较慢,它按数据块进行编址。计算机执行程序时,辅存中的程序代码和相关数据必须预先传送到主存,然后才能被 CPU 运行和处理。

3. 输入输出设备

输入设备是外界向计算机传送信息的装置。输入设备有多种,如键盘、鼠标、触摸屏、麦克风、传感器以及条码、磁卡、IC 卡的读卡器等。不论信息的原始形态如何,输入到计算机中的信息都使用二进位来表示。

输出设备是将计算机中的数据信息传送到外部的设备,转换为某种人们所需要的形式。计算机的输出可以是文本、图像、语音、音乐或动画等多种形式。输出设备的功能是把计算机中用二进位表示的信息转换成人可以直接识别和感知的信息形式。常见的输出设备有显示器、打印机和扬声器等。

输入输出设备统称为 I/O(Input/Output)设备,这些设备是计算机与外界联系和沟通的桥梁,用户或外部环境通过 I/O 设备与计算机系统互相通信。

4. 总线和 I/O 接口

总线(Bus)是用于在 CPU、主存、辅存和各种输入输出设备之间传输信息并协调工作的一种部件,由传输线和控制电路组成。一般把连接 CPU 和主存的总线称为 CPU 总线(或前端总线、高速总线),把连接主存和 I/O 设备(包括辅存)的总线称为 I/O 总线。为了方便更换和扩充 I/O 设备,计算机系统中的 I/O 设备一般都通过标准的 I/O 接口(如 USB 接口)与各自的控制器连接,然后再与 I/O 总线相连。

3.3.1 CPU 的结构和原理

CPU 是计算机不可缺少的核心部件,它负责执行程序。迄今为止,我们所使用的计算机大多是按照冯 · 诺依曼提出的"存储程序控制"原理进行工作的。即将问题的计算步骤编制成为程序,程序连同它所处理的数据都用二进位表示并预先存放在存储器中。程序运行时,CPU 从内存中一条一条地取出指令和相应的数据,按指令操作码的规定,对数据进行运算处理,直到程序执行完毕为止,如图 3-4 所示。

CPU 的根本任务是执行指令,它按指令的规定对数据进行操作。它的结构如图 3-5 所示,原理上,它主要由三个部分组成,分别是寄存器组、运算器和控制器。

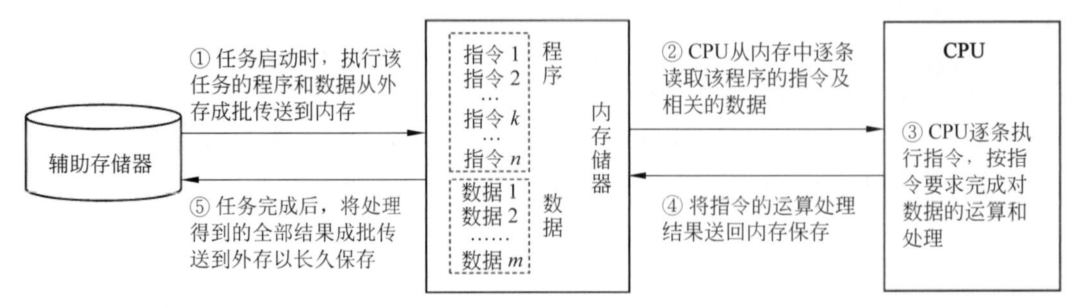

图 3-4　程序在计算机中的执行过程

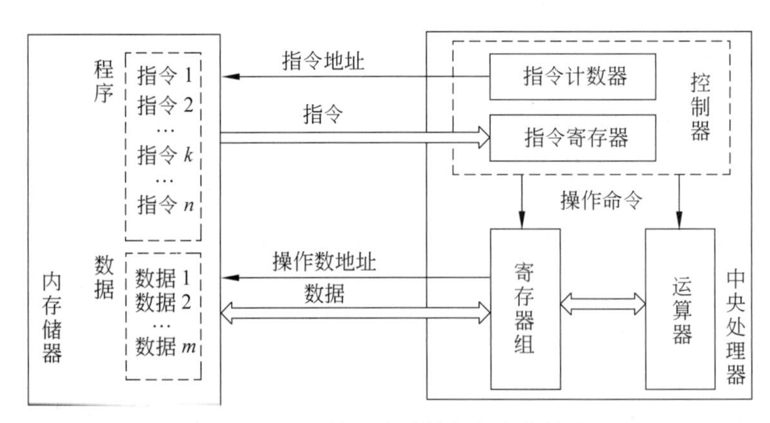

图 3-5　CPU 的组成及其与内存的关系

1. 寄存器组

寄存器组由十几个甚至几十个寄存器组成。寄存器的速度很快，它们用来临时存放参加运算的数据和运算得到的中间(或最后)结果。需要运算器处理的数据预先从内存传送到寄存器，运算结果不再需要继续运算时就从寄存器保存到内存。

2. 运算器

运算器又称算术逻辑单元(Arithmetic Logic Unit，ALU)，是计算机对数据进行加工处理的部件，它的主要功能是对二进制数进行加、减、乘、除等算术运算和与、或、非等基本逻辑运算，实现逻辑判断。运算器在控制器的控制下实现其功能，运算结果由控制器指挥送到内存储器中。

3. 控制器

控制器是计算机的神经中枢和指挥中心，它的基本功能是依次从存储器中取出指令、翻译指令、分析指令、向其他部件发出控制信号，控制计算机各部件协调工作，使得整个计算机有条不紊地工作。控制器由指令计数器(PC)、指令寄存器(IR)、指令译码器(ID)、时序控制电路和微操作控制电路组成。

（1）PC。用来对程序中的指令进行计数，使控制器能够依次读取指令。

（2）IR。在指令执行期间暂时保存正在执行的指令。

（3）ID。用来识别指令的功能，分析指令的操作要求。

（4）时序控制电路。用来生成时序信号，以协调在指令执行周期各部件的工作。

（5）微操作控制电路。用来产生各种控制操作命令。

计算机性能由许多因素决定，例如CPU、内存、硬盘、显卡等，但通常CPU是主要因素。CPU的性能主要表现在程序执行速度的快慢，而程序执行的速度与CPU相关的因素有很多，如指令系统、字长、主频、高速缓存的容量和结构、逻辑结构和CPU核的个数等。

1）指令系统

指令的类型、数目和功能等都会影响程序的执行速度。

2）字长（位数）

指通用寄存器和定点运算器的宽度（即二进制整数运算的位数），即在单位时间内（同一时间）能一次处理的二进制数的位数。该指标反映出CPU内部运算处理的速度和效率。由于存储器地址是整数，整数运算由定点运算器完成，定点运算器的宽度也就决定了地址码的位数。而地址码的位数则决定了CPU可访问的最大内存空间，这是影响CPU性能的一个重要因素。

中低端应用（如洗衣机、微波炉等）的嵌入式计算机大多是8位、16位或32位的CPU，中高端智能手机等使用64位CPU，PC使用的CPU早些年大多为32位处理器，现在使用的都是64位处理器。

3）主频（CPU时钟频率）

指CPU中电子线路的工作频率，它决定着CPU芯片内部数据传输和操作速度的快慢。一般而言，执行一条指令需要一个或几个时钟周期。所以主频越高，执行一条指令所需要的时间就越少，CPU的处理速度就越快。现在个人计算机和高端智能手机的CPU的主频为1～4GHz。

4）高速缓存（Cache）的容量与结构

程序运行过程中高速缓存有利于减少CPU访问内存的次数。通常，Cache容量越大、级数越多，其效用就越显著。

5）逻辑结构（微架构）

CPU包含的定点运算器和浮点运算器的数目、采用的流水线结构和级数、指令分支预测的机制和执行部件的数目等都对指令执行的速度有影响。

6）CPU核的个数

为提高CPU芯片的性能，现在CPU芯片往往包含有2个、4个、6个甚至更多个CPU核，每个核都是一个独立的CPU，有各自的1级和2级Cache，共享3级Cache和前端总线。需要说明的是，由于算法和程序的原因，n个核的CPU性能绝不是单核CPU的n倍。

3.3.2 指令与指令系统

1. 指令

如前所述,使用计算机完成某个任务(如发送消息)必须运行相应的程序(如QQ)。在计算机内部,程序是由一连串指令组成的,指令是构成程序的基本单位。指令是能被计算机识别并执行的二进制代码,它规定了计算机能完成的某一种操作。一条指令通常由两个部分组成,如图3-6所示。

操作码	操作数

图3-6 指令的格式

(1) 操作码。指明该指令要完成的操作的类型或性质,如取数、做加法或输出数据等。每一种操作分别使用不同的二进制代码表示,称为操作码。

(2) 操作数。指明操作对象的内容或所在的单元地址,操作数在大多数情况下是地址码,地址码可以有0~3个。从地址码得到的仅是数据所在的地址,可以是源操作数的存放地址,也可以是操作结果的存放地址。

2. 指令的执行过程

尽管计算机可以运行非常复杂的程序,完成多种多样的功能,然而,任何复杂程序的运行总是由CPU一条一条执行指令来完成的。CPU执行每一条指令都还要分成若干步,每一步仅完成一个或几个非常微小的操作。

指令的执行过程如图3-7所示,大体分为以下4个步骤。

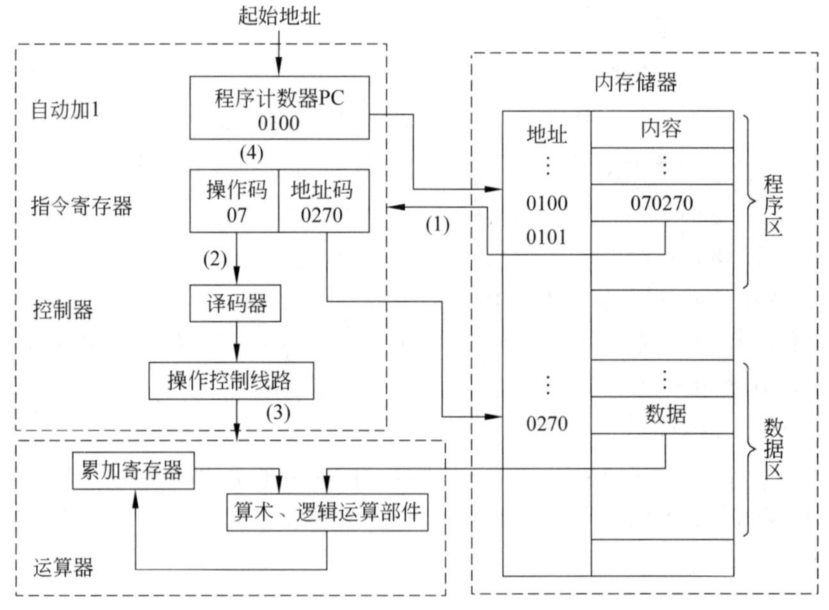

图3-7 指令的执行过程

(1) 取指令。按照指令计数器中的地址(0100H),从内存储器中取出指令(070270H),并送往指令寄存器。

(2) 分析指令。对指令寄存器中存放的指令(070270H)进行分析,由译码器对操作码(07H)进行译码,将指令的操作码转换成相应的控制电位信号;由地址码(0270H)确定操作数地址。

(3) 执行指令。由操作控制线路发出完成该操作所需要的一系列控制信息,去完成该指令所要求的操作。例如,做加法指令,取内存单元(0270H)的值和累加器的值相加,结果还是放在累加器中。

(4) 一条指令执行完成,指令计数器加 1 或将转移地址码送入指令计数器,然后回到步骤(1)。

一般把计算机完成一条指令所花费的时间称为一个指令周期,指令周期越短,指令执行越快。通常所说的 CPU 主频(或工作频率),就反映了指令执行周期的长短。计算机在运行时,CPU 从内存读出一条指令到 CPU 内执行,指令执行完,再从内存读出下一条指令到 CPU 内执行。CPU 不断地读取指令、分析指令、执行指令,这就是程序的执行过程。

总之,计算机的工作就是执行程序,即自动连续地执行一系列指令,而程序开发人员的工作就是编制程序。一条指令的功能虽然有限,但是由一系列指令组成的程序可完成的任务是无限多的。

3. 指令系统

每一种 CPU 都有它自己独特的一组指令。CPU 可执行的全部指令称为该 CPU 的指令系统。指令系统中的指令分成许多类。例如,Intel 公司的奔腾和酷睿处理器中,共有七大类指令,分别为数据传送类、算术运算类、逻辑运算类、移位操作类、位(位串)操作类、控制转移类和输入输出类。

每一类指令(如数据传送类、算术运算类)又按照操作数的性质(如整数还是实数)、长度(16 位、32 位、64 位、128 位等)而区分为许多不同的指令,因此,Intel 公司 CPU 有数以百计的不同的指令。

3.3.3 主板、芯片组与 BIOS

1. 主板

无论是台式计算机、笔记本电脑还是智能手机,CPU 芯片、存储器芯片、总线和 I/O 控制器等电路都是安装在印刷电路板上的。除了芯片和电子元件外,电路板上还安装了各种用作 I/O 接口的插头插座,这种电路板就成为计算机的主板(母板)。以 PC 为例,主板上通常安装有 CPU 插座、芯片组、存储器插座、扩充卡插座、显卡插座、BIOS 芯片、CMOS 存储器、辅助芯片和若干用于连接外围设备的 I/O 接口,如图 3-8 所示。

CPU 和存储器芯片分别通过主板上的 CPU 插座和存储器插座安装在主板上。PC 常用外围设备通过扩充卡(如声音卡、显示卡等)或 I/O 接口与主板相连,扩充卡通过卡上的印刷插头插在主板上的 PCI 或 PCI-E 总线插座中。随着集成电路的发展和计算机设计技术的进步,许多扩充卡的功能可以部分或全部集成在主板上(如串行口、并行口、声

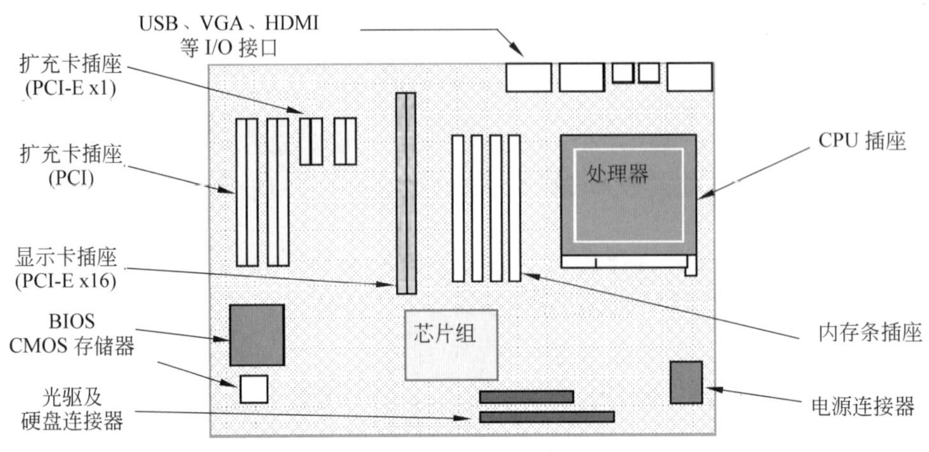

图3-8　台式PC主板示意图

卡、网卡等控制电路),因而主板的结构越来越简化。

主板上还有两块特别有用的芯片:一块是闪速存储器(Flash Memory),其中存放的是基本输入输出系统(BIOS),它是PC启动最先运行的软件,没有它机器就无法启动;另一块芯片是CMOS存储器,其中存放着与计算机系统相关的一些参数(称为"配置信息"),包括当前的日期和时间、开机口令、已安装的硬盘的个数及类型和加载操作系统的顺序等。CMOS芯片是一种易失性的存储器,它由主板上的纽扣电池供电,所以计算机关机后也不会丢失所存储的信息。

2. 芯片组

芯片组(Chipset)是PC各组成部分相互联接和通信的枢纽,存储器控制、I/O控制功能几乎都集成在芯片组内,它既实现了PC总线的功能,又提供了各种I/O接口及相关的控制。没有芯片组,CPU就无法与内存、扩充卡、外设等交换信息。

芯片组安装在主板上,原先由两块超大规模集成电路组成:北桥芯片和南桥芯片。北桥芯片是存储控制中心(Memory Controller Hub,MCH),用于高速连接CPU、内存条、显卡,并与南桥芯片互联;南桥芯片是I/O控制中心(I/O Controller Hub,ICH),主要与PCI总线槽、USB接口、硬盘接口、音频编解码器、BIOS和CMOS存储器等连接,并借助Super I/O芯片提供对键盘、鼠标、串行口和并行口等的控制。CPU的时钟信号也由芯片组提供。图3-9是芯片组与主板上各个部件互联的示意图。

随着集成电路技术的进步,北桥芯片的大部分功能(如内存控制、显卡接口等)已经集成在CPU芯片中,其他功能则合并到南桥芯片,所以现在只需要一块芯片(单芯片的芯片组)即可完成系统所有硬件的连接。

需要注意的是,有什么样功能和速度的CPU,就需要使用什么样的芯片组。芯片组是与CPU芯片及外围设备配套和同步发展的。

3. BIOS

BIOS的中文名叫作基本输入输出系统,它是存放在主板上闪速存储器中的一组程

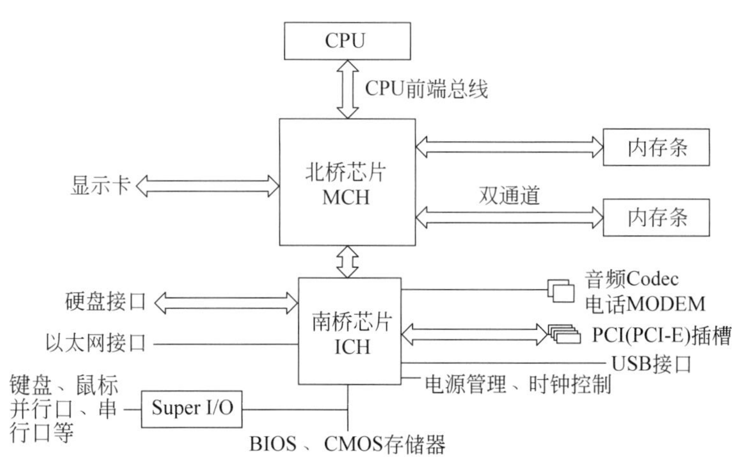

图 3-9 芯片组与主板上其他部件的连接

序。由于存放在闪存中,即使机器关机,它的内容也不会改变。每次机器加电时,CPU 总是首先执行 BIOS 程序,它具有诊断计算机故障及加载操作系统并启动其运行的功能。

BIOS 主要包含四个部分的程序,分别是加电自检程序、系统自举程序、CMOS 设置程序和常用外部设备的驱动程序。

(1) 加电自检程序(POST)用于检测计算机硬件故障。

(2) 系统自举程序(Boot)是系统主引导记录的装入程序,用来启动计算机工作,加载并进入操作系统运行状态。

(3) CMOS 设置程序用于设置系统参数,如日期、时间、口令、配置参数等。

(4) 常用外部设备的驱动程序(Driver),在计算机启动阶段实现对键盘、显示器和硬盘等常用外部设备输入输出操作的控制。

当接通计算机电源(或按下 Reset 复位键)时,系统首先执行加电自检程序,目的是测试系统各部件的工作状态是否正常,从而决定计算机的下一步操作。加电自检程序通过读取主板上 CMOS 中的内容来识别硬件的配置,并根据配置信息对系统中各部件进行测试和初始化。测试的对象包括 CPU、内存、BIOS 芯片本身、CMOS、显示卡、键盘和硬盘等。测试过程中,如果发现某个设备存在故障,加电自检程序会在屏幕上报告错误信息,系统将不能继续启动或不能正常工作。

加电自检程序完成后,若系统无致命错误,计算机将继续执行 BIOS 中的系统自举程序。它按照 CMOS 中预先设定的启动顺序,依次搜寻硬盘驱动器或光盘驱动器,将其第一个扇区的内容(主引导记录)读出并装入到内存,然后将控制权交给其中的操作系统引导程序,由引导程序继续装入操作系统。操作系统装入成功后,整个计算机就处于操作系统的控制之下,用户就可以正常地使用计算机了。

在上述过程中,键盘、显示器、硬盘、光盘等常用外围设备都需要参与工作。因此,它们的控制程序(称为"驱动程序")也必须包含在 BIOS 中。有些外围设备控制器(例如显示卡)把驱动程序存放在扩充卡的 ROM 中,PC 开机时,BIOS 对扩展槽进行扫描,查找是否有自带驱动程序的扩充卡。若有,扩充卡 ROM 中的设备驱动程序就会补充或替换主板 BIOS 中相应的驱动程序。显然,这种做法带来了很大的灵活性。

在 PC 执行引导装入程序之前,用户若按下某一热键(如 Delete 键或 F1、F2、F8 键,各种 BIOS 的规定不同),就可以启动 CMOS 设置程序。CMOS 设置程序允许用户将系统的硬件配置信息进行修改。CMOS 中存放的信息包括系统的日期和时间,系统的口令,系统中安装的硬盘、光盘驱动器的数目、类型及参数,显示卡的类型,启动系统时访问辅助存储器的顺序等。这些信息非常重要,一旦丢失就会使系统无法正常运行,甚至不能启动。

CMOS 信息通常并不需要设置,只在用户希望更改系统的日期、时间、口令或启动盘的顺序时,或者 CMOS 内容因掉电、病毒侵害等原因被破坏时,才需要用户启动 BIOS 中的 CMOS 设置程序对其进行设置。

3.3.4 存储器

1. 存储器容量单位

首先介绍一些与存储器相关的概念。

数字技术的处理对象是"比特",其英文为"bit",它是"binary digit"的缩写,中文意译为"二进制位"或"二进位",在不引起混淆时也可以简称为"位"。比特只有两种状态(取值),它或者是数字 0,或者是数字 1。比特是计算机和其他数字设备处理、存储和传输的最小单位,一般用小写字母"b"表示。

位(b):指一个二进制位。它是计算机中信息存储的最小单位。

字节(B):指相邻的 8 个二进制位。

存储器中常见的单位及换算关系如下。

$$1KB=2^{10}B=1024B$$
$$1MB=2^{20}B=2^{10}KB=1024KB$$
$$1GB=2^{30}B=2^{10}MB=1024MB$$
$$1TB=2^{40}B=2^{10}GB=1024GB$$
$$1PB=2^{50}B=2^{10}TB=1024TB$$

2. 存储器的层次结构

计算机中有多种不同类型的存储器。通常,存储速度较快的存储器成本较高,速度较慢的存储器成本较低。为了使存储器的性价比得到优化,计算机中各种内存储器和辅助存储器往往组成一个层状的塔式结构,如图 3-10 所示。它们取长补短,协同工作。

存储器的工作过程如下。

(1) CPU 运行时,需要的操作数大部分来自寄存器。

(2) 如需要从(向)存储器中取(存)数据时,先访问 Cache,如在,取自 Cache。

(3) 如操作数不在 Cache,则访问 RAM,如在 RAM 中,则取自 RAM。

(4) 如操作数不在 RAM,则访问硬盘,操作数从硬盘中读出→RAM→Cache。

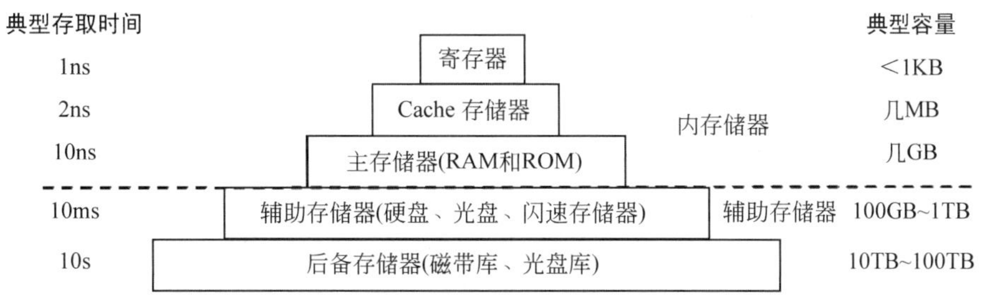

图 3-10　存储器的层次结构

3. DRAM、SRAM 和 ROM

内存储器由半导体集成电路构成，具有高速读写和按字节随机存取的特性，也称为随机存取存储器（RAM），断电时信息会丢失，属于易失性存储器。RAM 目前多采用 MOS 型半导体集成电路芯片制成，根据其保存数据的机理又可分为 DRAM 和 SRAM 两种。图 3-11 显示了半导体存储器的类型及其在计算机中的应用。

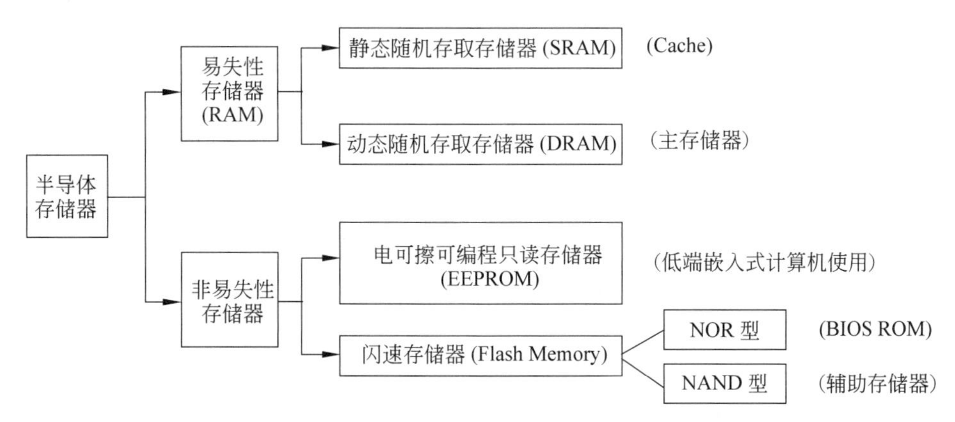

图 3-11　半导体存储器的类型及其在计算机中的应用

1）DRAM

DRAM（Dynamic Random Access Memory）即动态随机存取存储器。芯片的电路简单，集成度高，功耗小，成本较低，常用作主存。DRAM 只能将数据保持很短的时间。为了保持数据，DRAM 使用电容存储，所以必须隔一段时间刷新一次，如果存储单元没有被刷新，存储的信息就会丢失。DRAM 的速度比 CPU 和 SRAM 慢。

2）SRAM

SRAM（Static Random-Access Memory）即静态随机存取存储器。所谓的“静态”，是指这种存储器只要保持通电，里面存储的数据就可以恒久保持。相比之下，动态随机存取存储器（DRAM）里面所存储的数据就需要周期性地更新。然而，当电力供应停止时，SRAM 存储的数据还是会消失（被称为 Volatile Memory），这与在断电后还能存储资料的 ROM 或闪存是不同的。与 DRAM 相比，它的电路更复杂，集成度低，功耗较大，制造成本高，价格贵。但它的工作速度很快，与 CPU 速度相差不多，适合用作高速缓冲存储器 Cache(目前大多与 CPU 集成在同一芯片中)。

随着微机 CPU 工作频率的不断提高,用作主存的 DRAM 的读写速度相对较慢,从主存取数据或向主存写数据时,CPU 往往需要等待,如图 3-12 所示。为解决主存速度与 CPU 速度不匹配的问题,人们在 CPU 与主存之间设计了一个容量较小(相对主存)但速度较快的高速缓冲存储器(Cache)。它由 SRAM 组成,Cache 直接制作在 CPU 芯片内,速度几乎与 CPU 一样快。程序运行时,CPU 使用的一部分数据/指令会预先成批复制在 Cache 中,Cache 的内容是主存储器中部分内容的映像。当 CPU 需要从主存读(写)数据或指令时,先检查 Cache 中有没有,若有,就直接从 Cache 中读取,而不用访问主存储器。这种技术早期在大型计算机中使用,现在应用在微机中,使微机的性能大幅度提高。随着 CPU 的速度越来越快,系统主存越来越大,Cache 的存储容量也由 128KB、256KB 扩大到现在的 512KB 或 2MB。

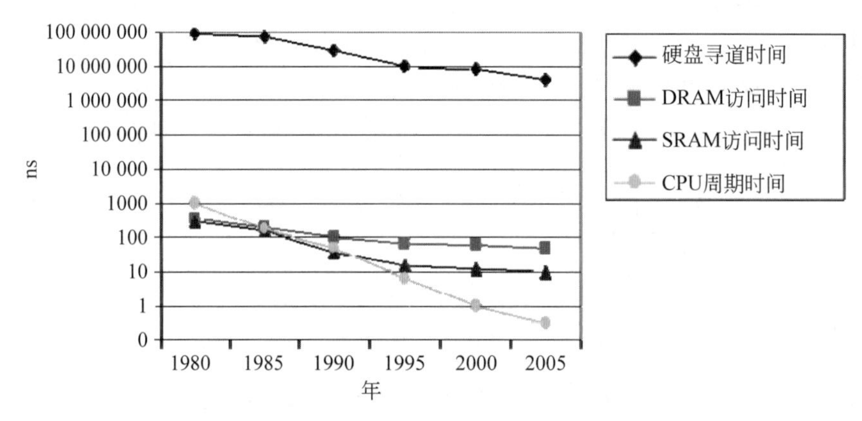

图 3-12 DRAM、硬盘与 CPU 之间的速度变化

3) ROM

ROM(Read-Only Memory)即只读存储器,CPU 只能读取其中的信息,而不能改写其中的内容。它是一种非易失性存储器,断电后信息也不会丢失。ROM 发展至今已出现多种不同类型的 ROM。现在使用的 EEPROM(电可擦除可编程只读存储器)能按"二进制位"擦写信息,但速度较慢,容量不大。由于价格便宜,多用在低端产品(如 IC 卡)中。

另一种 Flash Memory(闪速存储器,简称闪存)是 EEPROM 的改进,它是一种新型的非易失性存储器。它速度快、容量大,能像 RAM 一样写入信息。它的工作原理是:在低电压下,存储的信息可读但不可写,这时类似于 ROM;而在较高的电压下,所存储的信息可以更改和删除,这时又类似于 RAM。

Flash Memory 有两类:或非型(NOR 型)和与非型(NAND 型)。NOR 型闪存以字节为单位进行随机存储,存储在其中的程序可以直接被 CPU 执行,可用作内存储器,如存储 BIOS 的 ROM 存储器。NAND 型闪存以页(块)为单位进行存取,读出速度较慢,通常将存储其中的程序或数据成批读入到 RAM 中再进行处理。但它在容量、使用寿命和成本方面有较大优势,常常用作存储卡、U 盘或固态硬盘(SSD)等辅助存储器使用。例如,智能手机中所谓的手机存储之类的辅助存储器,都是 NAND 型闪存。

4. 主存储器

主存，即主存储器，是 CPU 可直接访问（读和写）的存储器，用于存放供 CPU 处理的指令和数据。服务器、PC、智能手机等的主存储器主要由 DRAM 芯片组成。它包含大量的存储单元，每个存储单元可存放 1 字节（8 个二进制位）信息。每个存储单元都有一个地址，CPU 按地址对存储器的内容进行访问。主存的存储容量是指主存储器中所包含的存储单元的总存储量，通常单位为 MB 或 GB。

主存的存取时间（Access Time）指的是从 CPU 送出内存单元的地址码开始，到主存读出数据并送到 CPU（或者是把 CPU 数据写入主存）所需要的时间，其单位是纳秒（ns）。$1ns=10^{-9}s$。

主存的结构和工作原理如图 3-13 所示。

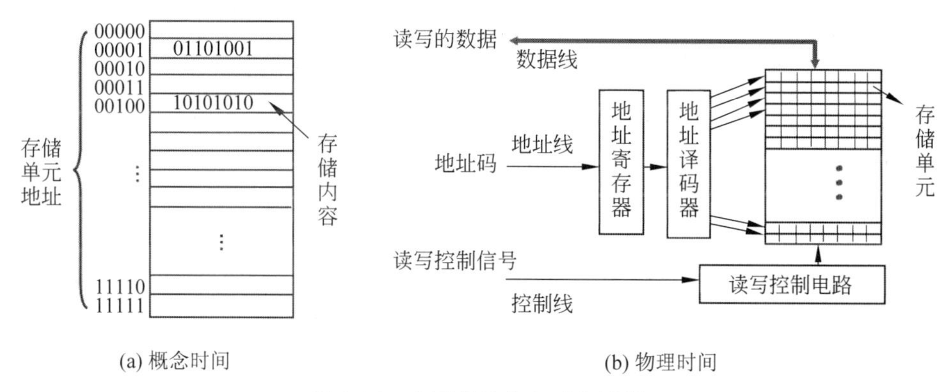

图 3-13　主存的结构与工作原理

5. 辅助存储器

计算机传统的辅助存储器是硬盘和光盘等，它们已经使用了几十年。近十多年来，U 盘和存储卡的普及，为大容量信息存储提供了更多种可能。

1）硬盘

硬盘存储器（Hard Disk）由盘片、主轴与主轴电机、移动臂、磁头和控制电路等组成。它们全部密封于一个盒状装置内，这就是通常所说的硬盘，其剖面图如图 3-14 所示。

图 3-14　硬盘

硬盘的盘片由铝合金或玻璃材料制成，盘片的上下两面都涂有一层很薄的磁性材料，通过磁性材料的磁化来记录数据。磁性材料粒子有两种不同的磁化方向，分别用来表示记录的是二进制的“0”还是“1”。盘片表面由外向里分成许多同心圆，每个圆称为一个磁道，盘面上一般都有几千条磁道，每条磁道还要分成几千个扇区，每个扇区的容量一般为512B或2KB(容量超过2TB的硬盘)。盘片两侧各有一个磁头，用于读写盘上的信息，盘片两面都可以记录信息，如图3-15所示。

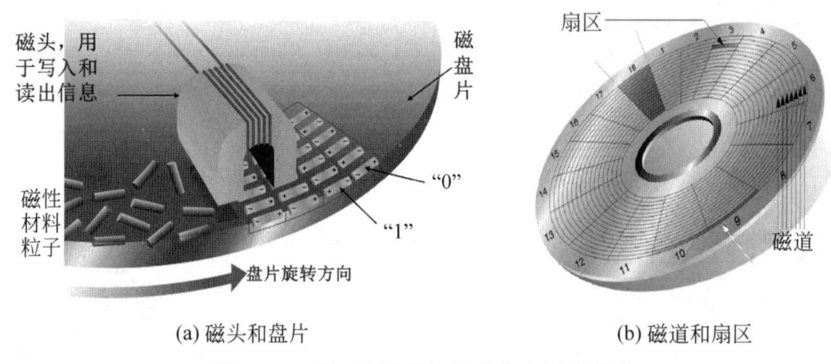

(a) 磁头和盘片　　(b) 磁道和扇区

图3-15　磁记录原理与磁道和扇区的划分

通常，一块硬盘由1～5张盘片组成，所有盘片上相同半径处的一组磁道称为“柱面”。所以，硬盘上的数据由三个参数来定位：磁头号、柱面号和扇区号。硬盘的存储容量＝磁头数×柱面数×扇区数×每扇区字节数(通常是512B)。常见硬盘的存储容量有：80GB，120GB，500GB，1TB等。

硬盘中的所有盘片固定在主轴上。主轴底部有一个电机，当硬盘工作时，电机带动主轴，主轴带动盘片高速旋转，其速度为每分钟几千转甚至上万转。盘片高速旋转时带动的气流将盘片两侧的磁头托起。磁头是一个质量很小的薄膜组件，它负责盘片上数据的读取后写入。移动臂用来固定磁头，并带动磁头沿着盘片的径向高速移动，以便定位到指定的柱面。这就是硬盘的组成(如图3-16所示)和工作原理。

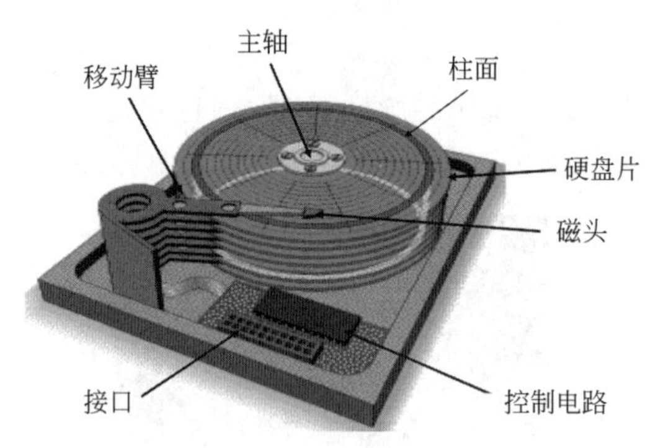

图3-16　硬盘的组成

硬盘的信息以扇区为单位进行读写，平均存取时间为 T = 寻道时间 + 旋转等待时间 + 数据传输时间。其中，寻道时间为磁头寻找到指定磁道所需时间(大约5ms)，旋转等待时间为指定扇区旋转到磁头下方所需要的时间(大约 4～6ms)(转速：4200/5400/7200/10 000rpm),而数据传输时间通常大约为 0.01ms/扇区。

硬盘的性能指标有如下几个。

(1) 容量。以吉字节(GB)为单位,目前硬盘单碟容量约为几百吉字节。

(2) 平均存取时间。为几毫秒～几十毫秒,由硬盘的旋转速度、磁头寻道时间和数据传输速率所决定。

(3) 缓存容量。原则上越大越好,通常为几兆字节～几十兆字节。

(4) 数据传输速率。外部传输速率指主机从(向)硬盘缓存读出(写入)数据的速度,与采用的接口类型有关。内部传输速率指硬盘在盘片上读写数据的速度,转速越高内部传输速率越快。

(5) 与主机的接口。以前使用并行 ATA 接口,当前流行串行 ATA(SATA)接口。

除了固定安装在机箱中的硬盘外,还有一类硬盘产品,它们体积小、重量轻,采用 USB 接口,可即插即用,非常方便携带和使用,称为移动硬盘。移动硬盘工作原理与固定硬盘相同,通常存储容量较大(160GB、320GB、1TB、2TB)。

2) U 盘、存储卡和固态硬盘

目前广泛使用的移动存储器除了移动硬盘外,还有 U 盘、存储卡和固态硬盘(SSD)等,它们的存储部件都是使用闪速存储器芯片构成的。

(1) U 盘。U 盘采用 NAND Flash 存储器(闪存)芯片,体积小,重量轻,容量按需要而定(几吉字节～几百吉字节),具有写保护功能,数据保存安全可靠,使用寿命长。它使用 USB 接口,即插即用,支持热插拔(必须先停止工作),读写速度比较快,可以模拟光驱和硬盘启动操作系统。

(2) 存储卡。存储卡的原理与 U 盘相同,也使用闪存芯片(Flash Memory)做成,呈长方形或正方形的卡片状,使用印刷插头,不使用 USB 插头。需要使用读卡器才能对存储卡进行读写。存储卡的主要种类有 CF 卡、MMC 卡、SD/SDHC 卡(包括 Mini SD 卡、Micro SD 卡)和 Memory Stick 卡(MS 卡),广泛应用于数码相机、游戏机、手机、MP3 播放器中。

(3) 固态硬盘。固态硬盘(Solid State Disk、Solid State Drive,SSD)是使用 NAND 型闪存做成的辅助存储器,用在便携式计算机中代替传统的硬盘。其外形及与主机的接口和常规硬盘相同,如 1.8 英寸、2.5 英寸或 3.5 英寸。它的存储容量通常为 64～128GB 或更大。其优点是低功耗、无噪声、抗震动、低热量,且其读写速度也快于传统硬盘。目前存在的问题一是成本高于常规的硬盘,二是寿命有限。Flash 存储器都有一定的写入寿命,寿命到期后数据会读不出来且难以修复。

3) 光盘

光盘(Optical Disk)存储器是一种利用激光技术存储信息的辅助存储器。自 20 世纪 70 年代光存储技术诞生以来,产生了 CD、DVD 和 BD 三代光盘存储器产品,如表 3-1 所示。其中,DVD 和 BD 的容量均是指单层单面的容量。

表 3-1　光盘的三代产品

分代	年代	名称	激光类型	存储容量
第 1 代	1982	CD 光盘存储器	红外光	650MB
第 2 代	1995	DVD 光盘存储器	红光	4.7GB
第 3 代	2006	BD 光盘存储器	蓝光	25GB

(1) 光盘存储器的结构与原理。光盘存储器由光盘片和光盘驱动器两个部分组成。光盘片用于存储数据，其基片是一种耐热的有机玻璃，直径大多为 120mm(约 5 英寸)，用于记录数据的是一条由里向外的连续的螺旋形光道。光盘存储数据的原理与磁盘不同，它通过在盘面上压制凹坑的方法来记录信息。凹坑的边缘表示二进制“1”，而凹坑内和外的平坦部分表示二进制的“0”，信息的读出需要使用激光进行分辨和识别。光盘信息的记录原理如图 3-17 所示。光盘驱动器简称光驱，用于带动盘片旋转并读出盘片上的(或向盘片上刻录)数据，其性能指标之一是数据的传输速率。

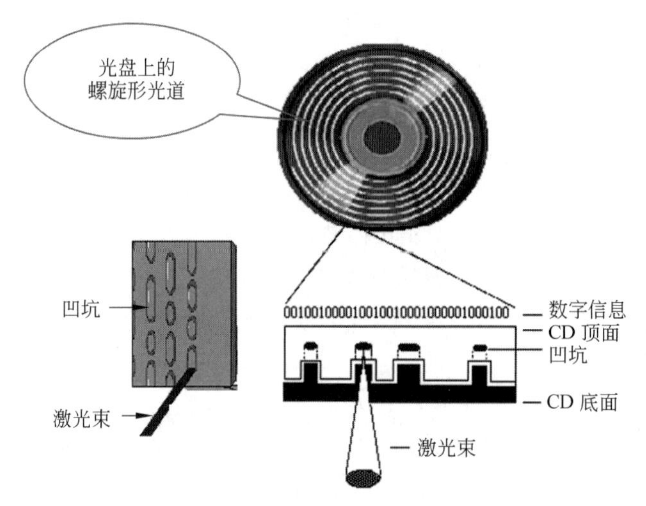

图 3-17　光盘的信息记录原理

(2) 光驱的类型。光盘驱动器由光头、光头驱动机构、盘片驱动机构和控制电路等组成。

光驱按其信息读写能力分为只读光驱和可写光驱(光盘刻录机)两大类。若按其可处理的光盘片类型进一步又可分成 CD 只读光驱和 CD 刻录机(使用红外激光)、DVD 只读光驱和 DVD 刻录机(使用红色激光)、DVD 只读/CD 刻录机组合而成的“康宝”，以及大容量的蓝色激光光驱 BD(Blue-ray Disc)。BD 也分为只读光驱和 BD 刻录机。光驱的分类如图 3-18 所示。

(3) 光盘片的类型。光盘片是光盘存储器的信息存储载体(介质)，按其存储容量目前主要有 CD 光盘片、DVD 光盘片和蓝色激光盘片三大类。每一大类按其信息读写特性又可进一步分成只读型光盘片、一次写入型光盘片和可擦写型光盘片三种。

CD 光盘片主要用来存储高保真立体声音乐(称为 CD 唱片)。它有只读型(CD-ROM 盘)、一次写入型(CD-R 盘)和可擦写型(CD-RW 盘)三种。CD-ROM 盘是一种小型光盘

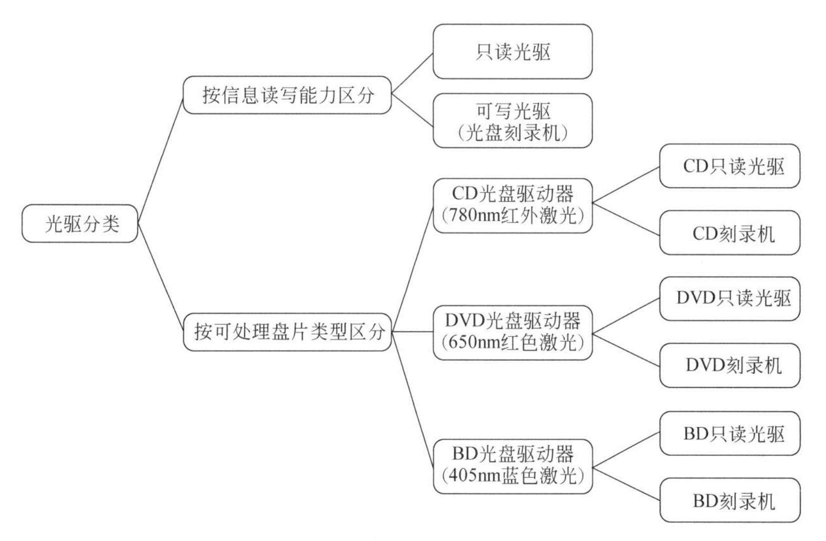

图 3-18　光驱的分类

只读存储器。它的特点是只能写一次,而且是在制造时由厂家用冲压设备把信息写入的。写好后信息将永久保存在光盘上,用户只能读取,不能修改和写入。CD-R 盘可由用户写入数据,但只能写一次,写入后不能擦除修改,适用于用户存储不允许随意更改的文档。CD-RW 盘可以多次改写,擦写次数可达几百次甚至上千次之多。由于容量太小,此类光盘已很少使用。

DVD 光盘片与 CD 光盘片的大小相同,但它有单面单层、单面双层、双面单层和双面双层共 4 个品种。DVD 的光道道间距比 CD 盘小一半,且信息凹坑更加密集,如图 3-19

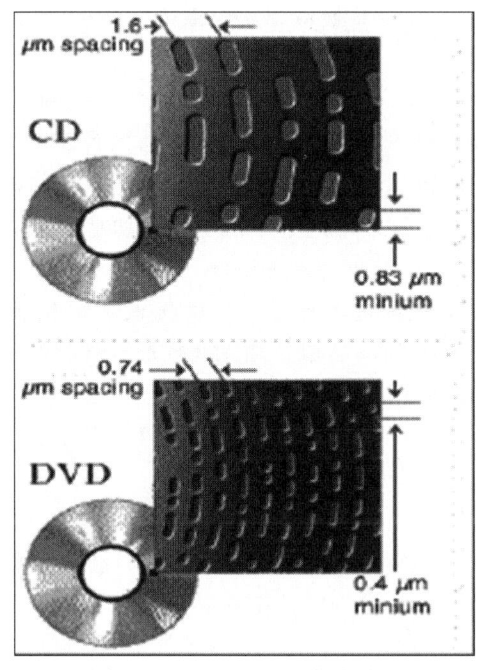

图 3-19　CD 和 DVD 盘片对比

所示。它利用聚焦更细的红色激光进行信息的读取，因而盘片的存储容量大大提高。DVD盘的每一个面有一个或两个记录层。双层盘实际上是将两片盘重叠在一起，表面层是半透明反射层，通过它可以读取隐藏层的信息。与CD光盘片一样，DVD光盘片也分成只读型(DVD-ROM盘)、一次写入型(DVD-R盘)和可擦写型(DVD-RW盘)三种。

蓝光光盘(Blue-ray Disc，BD)是目前比较先进的大容量光盘片，单层盘片的存储容量为25GB，双层盘片的容量为50GB，是全高清影片的理想存储介质。新的三层和四层蓝光光盘容量达到100GB和128GB。BD盘片也有BD-ROM、BD-R和BD-RW之分。

3.3.5 常用输入输出设备

输入设备是用于向计算机输入命令、数据、文本、声音、图像和视频等信息的装置，输出设备是将计算机中的数据信息传送到外部的设备，它将计算机内存储的信息转换为某种人们所需要的形式，如文本、图形、图像、声音或视频等。

1. 输入设备

常用的输入设备有键盘、鼠标、触摸屏、扫描仪、数码相机和传感器等。

1) 键盘

键盘(Keyboard)是用户与计算机进行交流的主要工具，是计算机最重要的输入设备，也是微型计算机必不可少的外部设备。用户通过键盘向计算机输入字母、数字、符号、命令等信息。早期使用机械式键盘，而现在大多使用电容式键盘。电容式键盘无磨损和接触不良问题，耐久性、灵敏度和稳定性都比较好，按键声音小，手感较好，寿命较长。键盘与主机的接口有PS/2接口、USB接口和无线接口(红外线或无线电波)。

2) 鼠标

鼠标(Mouse)也是微机上的一种常用的输入设备，是控制显示屏上光标移动位置的一种指点式设备。在软件支持下，通过鼠标上的按键，向计算机发出输入命令，或完成某种特殊的操作。目前常用的鼠标有机械式和光电式两类。机械式鼠标底部有一个滚动的橡胶球，可在普通桌面上使用，滚动球通过平面上的滚动把位置的移动变换成计算机可以理解的信号，传给计算机处理后，即可完成光标的同步移动。光电式鼠标有一个光电探测器，要在专门的反光板上移动才能使用。反光板上有精细的网格作为坐标，鼠标的外壳底部装着一个光电检测器，当鼠标滑过时，光电检测器根据移动的网格数转换成相应的电信号，传给计算机来完成光标的同步移动。鼠标可以通过专用的鼠标插头与主机相连接，也可以通过计算机中通用的串行接口(RS-232C标准接口或USB接口)与主机相连接。

3) 触摸屏

现在，智能手机、电子书阅读器和GPS定位仪等广泛使用触摸屏作为其输入设备。触摸屏兼有鼠标和键盘的功能。触摸屏是在液晶面板上覆盖一层压力板，它对压力很敏感，当手指或笔尖施压其上时会有电流产生以确定压力源的位置，并对其进行跟踪，然后通过软件识别出用户所输入的信息。

4）扫描仪

扫描仪是将原稿(图片、照片、底片、书稿)输入计算机的一种输入设备。扫描仪输入到计算机中的是原稿的“图像”。按结构来分,扫描仪可分为手持式、平板式、胶片专用和滚筒式等几种,如图 3-20 所示。手持式扫描仪扫描头较窄,只适用于扫描较小的图件。平板式扫描仪主要扫描反射式稿件,适用范围较广,其扫描速度、精度、质量比较好。胶片专用和滚筒式扫描仪是高分辨率的专业扫描仪,技术性能很高,多用于专业印刷排版领域。

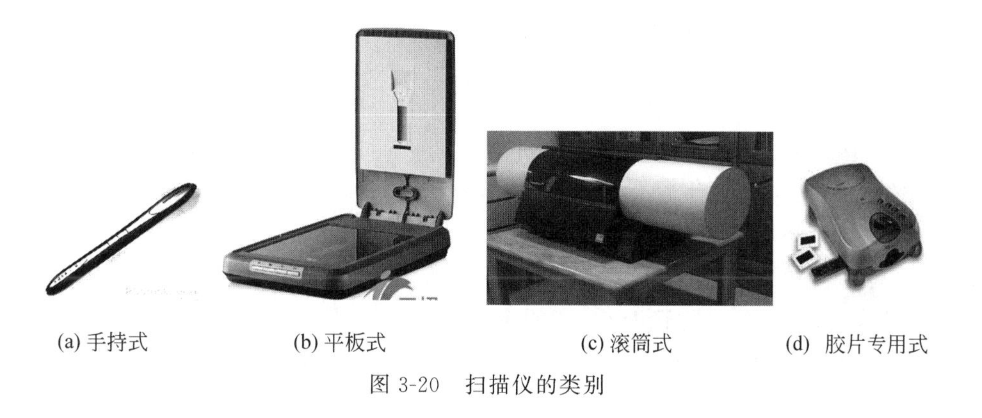

(a) 手持式　(b) 平板式　(c) 滚筒式　(d) 胶片专用式

图 3-20　扫描仪的类别

5）数码相机

数码相机是一种重要的图像输入设备。它利用电子传感器把光学影像转换成电子数据的照相机。按用途分可为单反相机、微单相机、卡片相机、长焦相机和家用相机等。数码相机与普通照相机在胶卷上靠溴化银的化学变化来记录图像的原理不同,数码相机的传感器是一种光感应式的电荷耦合器件(CCD)或互补金属氧化物半导体(CMOS)。在图像传输到计算机以前,通常会先存储在数码存储设备中(通常使用闪存)。

6）传感器

传感器是一种检测装置,它能感知被测量的信息,并将其变成电信号输入计算机,供计算机进行测量、转换、存储、显示或传输等处理。智能手机/平板电脑中的传感器除了触摸屏、摄像头、微型话筒之外,还有其他多种不同用途的传感器。例如,指纹传感器(自动采集用户指纹,实现对用户的身份认证)、环境光感应器(感知设备使用环境的光线明暗,自动调整屏幕的显示亮度,可以延长电池工作时间,对保护眼睛也有利)、近距离传感器(通过红外线进行测距,当手机用户接听电话或者装进口袋时,传感器可以判断出手机贴近了人脸或衣服而关闭屏幕的触控功能,以防止误操作)、气压传感器(检测大气压,感知当前高度以及辅助 GPS 定位)、三轴陀螺仪(感知手机横竖纵三个方向的位置变化,自动调整屏幕以横向还是纵向进行显示)、重力传感器(加速度感应器,感知用户晃动手机的速度、角度、方向和力量的大小)和磁力计(电子罗盘,用作电子指南针、帮助 GPS 定位)等。

2. 输出设备

常用的输出设备有显示器、打印机、声音输出设备(如扬声器、耳机和音箱)等。

1) 显示器

显示器(Monitor)是计算机必不可少的图文输出设备,它能将数字信号转换为光信号,使文字和图像在屏幕上显示出来。显示器是用光栅来显示输出内容的,光栅的密度越高,即单位面积的像素越多,分辨率越高,显示的字符或图形也就越清晰细腻。常用的分辨率有 640×480、800×600、1024×768、1280×1024 等。显示器按其显示器件可分为阴极射线管(CRT)显示器和液晶(LCD)显示器;按其显示器屏幕的对角线尺寸可分为 14 英寸、15 英寸、17 英寸和 19 英寸等几种。目前,随着液晶显示器价格的一路走低,微机上使用的彩色 CRT 显示器已经渐渐被 LCD 显示器所代替。分辨率、彩色数目及屏幕尺寸是显示器的主要指标。

2) 打印机

打印机(Printer)是计算机产生硬拷贝输出的一种设备,将程序、数据、字符、图形打印输出在纸上。打印机的种类很多,按工作原理可粗分为击打式打印机和非击打式打印机。目前,微机系统中常用的针式打印机(又称点阵打印机)属于击打式打印机;喷墨打印机、激光打印机和热敏式打印机属于非击打式打印机。

(1) 针式打印机。针式打印机打印的字符和图形是以点阵的形式构成的。它的打印头由若干根打印针和驱动电磁铁组成。打印时使相应的针头接触色带击打纸面来完成。目前使用较多的是 24 针打印机。针式打印机的主要特点是价格便宜,使用方便,但打印速度较慢,噪声大。

(2) 喷墨打印机。喷墨打印机是直接将墨水喷到纸上来实现打印的。喷墨打印机价格低廉、打印效果较好,较受用户欢迎,但喷墨打印机对使用的纸张要求较高,墨盒消耗较快。

(3) 激光打印机。激光打印机是激光技术和电子照相技术的复合产物。激光打印机的技术来源于复印机,但复印机的光源是灯光,而激光打印机用的是激光。由于激光光束能聚焦成很细的光点,因此,激光打印机能输出分辨率很高且色彩很好的图形。激光打印机正以速度快、分辨率高、无噪声等优势逐步进入微机外设市场,但价格稍高。

(4) 热敏打印机。热敏打印机结构与针式打印机相似,在打印头上以行、列或矩阵的形式安装有半导体加热元件,使用的热敏打印纸上则覆盖了一层涂有热敏材料的透明膜。其工作原理为:打印时打印头有选择地在热敏纸的一些位置上加热,热敏材料经高温加热的地方瞬间即变成黑色,从而在纸上产生字符号图形。它的优点是打印速度快、噪声小,打印清晰,使用方便,目前广泛应用于 POS 机、ATM 柜员机和医疗仪器上。

(5) 3D 打印机。3D 打印机不是在纸上打印平面图形,而是打印生成三维的实体。与传统的减材制造(切削钻孔等)工艺相反,这是一种“增材制造”的过程。物件在计算机中设计成型后,分割成一系列的数字切片传送到 3D 打印机上,后者会将这些薄型层面通过特殊胶水逐层堆叠起来,形成一个立体物品。3D 打印机与传统打印机最大的区别在于它使用的“墨水”是实实在在的原材料,堆叠薄层的形式多种多样,可用于打印的介质种类多样,从繁多的塑料到金属、陶瓷以及橡胶类物质。有些打印机还能结合不同介质,令打印出来的物体一头坚硬而另一头柔软。

3）声音输出设备

常用的声音输出设备有扬声器（喇叭）、耳机和音箱。智能手机大多内置了扬声器，接打电话时使用前置的扬声器，听歌和看视频时使用后置的两个扬声器。音箱都是外置的，有普通音箱和数字音箱之分。手机大多采用无线蓝牙技术连接外置音箱。

3.4 计算机软件系统

计算机软件负责控制和指挥硬件的运行过程，完成各种任务。

3.4.1 计算机软件概述

从计算机的工作原理中我们知道，目前的主流计算机都是按照冯·诺依曼“存储程序控制”的思想设计的。程序是告诉计算机做什么和如何做的一组指令，这些指令都是计算机能够理解并可以执行的。计算机的任何一项功能都是通过执行程序来完成的。计算机通过执行各种不同的程序来完成不同的任务。

计算机程序所处理的对象和处理后所得到的结果统称为数据。而与程序开发、维护及操作有关的一些资料，如设计报告、维护手册和使用指南等称为文档。一般把程序、与程序相关的数据和文档统称为软件。软件既包含程序，也包含与程序相关的数据和文档。其中，程序是软件的主体。软件往往指的是设计比较成熟、功能比较完善、具有某种使用价值且有一定规模的程序。软件和程序本质上是相同的，在不会发生混淆的场合，软件和程序两个名称经常混用，并不严格加以区分。

3.4.2 计算机软件的分类

计算机软件分为系统软件和应用软件两大类。系统软件是给用户使用计算机提供方便、为应用软件提供支持、使计算机安全可靠高效地运行必不可少的软件，包括基本输入输出系统（BIOS）、操作系统（如 Windows、UNIX、Linux 等）、程序开发工具与环境（如 C 语言编译器等）、数据库管理系统（DBMS）和实用程序（Utility，如磁盘清理程序、备份程序、杀毒软件、防火墙等）等。而应用软件是指计算机用户为某一特定应用而开发的软件，用于帮助用户解决各种具体应用问题，例如，文字处理软件、表格处理软件、绘图软件、财务软件、过程控制软件等。计算机硬件、软件和计算机用户之间的关系如图 3-21 所示。

1. 系统软件

系统软件具有以下特性：

（1）与计算机硬件有密切的关系，能对硬件进行统一的控制、调度和管理。

（2）具有通用性，能为多种不同应用软件的开发和运行提供支持与服务。

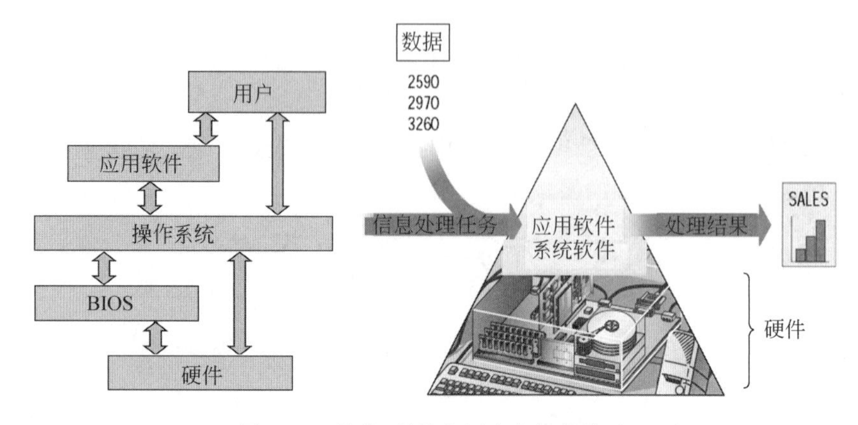

图 3-21　软件、硬件和用户之间的关系

(3) 在任何计算机系统中,系统软件都是必不可少的。

(4) 在购买计算机时,通常计算机供应厂商会提供给用户一些最基本的系统软件,否则计算机无法工作。

最重要的系统软件有以下几类。

1) 操作系统

操作系统(Operating System,OS)是最重要的系统软件,几乎所有计算机都需要OS。通常OS功能上也包含BIOS在内。OS为用户提供了一个操作计算机的友善的用户界面。OS屏蔽了计算机中几乎所有物理设备的技术细节,为开发和运行其他软件提供了一个高效、可靠的平台。它负责分配系统中的资源、管理存储器空间、控制基本的输入输出操作、监测计算机运行和故障以及维护计算机安全等。个人计算机上常用的操作系统为Microsoft的Windows系列,此外还有UNIX、Linux等操作系统。

2) 程序设计语言处理系统

包括程序设计语言的编译器、解释器、汇编程序(汇编器)和开发工具与平台。程序设计语言处理系统的作用是把用汇编语言和高级语言编写的程序转换成可在计算机上执行的程序。

3) 数据库管理系统

数据库管理系统(Database Management System,DBMS)的作用是管理数据库。数据库管理系统是有效地进行数据存储、共享和处理的工具。目前,微机系统常用的单机数据库管理系统4有:DBASE、FoxBase、Visual FoxPro等,适合于网络环境的大型数据库管理系统有Sybase、Oracle、DB2、SQL Server等。

4) 实用程序

实用程序Utility包括磁盘清理程序、备份程序、杀毒软件和防火墙等。

2. 应用软件

应用软件是专门用于帮助最终用户解决各种具体应用问题的软件。按其开发方式可以分为定制应用软件和通用应用软件。

通用应用软件是指几乎所有领域、人人都需要使用的软件。例如，文字处理软件、电子表格软件、演示软件、网页浏览软件、游戏软件、音视频播放软件、通信与社交软件和信息管理软件等。表3-2列出了常用的通用应用软件类别及其功能。

定制应用软件是按照不同领域用户的特点应用要求而专门设计开发的。例如，学校的各类信息管理系统，如教务管理系统、财务管理系统等，制造类企业的集成制造系统还有医院的信息管理系统等都属于定制应用软件。

表3-2　通用应用软件的主要类别和功能

类　　别	功　　能	流行软件举例
文字处理软件	文本编辑、文字处理、桌面排版	WPS、Word、Adobe Acrobat
电子表格软件	表格设计、数值计算、制表、绘图	Excel、WPS等
演示软件	投影片制作与播放	PowerPoint、WPS
网页浏览软件	浏览网页、信息检索、电子邮件	微软IE、百度、搜狗、UC浏览器、Firefox、Safari
音视频播放软件	播放各种数字音频和视频	Microsoft Media Player、Real Player、QuickTime
通信与社交软件	电子邮件、IP电话、微博、微信	Outlook、Foxmail、QQ、微信、Twitter
个人信息管理软件	记事本、日程安排、通讯录	Outlook，Lotus Notes
游戏软件	游戏和娱乐	下棋、扑克、休闲游戏、角色游戏

3.4.3　程序设计语言

语言是用于通信交流的。人们日常使用的自然语言用于人和人之间的交流，而程序设计语言则用于人和计算机之间的通信交流。计算机是一种电子装置，其硬件使用的是二进制语言，与自然语言差别很大。程序设计语言是一种既可使人能准确地描述解题的算法，又可以让计算机很容易理解和执行的语言。程序员使用程序设计语言编写程序、表述任务，计算机就按照程序的规定去完成任务。程序设计语言按其级别可以划分为机器语言、汇编语言和高级语言三类。

1. 机器语言

机器语言是一种用二进制代码“0”和“1”形式表示的，能被计算机直接识别和执行的语言。用机器语言编写的程序，称为计算机机器语言程序。它是一种低级语言，用机器语言编写的程序不便于记忆、阅读和书写。通常不用机器语言直接编写程序。

2. 汇编语言

汇编语言是一种用助记符表示的面向机器的程序设计语言。汇编语言的每条指令对应一条机器语言代码，不同类型的计算机系统一般有不同的汇编语言。用汇编语言编制的程序称为汇编语言程序，机器不能直接识别和执行，必须由“汇编程序”翻译成机器语言程序才能运行。这种"汇编程序"就是汇编语言的翻译程序。汇编语言适用于编写直接控制机器操作的低层程序,它与机器密切相关。

3. 高级语言

高级语言是一种比较接近自然语言和数学表达式的计算机程序设计语言。一般用高级语言编写的程序称为"源程序",计算机不能识别和执行,需要使用程序设计语言处理系统把用高级语言编写的源程序翻译成二进制表示的机器语言,通常有编译和解释两种方式。编译方式是将源程序整个编译成目标程序,然后通过链接程序将目标程序链接成可执行程序。解释方式是将源程序逐句翻译,翻译一句执行一句,边翻译边执行,不产生目标程序。由计算机执行解释程序自动完成。这两种方式类似英语翻译中的笔译和口译。

常用的高级语言程序有如下几种。

(1) BASIC 语言。一种简单易学的计算机高级语言。尤其是 Visual Basic 语言,具有很强的可视化设计功能。给用户在 Windows 环境下开发软件带来了方便,是重要的多媒体编程工具语言。

(2) FORTRAN 语言。一种适合科学和工程设计计算的语言,它具有大量的工程设计计算程序库。

(3) PASCAL 语言。一种结构化程序设计语言,适用于教学、科学计算、数据处理和系统软件的开发。

(4) C/C++ 语言。一种具有很高灵活性的高级语言,适用于系统软件、数值计算、数据处理等,使用非常广泛。

(5) Java 语言。一种新型的高级语言,简单、安全、可移植性强。Java 适用于网络环境的编程,多用于交互式多媒体应用。

(6) Python 语言。近些年发展起来的一种新型的高级语言。从 20 世纪 90 年代初 Python 语言诞生至今,它已越来越多地应用于系统管理任务的处理和 Web 编程。它在 2017 年 IEEE 发布的编程语言排行榜上高居首位,一些国内外知名大学已经采用 Python 来教授程序设计课程。

3.4.4 程序设计语言处理系统

除了机器语言,其他程序设计语言编写的程序都不能直接在计算机里执行,必须对它们进行适当的转换。程序设计语言处理系统的作用是把汇编语言或高级语言编写的程序转变成可以在计算机上运行的程序。完成上述功能的软件属于系统软件,它们是编译程序、解释程序和汇编程序。

1. 编译程序

编译程序也称为编译器,是指把用高级程序设计语言书写的源程序,翻译成等价的机器语言格式目标程序的翻译程序。编译程序必须分析源程序,然后综合成目标程序。首先,检查源程序的正确性,并把它分解成若干基本成分;其次,再根据这些基本成分建立相应等价的目标程序部分。为了完成这些工作，编译程序要在分析阶段建立一些表格，改造源程序为中间语言形式，以便在分析和综合时易于引用和加工。

2. 解释程序

解释程序是一种语言处理程序，在词法、语法和语义分析方面与编译程序的工作原理基本相同，但在运行用户程序时，它直接执行源程序或源程序的内部形式(中间代码)。因此，解释程序并不产生目标程序，这是它和编译程序的主要区别。它和编译程序之间的区别类似语言翻译中的口译和笔译。

3. 汇编程序

把汇编语言书写的程序翻译成与之等价的机器语言程序的翻译程序。汇编程序输入的是用汇编语言书写的源程序，输出的是用机器语言表示的目标程序。

3.5 操作系统

3.5.1 什么是操作系统

操作系统是有效管理和控制计算机系统的各种资源，协调计算机各部件的工作，合理地组织计算机的工作流程，提供友好的用户界面以方便用户使用计算机系统的一种系统软件。

没有安装任何软件的计算机称为裸机，裸机是无法使用的。操作系统是用于执行各种具有共性和基础性操作的软件，是最重要的一种系统软件。OS为用户提供了一个操作使用计算机的友善的用户界面。OS屏蔽了计算机中几乎所有物理设备的技术细节，为开发和运行其他软件提供了一个高效、可靠的平台。操作系统与应用软件、硬件、用户的关系如图3-22所示。

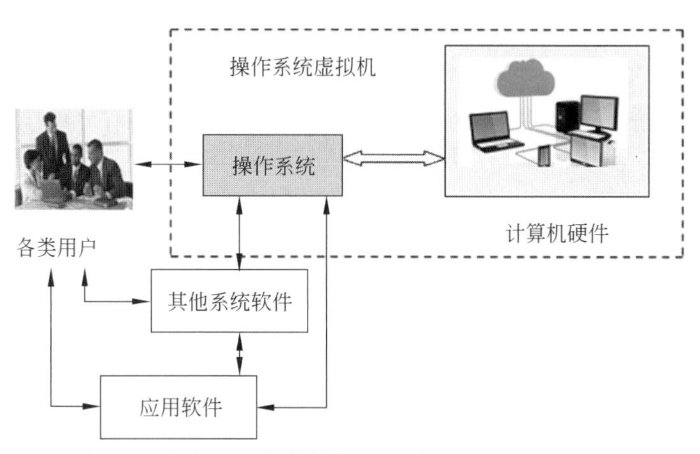

图3-22 操作系统与其他软件、硬件和用户之间的关系

3.5.2 操作系统的主要功能

无论是计算机还是智能手机，都必须安装操作系统。操作系统是一种功能丰富、技术复杂的软件产品，通常由操作系统内核和其他附加配套软件构成，包括图形用户界面程序GUI、实用程序(任务管理器、磁盘清理程序、杀毒软件等)和各种软件构件(如应用框架、编译器、程序库等)。

操作系统内核指的是能提供进程管理(任务管理)、存储管理和设备管理等功能的一组软件模块，它们是操作系统中最基本的部分。它常驻内存，以 CPU 的最高优先级运行，负责系统资源的管理和分配。

操作系统安装在硬盘上，开机时会加载到内存中。其加载过程如图 3-23 所示，分为以下几个步骤：①执行 BIOS 中的加电自检程序；②执行自举装入程序；③读取 CMOS 中信息确定从何处启动；④读出引导程序；⑤装入引导加载程序到内存里；⑥执行引导加载程序；⑦装入操作系统；⑧运行操作系统，显示开机界面。

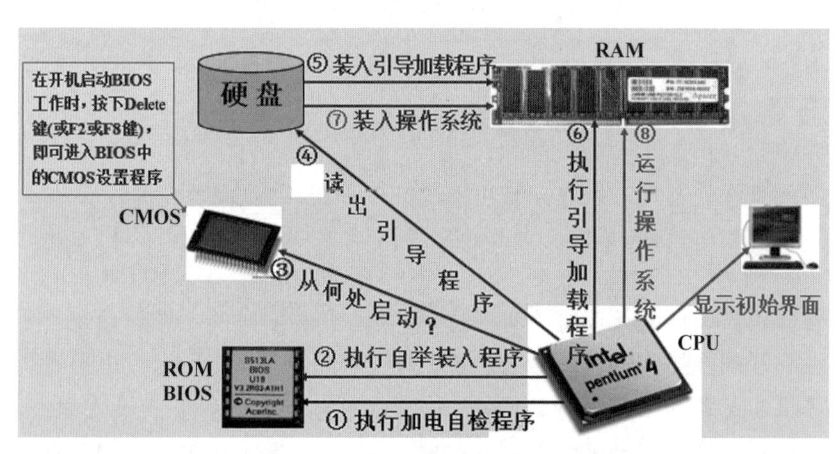

图 3-23 操作系统的加载过程

为了使计算机系统能协调、高效和可靠地进行工作，同时也为了给用户一种方便友好地使用计算机的环境，在计算机操作系统中，通常都设有处理器管理、存储器管理、设备管理、文件管理、作业管理等功能模块，它们相互配合，共同完成操作系统既定的全部职能。

1. 处理器管理

处理器管理是管理 CPU，其目的是让 CPU 轮流为所有任务服务，从而实现进程的控制、同步、通信和调度。什么是进程？一个运行着的程序称为"进程"。

2. 存储器管理

存储器管理主要是指针对内存储器的管理。主要任务是分配回收内存空间，保证各作业占用的存储空间不发生矛盾，并使各作业在自己所属存储区中不互相干扰。

"存储管理"需要解决以下这些问题：

(1) 为每个任务分配存储空间,任务结束之后收回存储空间。

(2) 对存储空间进行保护。

(3) 保护操作系统所在区域不被应用程序修改。

(4) 保护每个应用程序的私有区域不被其他程序修改。

(5) 提供内存空间共享。允许一些存储区域被多个任务共享访问,提高内存的利用率。

(6)对存储空间进行扩充,使应用程序的存储空间不受实际存储容量大小的限制。

3. 设备管理

设备管理是指负责管理各类外围设备,包括分配、启动和故障处理等。当用户使用外部设备时,必须提出要求,待操作系统进行统一分配后方可使用。当用户的程序运行到要使用某外设时,由操作系统负责驱动外设。操作系统还具有处理外设中断请求的能力。

4. 文件管理

文件管理是指操作系统对信息资源的管理。在操作系统中,将负责存取的管理信息的部分称为文件系统。文件是在逻辑上具有完整意义的一组相关信息的有序集合,每个文件都有一个文件名。文件管理支持文件的存储、检索和修改等操作以及文件的保护功能。操作系统一般都提供功能较强的文件系统,有的还提供数据库系统来实现信息的管理工作。

5. 作业管理

每个用户请求计算机系统完成的一个独立的操作称为作业。作业管理包括作业的输入和输出,作业的调度与控制(根据用户的需要控制作业运行的步骤)。

3.5.3 文件与文件系统

文件管理的主要工作是管理用户信息的存储、检索、更新、共享和保护。用户把信息组织成文件,由操作系统统一管理,用户可不必考虑文件存储在哪里、怎样组织输入输出等工作,操作系统为用户提供"按名存取"功能。

1. 文件

文件是存储在辅助存储器中的具有标识名的信息的集合,例如,一张图片、一支 MP3 歌曲或一封邮件。在计算机系统中,所有的程序和数据都是以文件的形式存放在计算机的辅助存储器上的。每个文件均有自己的"文件名",用户(或软件)使用文件名读出/写入(称为"存取")辅助存储器中的文件。

每一个文件都由文件名等说明信息和文件内容两部分组成。

文件的名字由两部分组成:(主文件名)[.扩展名]。文件的扩展名表示文件的类型。

不同类型文件的处理是不同的。常见的文件扩展名有如下几个。

(1) .EXE、.COM。可执行程序文件。

(2) .C、.CPP、.BAS、.ASM。源程序文件。

(3) .OBJ。目标文件。

(4) .BMP、.JPG、.GIF。图像文件。

(5) .ZIP、.RAR。压缩文件。

文件除了文件名外,还有文件大小、占用空间、所有者信息等,这些信息称为文件属性。常见的文件属性如下。

(1) 只读。设置为只读属性的文件只能读,不能修改或删除,起保护作用。

(2) 隐藏。具有隐藏属性的文件在一般的情况下是不显示的。

(3) 存档。任何一个新创建或修改的文件都有存档属性。

文件的常用操作有建立文件、打开文件、写入文件、删除文件、属性更改等。

2. 文件系统

在操作系统中,负责管理和存取文件信息的部分称为文件系统。文件系统是 OS 的一个组成部分,它负责管理计算机中的文件,使用户(和程序)能很方便地进行文件的存取操作。文件系统需要解决下列问题:①有效管理外存储器的存储空间;②实现对文件方便而快速的按名存取;③对硬盘、光盘、优盘、存储卡等不同外存储器实现统一管理;④统一本地文件/远程文件的存取操作;⑤实现文件的安全存取。

3. 文件在辅助存储器中如何存储

辅助存储器的存储空间分成两个区域:目录区和数据区。目录区用于存放文件的目录,即文件说明信息,而数据区存放文件内容。目录实质上是一个"文件名-存放位置"的对照表。从辅助存储器上读出一个文件时,先在目录区中找出该文件的存放位置,然后再按此位置,从数据区中读出该文件内容。

为了有效地管理和使用文件,大多数的文件系统允许用户在根目录下建立子目录,在子目录下再建立子目录,也就是将目录结构构建成树状结构,然后让用户将文件分门别类地存放在不同的目录中。

计算机中的每个文件都有一个确定的位置。文件的位置由存放文件的逻辑驱动器号、文件路径以及文件名组成,即:驱动器号(盘符) + 文件路径 + 文件名。

3.5.4 常用操作系统

常用的操作系统有 Windows 操作系统、UNIX 操作系统、Linux 操作系统、用于移动设备的 Android 操作系统和 iOS 操作系统。

1. Windows 操作系统

Windows 操作系统垄断了计算机的 OS 市场的 90%左右的份额。Windows 流行的原因在于：①有大量第三方软件和硬件产品（各种应用软件和显卡、鼠标器、打印机等）；②开发了多种版本，不同版本适应不同的硬件平台和用户群体。图 3-24 展示了 Windows 操作系统版本的演变。

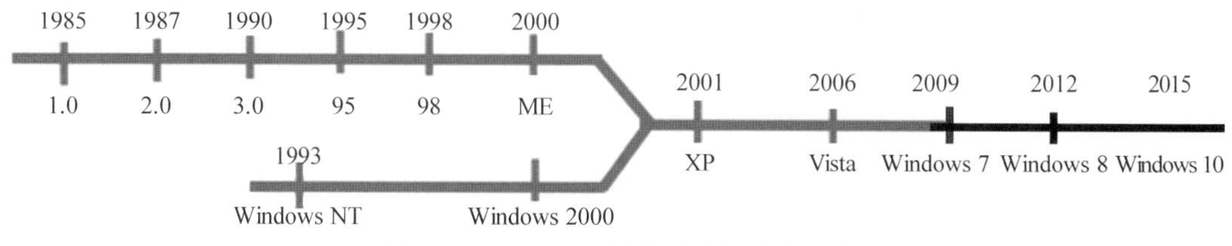

图 3-24　Windows 操作系统版本的演变

2. UNIX 操作系统

UNIX 操作系统最早由 Bell 实验室开发成功，在大学和科研单位广泛使用，因特网也首先在 UNIX 系统上流行。它的特色是结构简练、功能强大、可移植性好、可伸缩性和互操作性强、网络通信功能强、安全可靠等。针对不同机型（个人计算机、工作站、服务器、大型计算机和巨型计算机），UNIX 有许多不同版本的产品。

3. Linux 操作系统

Linux 是一种“类 UNIX”的操作系统，原创者是芬兰的一名青年学者林纳斯·托瓦兹（Linus Torvalds）。按 GPL 规定，任何人可以对 Linux 内核进行修改、传播甚至出售，Linux 的源代码始终是公开的，全世界有数以千计的程序员参与了开发工作，开发了各种不同的版本，使 Linux 逐渐成为一个功能强大、用途广泛的产品。

Linux 发行版就是常说的“Linux 操作系统”，它包括 Linux 内核、安装工具、各种 GNU 软件以及其他一些自由软件。发行版是为了各种不同领域不同目的而开发的，用户遍及商业、政府、教育以及家庭等不同领域。Linux 操作系统在网络服务器、个人计算机、巨型计算机、嵌入式系统（如手机、游戏机、电子书阅读器、路由器等）中发挥了巨大的威力。全球现在已经有超过 300 个 Linux 发行版，最普遍使用的发行版有十多个。

4. Android 操作系统

Android 操作系统由 Google 推出，属于以 Linux 为基础的开放源代码操作系统，是自由及开放源代码软件，主要用于智能手机、平板电脑等，目前已扩展至智能电视、数码相机和游戏机等移动设备上。

5. iOS 操作系统

iOS 操作系统是苹果公司为 iPhone、iPod touch、iPad 及 Apple TV 开发的移动设备操作系统。iOS 与苹果的 Mac OS 操作系统一样，属于类 UNIX 的商业操作系统。

3.6 计算机系统工作过程

计算机软件又分为系统软件和应用软件。那么,计算机的硬件、系统软件(例如操作系统和应用软件)又是如何分工的呢?下面用一个实例来简要说明这个问题。

假设某台计算机中安装了财务软件,某财务人员在计算机上运行财务软件时按下了P键,那么计算机系统中的硬件、操作系统和财务软件是如何响应这个事件的呢?计算机的硬件、操作系统和软件之间的分工示意图如图3-25所示,计算机的响应可以简单分为如下的几个阶段。

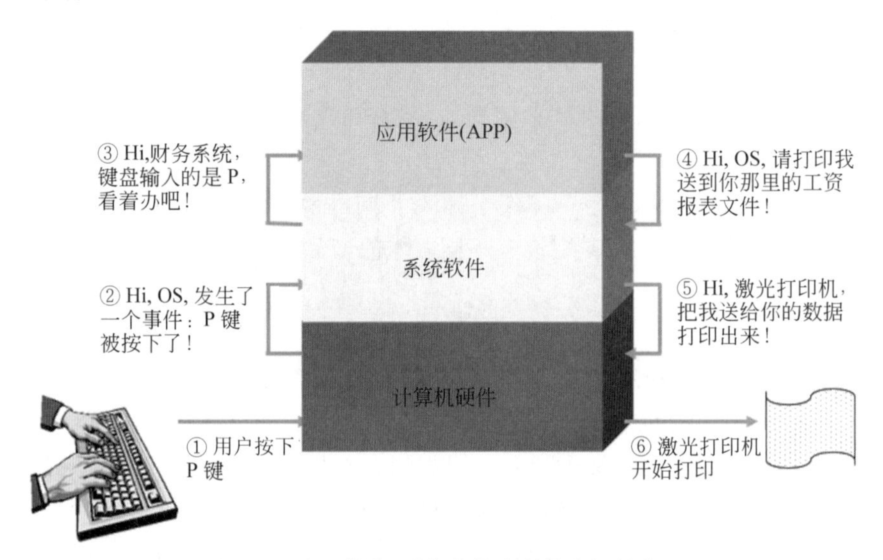

图3-25 应用软件、系统软件和硬件之间的分工

1. 键盘将信息送给操作系统

首先,一般键盘都是矩阵键盘,当用户按下一个键,相当于一个特定位置处的开关关闭了,手指按下的过程对键盘里的芯片来说是很长的时间,所以这个信号能被键盘捕捉到。键盘对这个信号进行编码,以扫描码的形式通过键盘和计算机的接口送给计算机。因为计算机所有软硬件的关键是操作系统,所以这个信息将送给操作系统来处理。

2. 操作系统处理该信息

操作系统接收到键盘信息后,首先会判断当前计算机用户在哪个程序里按下了这个键盘按键,发现是财务系统后,操作系统就会将这个P键被按下的信息传送给财务系统进行处理。

3. 财务系统处理该信息

财务系统接收到操作系统发来的信息后，根据财务系统中 P 键被按下的含义判断出是要打印当前的报表文件。财务系统是应用软件，无法直接管理打印机，因而，它将这个打印请求和需要打印的文件发送给操作系统。

4. 操作系统处理打印请求

接下来，操作系统将打印文件发送给打印机，并要求打印机打印该文件。

5. 打印机打印报表

最后打印机接收到操作系统发来的指令和打印文件，打印指定的报表文件。

在这个简单的例子中，可以看到硬件和操作系统之间的通信以及操作系统和应用软件之间的通信，也能看到操作系统管理着计算机中的所有软硬件资源，协调各部分的工作。计算机工作时，硬件、系统软件和应用软件既有分工又有合作，三者有序配合协同完成预定的任务。

思　考　题

1. 简述计算机的工作原理。
2. 简述指令的含义。
3. BIOS 的作用是什么？
4. 操作系统的作用是什么？

第4章

Word 2016 版面设计

Word 2016 是微软公司 Office 办公软件中一个功能强大的文字处理软件，通常用于文档的创建和排版。它可以实现中英文文字的录入、编辑、排版和灵活的图文混排，还可以绘制各种表格等。

为了提高大学生毕业论文(设计)的质量，增强学生对长文档的编辑与管理能力，从而使学生的论文撰写更加规范化，本章以毕业论文排版为例，对 Word 2016 办公软件的版面设计进行学习，主要内容包括页面设置、页面主题和背景设计、页面视图方式和页面区域分隔方式和引用功能的使用等。此外，当学生顺利毕业步入社会后，在实际工作中需要编写一些通知、邀请函、证书、信函等，而这些公文文档几乎都需要进行批量处理。因此，本章还以证书的编辑为例，主要介绍邮件合并技术来批量处理公文文档。

在本章的知识点中，页面视图的大纲视图、分隔符中的分节符、生成目录、题注与交叉引用以及页眉页脚页码的设置是本章的重点。其中，大纲视图下主控文档与子文档的创建、分隔符中节和页眉页脚的综合运用，以及邮件合并功能的使用是本章的难点。

4.1 导　　学

本章结构导图如图 4-0 所示。

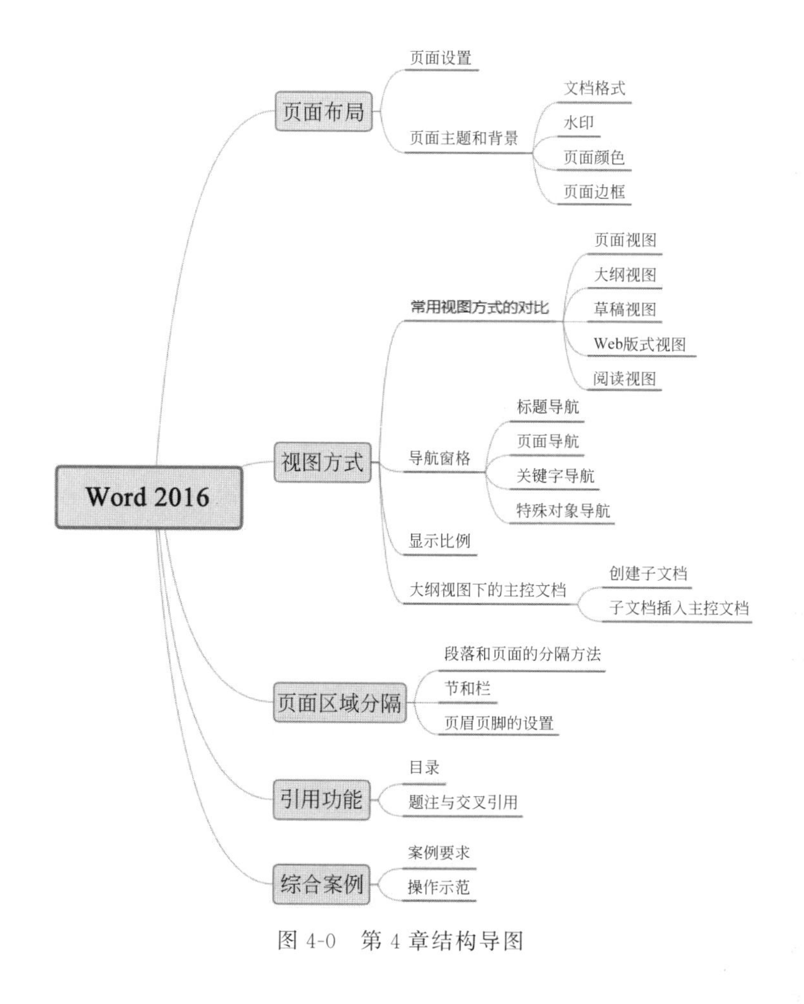

图 4-0　第 4 章结构导图

4.2　页 面 布 局

为了让学生能够从页面的宏观角度去把握文档的布局，本节主要介绍页面布局和页面设计。在 Word 2016 文档的“页面布局”选项卡的功能区中，包含页面设置、稿纸设置、段落设置以及排列等多组对页面元素进行各种设置的命令，如图 4-1 所示。

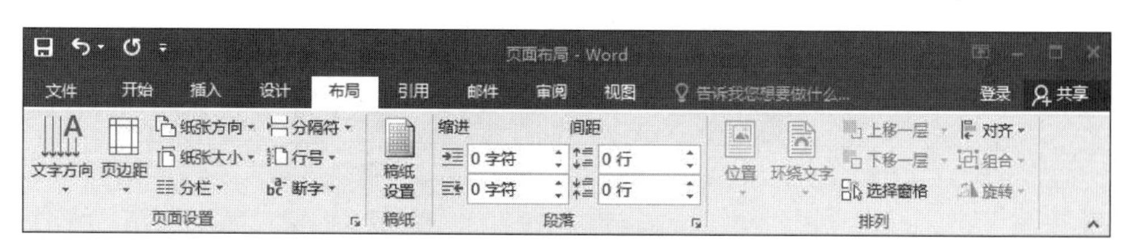

图 4-1　Word 2016 布局选项卡

4.2.1 页面设置

在“页面布局”选项卡→“页面设置”功能组中的按钮组中，提供了有关页面设置的常规操作，主要包括文字方向、页边距、纸张方向、纸张大小、分栏、分隔符等，如图 4-2 所示。如果需要更加细致全面的设置或者自定义各项值，可以单击“页面设置”的扩展按钮(右下角的小箭头)，打开“页面设置”对话框进行操作。对话框中包含页边距、纸张、版式、文档网格四个选项卡，如图 4-3 所示。

图 4-2 “页面设置”功能组

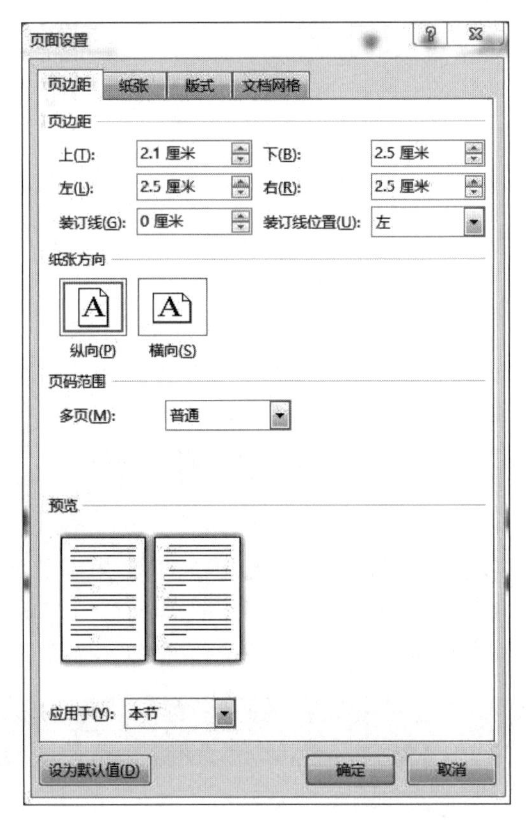

图 4-3 “页面设置”对话框

在“页面设置”对话框的四个选项卡中，可以对页面格式进行更加细致的设置以及规定其应用范围。在“页边距”选项卡中，可以设置页面的上、下、左、右边距，装订线位置、纸张方向等；在“纸张”选项卡中，可以输入纸张的高度和宽度来自定义纸张大小；在“版式”

选项卡中，可以设置节的起始位置、页眉页脚的边距、页面的垂直对齐方式等；在"文档网格"选项卡中，可以设置文字的排列方向、每行的字符数以及间距、每页的行数以及间距等。

4.2.2 页面主题和背景

本节对"页面设计"选项卡中的功能组进行介绍，主要包括页面主题、页面水印、页面颜色、页面边框等。页面主题是指系统对页面文档中多元素搭配的格式呈现提供的一种设计方案套餐，其中包括字体、颜色和效果三方面。单击"设计"选项卡"文档格式"功能组中的"主题"按钮，在其下拉列表中有多组主题方案套餐。将鼠标悬停在不同的主题图标上，可以立即观察到当前文档中各个文档元素的格式变化。如此可以快速改变文档页面整体外观的格式呈现，而不需要逐项进行设置，如图 4-4 所示。若需要自定义文档格式，可以分别单击文档格式中的颜色、字体、段落间距或者效果，选择适合的搭配效果。

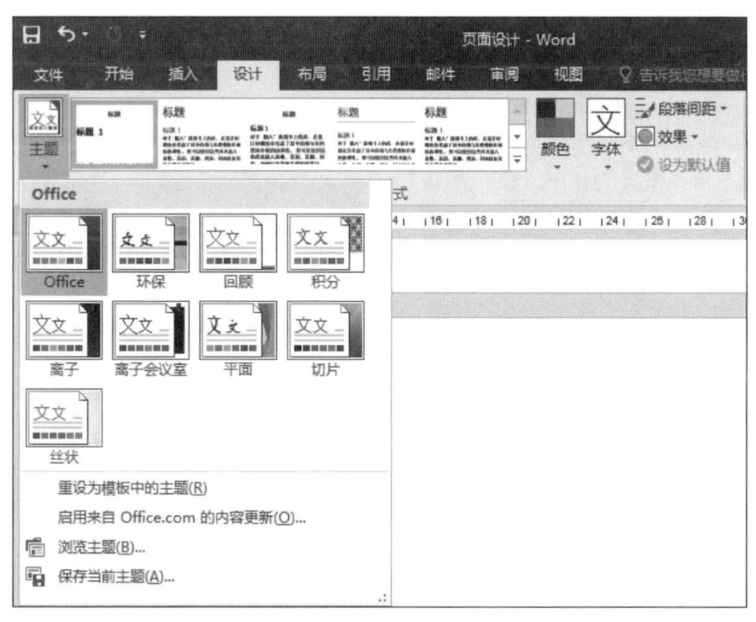

图 4-4　文档格式

在页面背景功能组中，可以设置页面水印、页面颜色和页面边框。页面水印是用来保护文档或图片的版权。单击"水印"按钮，在其下拉列表中可以直接选择系统提供的水印效果，或者选择自定义水印，如图 4-5 所示。

页面颜色可以定义文档页面背景的颜色或图片等。单击"页面颜色"按钮，在其下拉列表中选择系统提供的色块或者"其他颜色"命令，来改变页面的背景颜色效果，如图 4-6 所示。在"页面颜色"下拉列表中，选择"填充效果"命令并打开"填充效果"对话框。在对话框的"图片"选项卡中，单击"选择图片"按钮，可以插入相应的图片作为页面背景，如图 4-7 所示。

图 4-5　页面水印设置

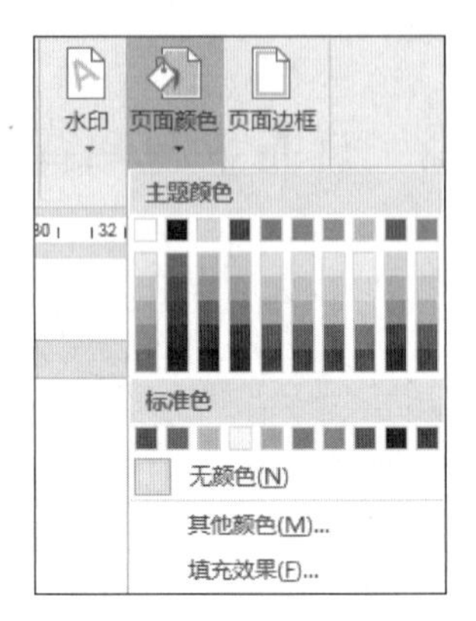

图 4-6　页面颜色设置

图 4-7　插入页面背景图

单击"页面边框"按钮,在弹出的"边框和底纹"对话框中可以选择系统提供的边框样式、颜色、粗细、阴影和三维效果等,如图 4-8 所示。同时,还可以指定当前边框设置的应用范围。如果当文档中没有插入节,那么所有的页面都会显示边框。值得注意的是,"边框和底纹"对话框右下角的"选项"按钮功能,单击"选项"按钮,可以设置页面边框、文字与页眉页脚的细节关系和尺寸。

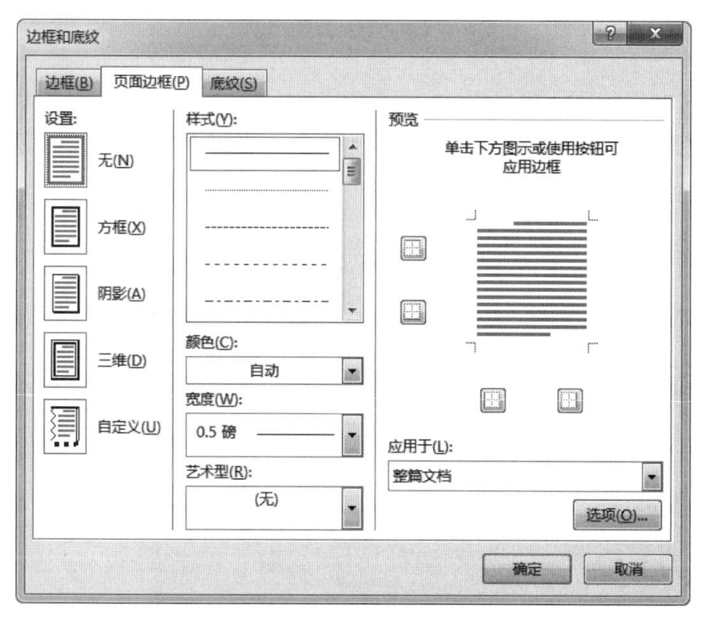

图 4-8 边框和底纹设置

4.3 视图方式

Word 2016 提供了多种查看文档的视图方式，主要包括：阅读视图、页面视图、Web 版式视图、大纲视图、草稿视图和导航窗格等，如图 4-9 所示。多数人基本是在页面视图的方式下完成整个文档的编辑工作，从而忽略了文档视图方式选择的必要性。实际上，使用不同的视图方式，用户可以把注意力集中到文档的不同方面，从而能够更加高效、快捷地查看和编辑文档。

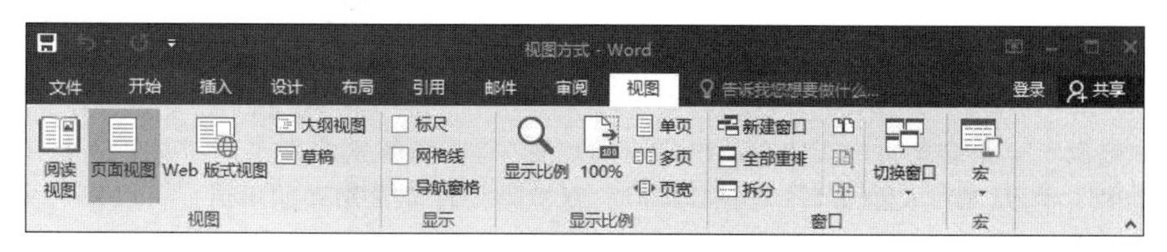

图 4-9 Word 2016 视图方式

4.3.1 常用视图方式的对比

本节介绍常用视图方式的特点和应用场合具体的不同。

1. 页面视图

页面视图是 Word 2016 的默认视图方式，文档的显示效果与实际打印后的效果相同，即“所见即所得”功能。页面中包括编辑文档的所有对象、元素和格式效果。页面视图中考虑到页面整体的视觉效果，通常将一些页面编辑标记设置为不显示。

2. 大纲视图

大纲视图能够查看文档的结构，可以通过拖动标题来移动、复制或重新组织文本。因此，它特别适合编辑含有大量章节的长文档，可以让文档层次结构清晰明了，并根据需要进行调整。在查看时可以通过折叠文档来隐藏正文内容而只看主标题，或者展开文档查看所有的正文。

3. 草稿视图

草稿视图取消了页面边距、页眉页脚。分栏和图片等元素，仅显示标题和正文，是最节省计算机系统硬件资源的视图方式。

4. Web 版式视图

Web 版式视图是显示文档在 Web 浏览器中的外观，没有页面效果图，没有页边距的概念，所有的文字是横跨整个窗口的。在 Web 版式视图中，可以直接看到网页文档在浏览器中显示的样子，是专门为了浏览编辑网页类型的文档而设计的视图。

5. 阅读视图

阅读视图能够自动化地在屏幕上调整文档，使页面恰好适合屏幕，其中包括放大文字、缩短行的长度等。用户可以单击左右两侧屏幕顶部中央的导航箭头来快速找到需要浏览的页面。对阅读功能进行了优化，最大限度地为用户提供优良的阅读体验。

4.3.2 导航窗格和显示比例

类似于毕业论文的长文档在编辑浏览的过程中，需要频繁地翻页。但是如果直接在页面视图中，从第一页到最后一页来回翻动，显然是一件非常烦琐的事情。可以根据文档编辑的需要合理选择和搭配导航窗格与其他视图方式的多种组合，明显地提升长文档的编辑和浏览效率。导航视图方式主要包括标题导航、页面导航、关键字导航和特殊对象导航，使用文档导航窗格可以根据标题、页面或关键字来对应其在文档中的具体位置。

(1) 标题导航是根据文档的大纲级别或者标题样式来显示文档的结构，如果文档的标题标号没有套用系统的大纲级别或者系统样式，那么在标题导航窗格中不会显示任何信息。文档的标题套用了大纲级别后，单击导航窗格中的标题，系统会将文档插入点自动地跳转到文档中的相应位置，并将其显示在右窗格的顶部，标题导航窗格允许标题折叠或者展开以便于查看。如果文档中的标题发生变化，导航窗格中的标题会自动地进行相应的改变，如图 4-10 所示。

(2) 页面导航可以直接通过页面快速定位到相应的页面，相对于其他导航方式更加直观，如图 4-11 所示。

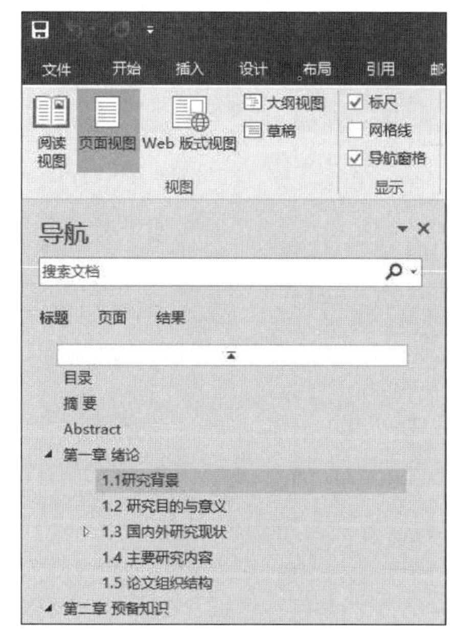

图 4-10　标题导航

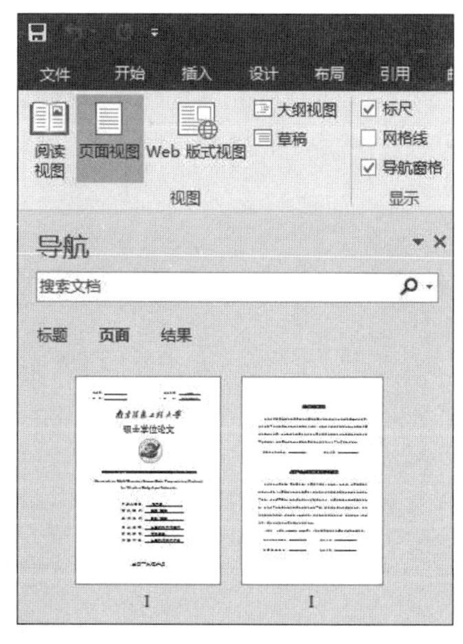

图 4-11　页面导航

(3) 关键字导航实际上是一种搜索查找功能。在搜索文本框中，输入想要查找的词句，只要文档中具有匹配的词句，那么系统就会将其突出显示，如图 4-12 所示。

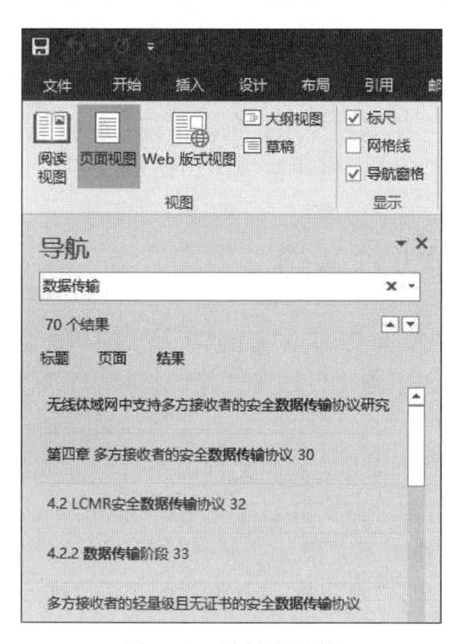

图 4-12　关键字导航

(4) 特殊对象导航中的特殊对象是指图形、公式、表格、脚注、尾注和批注等。在特殊对象导航中,单击导航窗格顶部的搜索框右侧的小箭头,在下拉菜单列表中可以选择需要查找的对象。只要文档中有与其匹配的内容,系统会自动定位并突显出来,如图 4-13 所示。

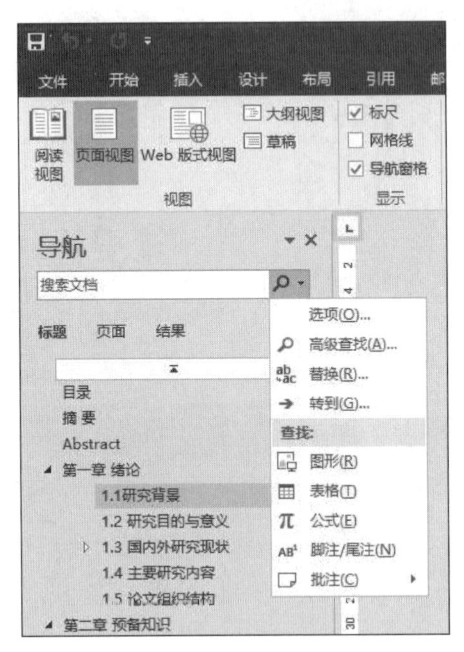

图 4-13 特殊对象导航

(5) 文档页面的显示比例提供了可以根据窗口大小和查看文档的视图方式,通过调整页面的显示比例,可以按照需要浏览和编辑文档信息。操作的方法是拖动窗口右下部状态栏上的显示比例滑块,可以快速地调整文档。也可以直接单击滑块两边的加号或者减号,按每次十个单位的跨度值调整显示比例。另外,也可以通过窗口顶部"视图"选项卡下的显示比例功能组提供的显示比例按钮进一步调整设置。

4.3.3 大纲视图下的主控文档

在大纲视图的"大纲"选项卡上,除了提供"大纲工具"功能组之外,还有一个"主控文档"功能组。主控文档是一组单独文件或子文档的链接容器,子文档可以通过不同级别的文档内容形式嵌入到主控文档中。子文档实际上是单独存储在磁盘上的文件,与主控文档只是一种链接的关系。子文档既是主控文档的一部分,又是一份独立的文档。在主控文档视图中,既可以将主控文档中的章节创建为独立存储的子文档,也可以将已经存在的独立文档插入到主控文档中转换为子文档。每个子文档可以设定专属的段落格式、页眉页脚、页面大小、页边距、纸张方向等,也可以在子文档中插入分节符号以控制子文档的格式。

主控文档的应用特点有:①将大文档化整为零,操作起来灵活方便,文档加载速度快;②如果要修改局部文档内容,只需要直接修改相应的子文档即可,而不需要编辑整个主控文档；③在文档最后的统一目录生成、章节编号顺序和页码编排上，又相当于是一个总文档；④一般应用在特长文档或者多人合作的长篇文档编辑工作中。

主控文档的创建方法有两种，第一种是根据文档已经存在的章节内容创建为独立存储的子文档的方法；第二种是将独立存储的文档插入到主控文档中，变成与主控文档相关联的子文档。首先介绍第一种，操作方法如下：

(1) 单击“大纲”选项卡上“主控文档”组的“显示文档”按钮，将文档的各章节内容分别作为独立的文档创建为子文档。注意，该文档中各章节的标题都是具有大纲级别的样式标题。

(2) 选中各个章节的标题，单击“创建”按钮，可以观察出标题周边会多出一个方框，用同样的方法创建其他几个章节，如图 4-14 所示。

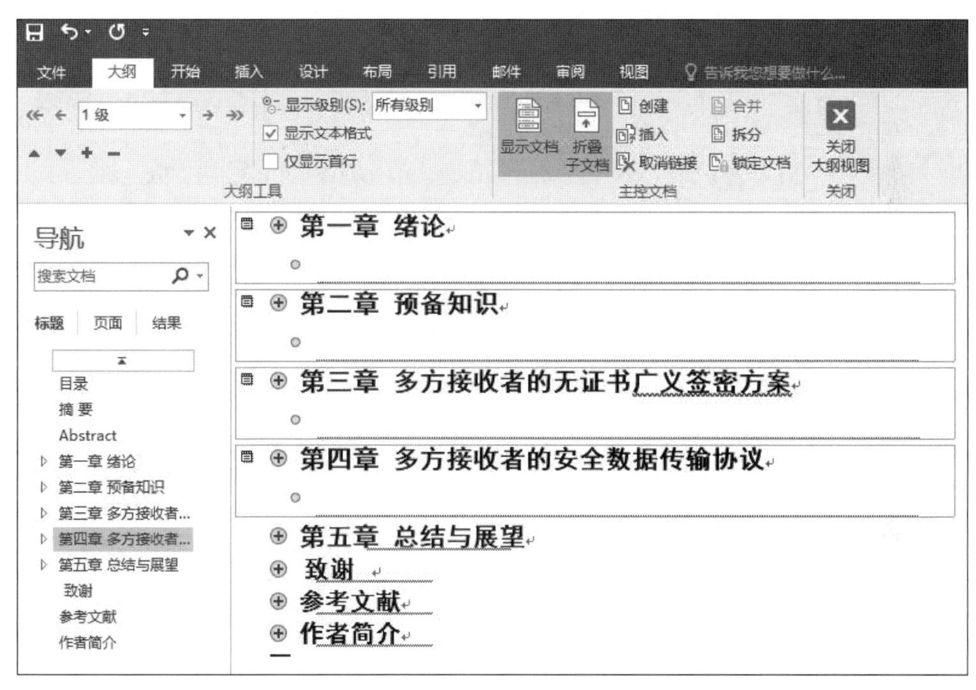

图 4-14 创建子文档

(3) 单击“大纲”选项卡“主控文档”功能组中的“折叠子文档”按钮，页面效果如图 4-15 所示。同时，在文档存放的文件夹中，可以观察到新创建的七个子文档的存在状态，如图 4-16 所示。

接着介绍第二种，操作方法如下：新建一个 Word 空文档，将前面生成的七个子文档插入到当前的文档中。单击“大纲”选项卡上“主控文档”组的“插入”按钮，插入前面生成的子文档，如图 4-17 所示。

在主控文档中如果修改了某个子文档的内容，打开单独存储的子文档，可以发现该子文档中同步呈现了修改的效果，反之亦然。实际上，主控文档也是普通的 Word 文档，只是多了与其他文档相关联的关系。主控文档可以将若干个子文档合并到同一个文档中，进行编辑和处理，使得长文档的操作更加方便灵活。

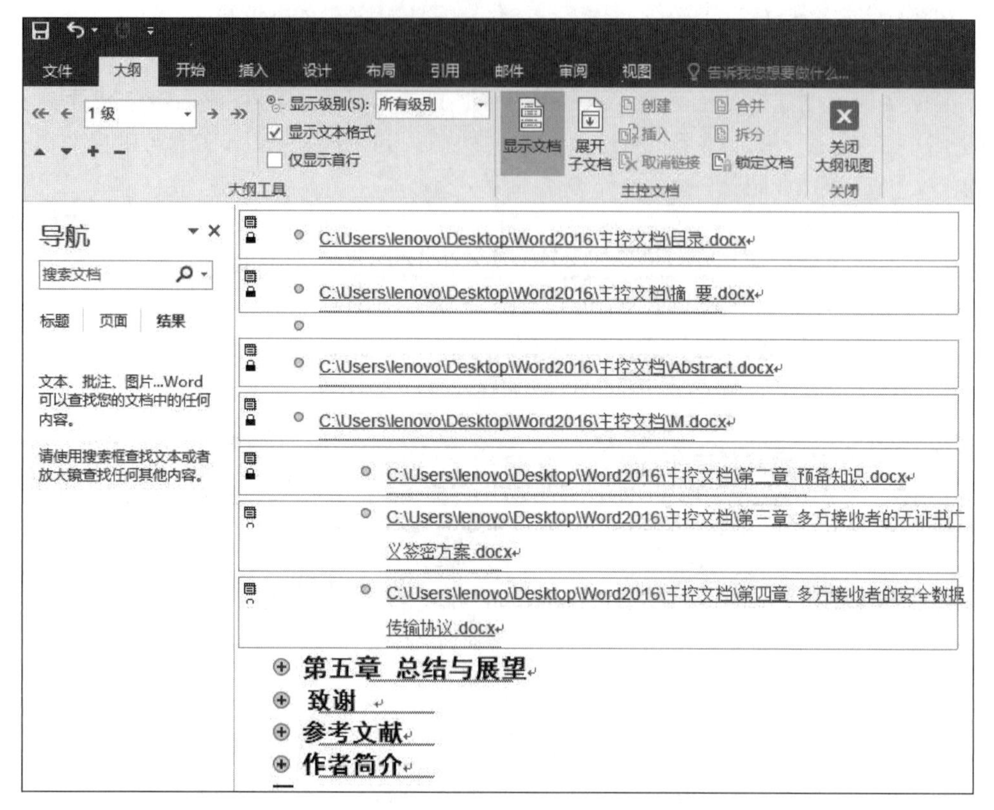

图 4-15　折叠子文档

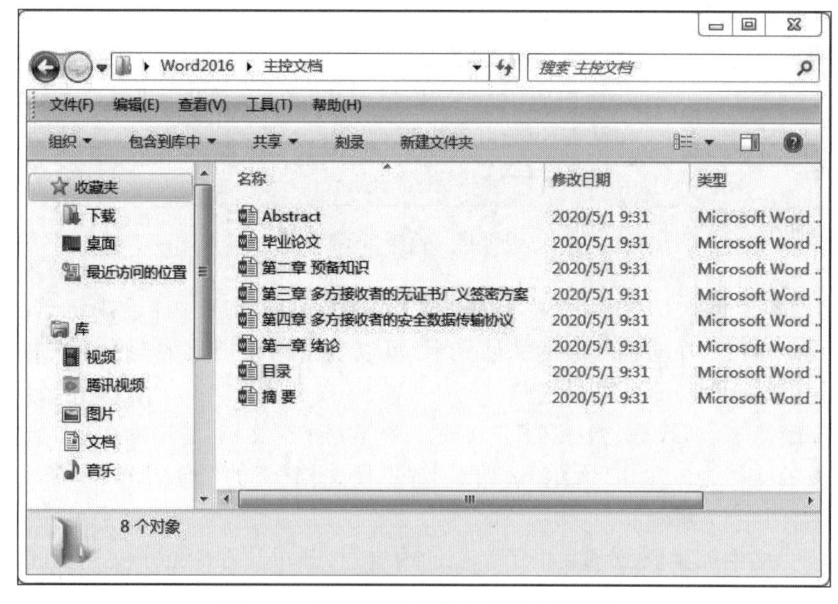

图 4-16　子文档在文件夹中的存在状态

图 4-17　插入子文档

4.4　页面区域分隔方式

在 Word 2016 文档中，文档区域分隔的呈现状态主要包括段落、页面、节和栏。文字、标点、符号、图片或者表格等组成了段落；一个或多个段落组成了页面。多种分隔方式合理组合运用使得 Word 文档的版面设计更加灵活。系统在“页面布局”选项卡上的“页面设置”功能组的“分隔符”按钮的下拉列表中，提供了多种对文档区域分隔设置的方法，主要包括分行、分页、分节和分栏。

4.4.1　段落和页面的分隔方法

段落是指两个回车之间的文档信息，在“布局”选项卡的“段落”功能组中，系统提供了多种对段落进行设置的操作。段落与段落的分隔是通过输入换行符，换行符分为手动换行符和自动换行符，又称为换行又换段的硬回车和换行不换段的软回车。硬回车（Enter键）是段落标记，隔断了段与段之间的格式。软回车（Shift＋Enter 组合键）不是段落标记，虽然在形式上换行，但换行前后的段落格式是相同的，并且无法设置自身的段落格式。

插入段落标记的方法是按 Enter 键，分段后的段落成为一个独立的格式设置区域。在"段落"功能组中可以选择系统提供的多种对段落进行设置的操作。通过单击"段落"功能组右下角的小箭头可以进行更具体的设置，例如，设置段落的首行缩进、左右缩进边距，段前、段后和段内的行间距等，如图 4-18 所示。自动换行符可以在"布局"选项卡的"页面设置"功能组中的"分隔符"按钮的下拉列表中进行设置，如图 4-19 所示。

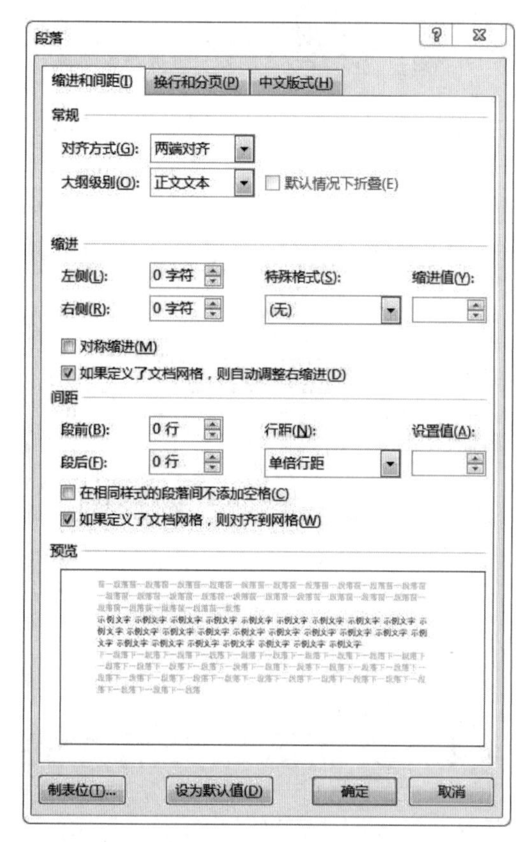

图 4-18　段落设置

页面是根据页面设置的纸张和版心大小等因素决定的文档区域。页面与页面的分隔方式是通过插入分页符，分页符分为自动分页符和手动分页符。自动分页符是 Word 根据当前文档的纸张和版心大小，当文档信息填满一整页时自动插入的。在草稿视图中，自动分页符显示为一条单点的虚线。手动分页符是人为插入的分页符，它在草稿视图中显示为一条单点的虚线并在中央位置标有分页符字样。在编辑文档时，经常出现当页面没有填满时为了实现分页的效果而人为地输入很多的空行。实际上，可以通过手动分页符来实现强制分页，这种方法更加高效快捷。手动分页符可以通过快捷键 Ctrl＋Enter 进行插入，或者在"分隔符"按钮的下拉列表中选择分页符进行设置。

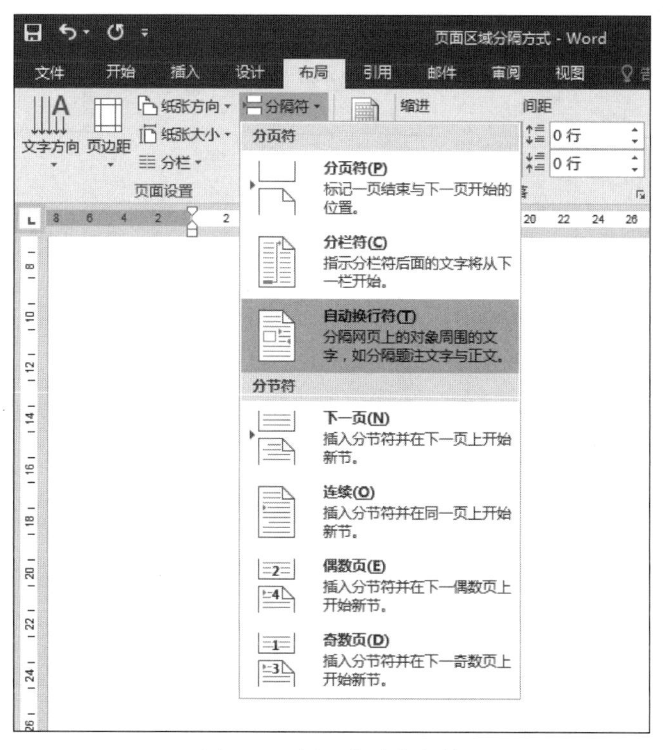

图 4-19　插入自动换行符

4.4.2　节和栏

节作为一篇文档版面设计的最小有效单位，可以节为单位设置页面格式。通过插入分节符进行节与节的分隔。在草稿视图中，节显示为一条横贯屏幕的虚双线，中间位置有分节符字样。在“分隔符”按钮的下拉列表中，系统提供了多种类型的分节符，主要包括连续分节符、下一页分节符、奇数页分节符和偶数页分节符。插入连续分节符，新节从同一页开始。插入下一页分节符，新节从下一页开始。分节符中的下一页与分页符的区别在于，前者分节又分页，而后者仅起到分页的效果。插入奇数页或偶数页分节符，新节从下一个奇数页或偶数页开始。

文档插入节后，会被分隔成不同的节区域，可以设置当前节的页面、文档、页眉页脚等格式。在“页面设置”对话框的“版式”选项卡中，可以更改前一个分节符的节格式，如图 4-20 所示。分节符起着分隔其前面文本格式的作用，如果删除了某个分节符，它前面的文字会合并到后面的节中，并且采用后者的格式设置。

栏常用于报纸、杂志和论文的排版中，可以将文档分为多个纵栏。栏的内容会从一排的底部排列到顶部，然后延伸到下一栏的开端。文档分栏一般有三种情况，一是将整篇文档分栏；二是在已设置节的文档中，将本节分栏；三是在没有设置节的文档中，将某些文字和段落分栏，此时系统会自动加入节来分隔栏前和栏后的内容。在“页面布局”选项卡的

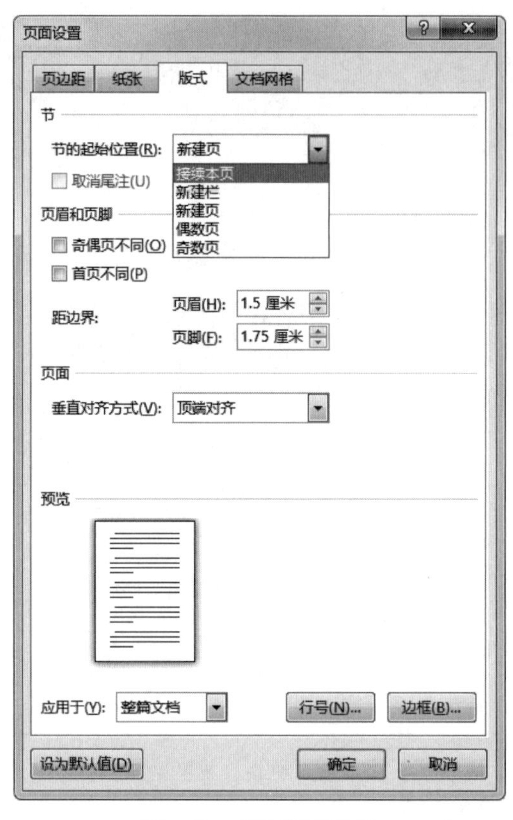

图 4-20　页面版式设置

“页面设置”功能组的“分栏”按钮的下拉列表中，系统提供了多种类型的分栏符。也可以打开“分栏”对话框，对栏数、栏宽、栏间距以及分隔线进行更细致的设置，如图 4-21 所示。

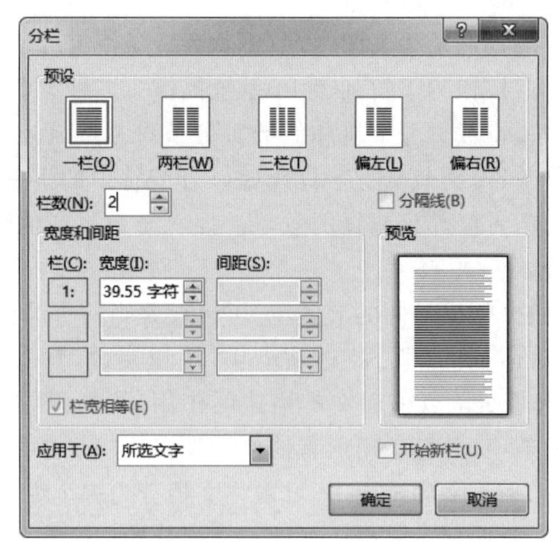

图 4-21　分栏设置

4.4.3 页眉页脚的设置

通常在图书、杂志或论文的每一页上方会有文档主题或章节标题等，称为页眉。在每一页的下方会有日期、页码或作者姓名等，称为页脚。页眉和页脚的内容是可以任意输入的文字、日期、页码等，也可以手动输入“域”，实现页眉页脚的自动化编辑。页眉页脚的设置涉及两方面的操作，一是设置页眉页脚区域的大小；二是设置页眉页脚的内容。在“页面设置”对话框的“版式”选项卡中，可以对页眉页脚进行具体值的设置，如图 4-20 所示。页眉页脚内容的设置可以通过两种方法来实现，可以直接双击页眉页脚区域进行设置，或者通过“插入”选项卡的“页眉页脚”功能组选择需要插入的页眉页脚元素即可，如图 4-22 所示。

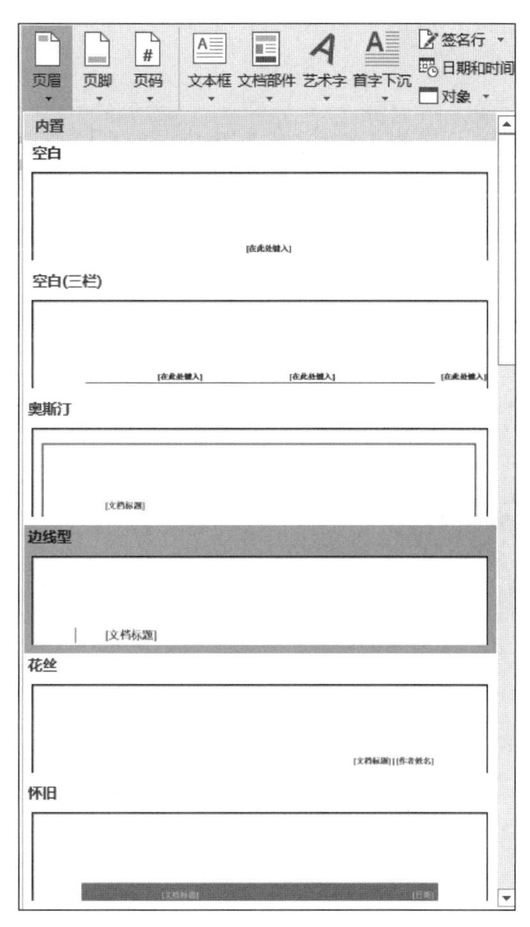

图 4-22 页眉页脚内容的设置

通常页眉页脚的页码是系统自动编号的，其实是通过“域”来实现的。单击“页眉页脚”功能组的“页码格式”按钮，在其下拉列表中选择系统提供的样式，或者自定义页码的格式，如图 4-23 所示。页码的格式主要包括编号格式、章节号样式、起始编号和对齐方式等。页码格式设置完成后，再插入页码就可以出现符合自己要求的页码。在文档没有插入节的情况下，所有页面的页眉页脚内容都是一样的。实际上，Word文档页面的页眉页脚可以设置成首页不同、奇偶不同，还可以根据插入的节来设置不同节的页眉页脚。如果需要创建奇偶页不同的页眉页脚，可以在“页面设置”对话框的“版式”选项卡中对页眉页脚的设置进行选择，如图4-20所示。如果想要为某一页或者某个区域的页面设置不同的页眉页脚，则需要插入节来控制。

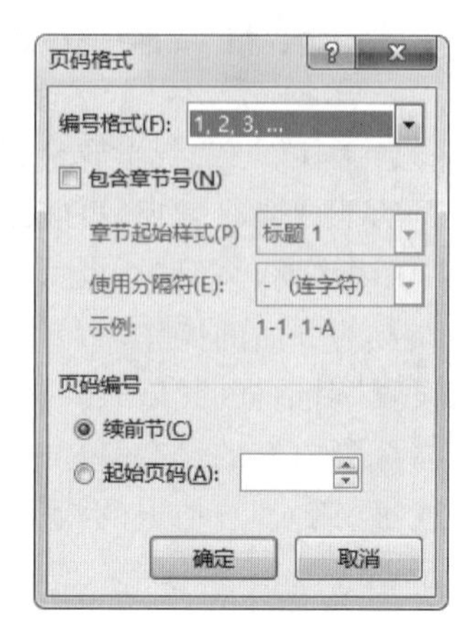

图4-23　页码格式

页眉页脚不仅可以插入文字内容，还可以插入图片。通过对页眉页脚区域的文档层次的巧妙叠放，可以设置每一节具有不同的页面背景。具体操作是单击“插入”选项卡中的“图片”按钮，在页眉或页脚区域插入图片，并且将图片格式设置为衬于文字下方即可，如图4-24所示。

图4-24　页眉页脚设置页面背景

4.5 引用功能

“引用”选项卡共包含六个功能组，分别是目录、脚注、引文与书目、题注、索引和引文目录功能组，如图 4-25 所示。在毕业论文中，经常需要插入大量的图片、表格或公式等内容。为了便于排版时的查找和方便阅读，题注和交叉引用就显得尤为重要。同时，目录的编辑也是必不可少的。因此，本节来主要学习这两个方面。

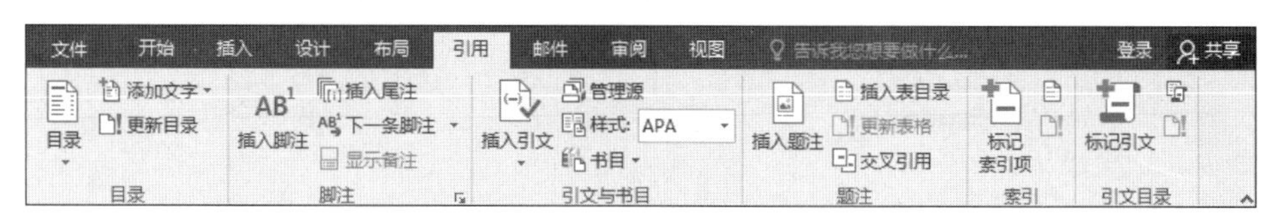

图 4-25 “引用”选项卡中的功能组

4.5.1 目录

编制比较长的文档，往往需要在文档的最前面给出目录，目录中包含文档中的所有大小标题、编号以及标题的起始页码。Word 2016 提供了方便的目录自动生成功能，但必须按照一定的要求先设置文档的标题样式。因此在创建文档目录之前，要将文档中将要出现在目录中的文字设置为不同的标题样式。

本节以“毕业论文.docx”为例，分别选定属于第 1 级标题的内容，从“开始”选项卡的样式功能组内选中标题 1 样式，其他各级标题以此类推。如果选择“标题 1”样式后没有出现“标题 2”样式，则单击右下角显示样式窗口，在“样式窗格选项”对话框中选择“在使用了上一级别时显示下一标题”复选框，如图 4-26 所示。

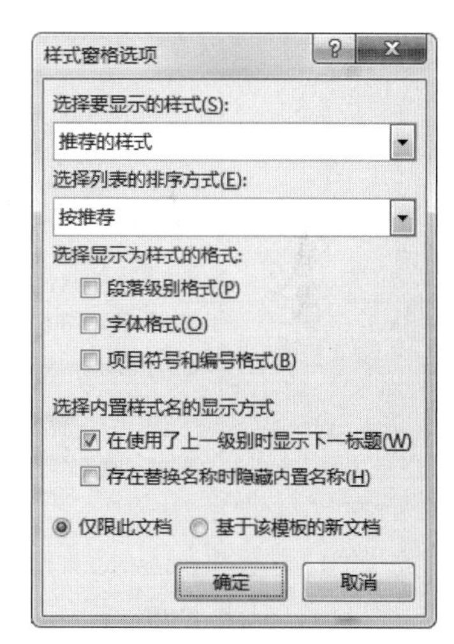

图 4-26 样式窗格选项

将插入点定位在准备生成文档目录的位置，单击“引用”选项卡中的“目录”按钮，在下拉列表中选择系统给定的目录样式，或者单击“自定义目录”按钮打开“目录”对话框，如图 4-27 所示。

根据需要可以选择“显示页码”或“页码右对齐”复选框；在“显示级别”中设置目录包含的标题级别，这里设定为 1；在“制表符前导符”下拉列表中可以选择目录中的标题名称与页码之间的分隔符。最后单击“确定”按钮，目录便自动生成在插入点所在位置，如图 4-28 所示。

利用 Word 提供的目录生成功能所生成的目录，可以随时进行更新，以反映文档中标题内容位置的变化。为此，可以在目录区右击，从快捷菜单中选择“更新域”命令，再从出现的对话框中选择“只更新页码”或“更新整个目录”单选按钮，如图 4-29 所示。同样，也可以单击“引用”选项卡的“目录”功能组中的“更新目录”按钮对文档目录进行更新。

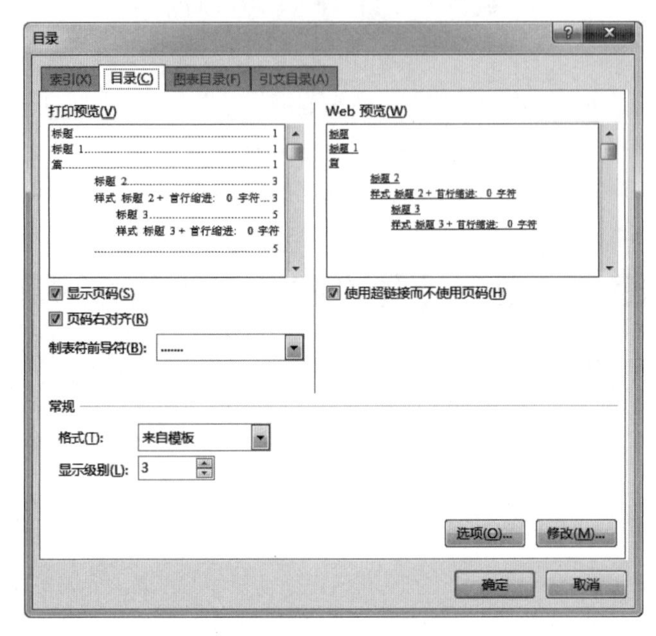

图 4-27 “目录”对话框

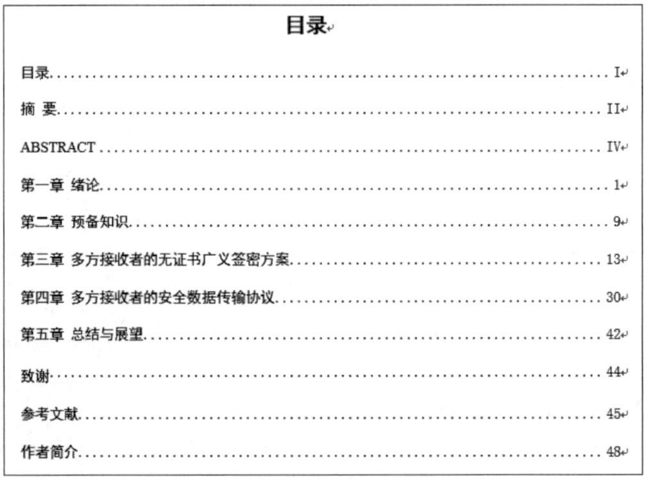

目录

目录……………………………………………………………………I

摘 要……………………………………………………………………II

ABSTRACT……………………………………………………………IV

第一章 绪论……………………………………………………………1

第二章 预备知识………………………………………………………9

第三章 多方接收者的无证书广义签密方案…………………………13

第四章 多方接收者的安全数据传输协议……………………………30

第五章 总结与展望……………………………………………………42

致谢……………………………………………………………………44

参考文献………………………………………………………………45

作者简介………………………………………………………………48

图 4-28 自动生成目录

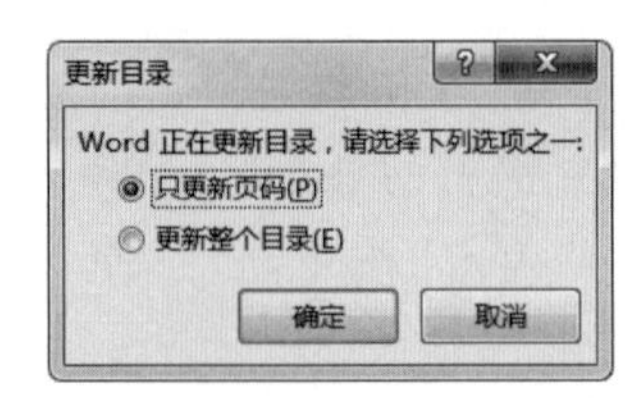

图 4-29 “更新目录”对话框

4.5.2 题注与交叉引用

为文档中的图片、表格、公式等增加题注时，需选定该对象，再单击“引用”选项卡下“题注”功能组中的“插入题注”命令按钮，弹出如图 4-30 所示的对话框。在对话框的“标签”栏中选择题注的标签名称，Word 2016 提供的题注标签有图表、表格和公式等，也可以自己新建标签。题注的默认编号为阿拉伯数字，单击“编号”按钮可选择其他形式的题注编号，如图 4-31 所示。题注可以和一般文字一样进行内容修改和格式设置。

图 4-30 “题注”对话框

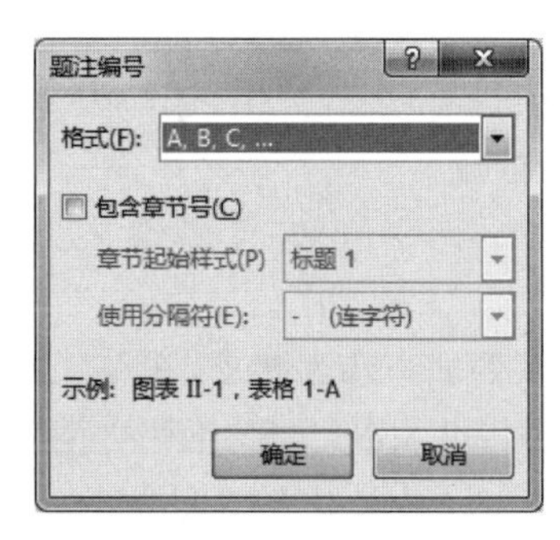

图 4-31 “题注编号”对话框

如果在正文中需要采用如图 4-32 所示的方式引用相应的图片或者表格，则需要添加交叉引用。单击“引用”选项卡下“题注”功能组中的“交叉引用”命令按钮，弹出如图 4-32 所示的对话框。根据需要选择“引用类型”和“引用内容”，以及所引用的是哪一个题注，单击“插入”按钮即可完成。

图 4-32 “交叉引用”对话框

4.6 综合案例

4.6.1 案例要求

南京信息工程大学的共青团委员会将为2020年度获得优秀共青团员称号的同学们颁发荣誉证书，要求你对该荣誉证书的版面进行制作。荣誉证书的背景图片如图4-33所示，具体文字内容如下。

________同学：

成绩优异，表现突出，被评为2020年度南京信息工程大学“优秀共青团员”。特发此证，以资鼓励。

共青团南京信息工程大学委员会

二〇二〇年五月

请按照如下步骤要求，在Word 2016文档中完成荣誉证书的制作。

(1) 将Word文档的纸张方向设置为横向，调整文档版面，要求页面高度为16cm、宽度25cm，页边距(上、下)为2cm，页边距(左、右)为3cm。

(2) 将获奖名单文件夹下的图片“背景图片.jpg”设置为页面背景，背景图片如图4-33所示。

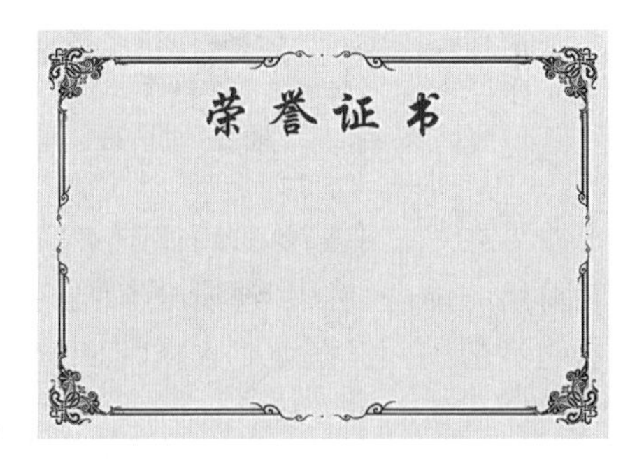

图4-33　荣誉证书背景图

(3) 调整荣誉证书中内容文字的字体、字号，全文字体为微软雅黑，字号为二号。

(4) 调整荣誉证书中内容文字的段落对齐方式：第一行文字左对齐，中间两行文字两端对齐，最后两行右对齐。

(5) 在首行文字“同学”之前，插入拟获奖的同学的姓名，拟获奖的同学的姓名在获奖名单文件夹下的“通讯录.xlsx”文件中。每页荣誉证书中只能包含一位同学的姓名，所有的荣誉证书页面请另外保存在一个名为“证书.docx”的文件中。

4.6.2 操作示范

本节具体讲解荣誉证书每个步骤的制作方法，按照上述要求，具体操作过程如下。

(1) 首先在“布局”选项卡“页面设置”功能组中，单击其右下角的小箭头，打开“页面设置”对话框。接着在“页边距”选项卡中选择，将纸张方向设置为横向，同时将页边距按照案例要求进行调整，如图4-34所示。最后在“纸张”选项卡中，设置页面高度为16cm、宽度为25cm，单击右下角的“确定”按钮，如图4-35所示。完成上述设置后，页面效果如图4-36所示。

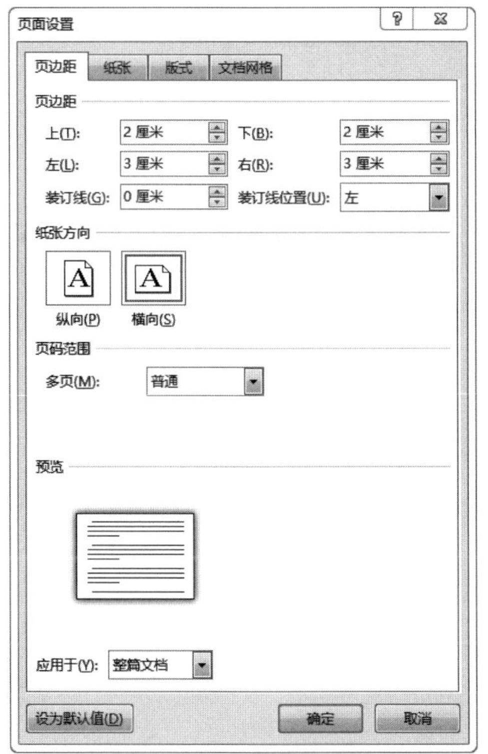

图 4-34　页边距设置

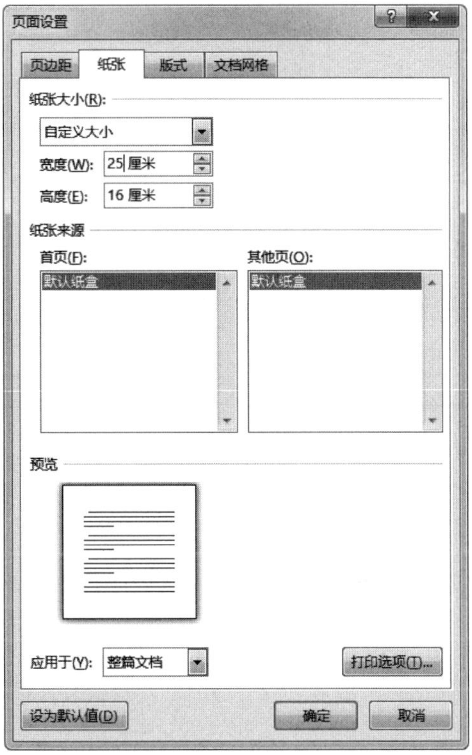

图 4-35　纸张设置

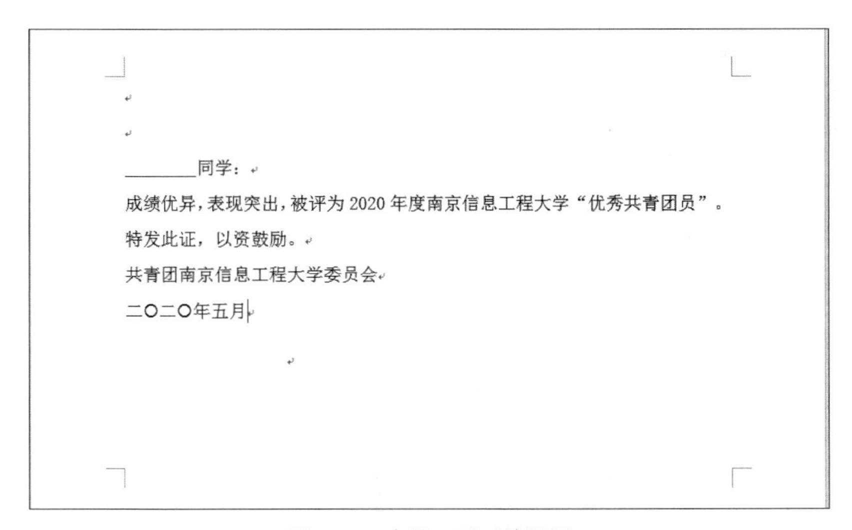
________同学：

成绩优异，表现突出，被评为 2020 年度南京信息工程大学“优秀共青团员”。

特发此证，以资鼓励。

共青团南京信息工程大学委员会

二〇二〇年五月

图 4-36　步骤 1 页面效果图

(2) 背景图片的插入方法在 4.2.2 节已经详细说明，这里不再赘述。插入背景图片后，页面效果如图 4-37 所示。

(3) 在“开始”选项卡的“字体”功能组中，按照案例要求，对字体字号进行设置，如图 4-38 所示。完成后的页面效果如图 4-39 所示。

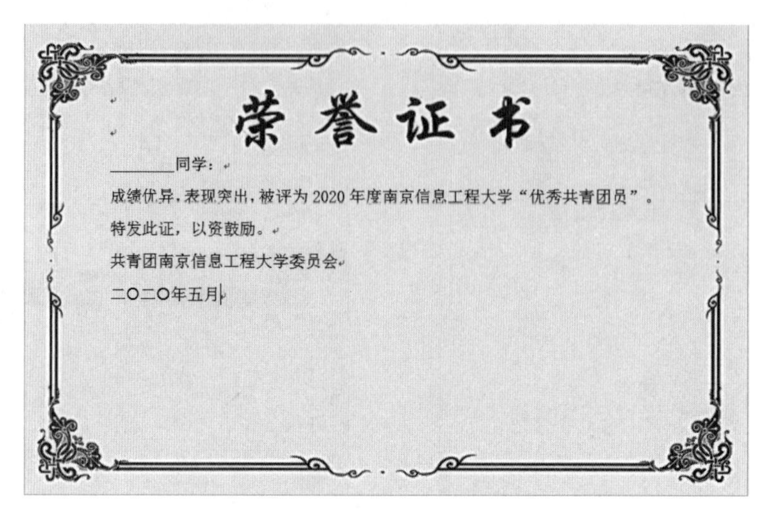

图 4-37　步骤 2 页面效果图

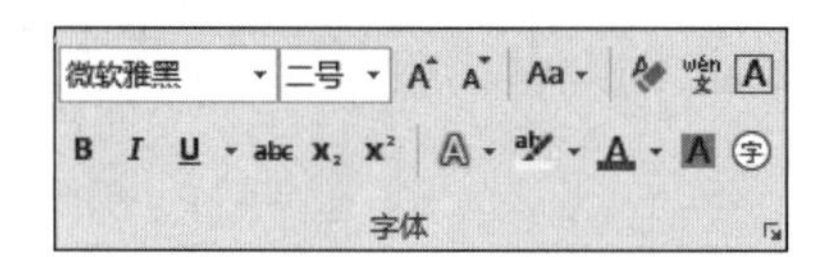

图 4-38　字体设置

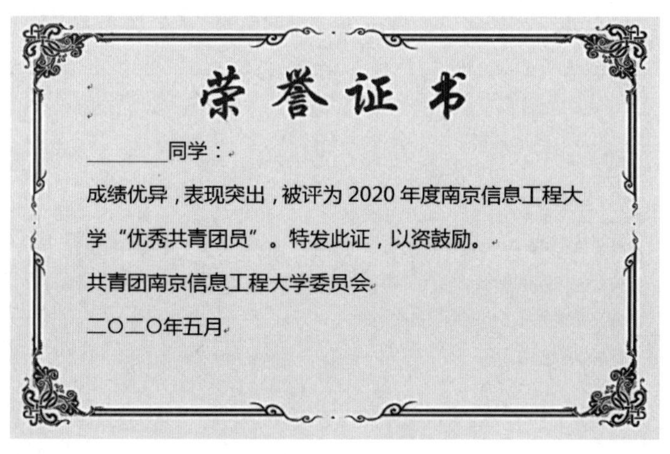

图 4-39　步骤 3 页面效果图

(4) 在"开始"选项卡的"段落"功能组中，分别对各行字体设置对齐方式，如图 4-40 所示。完成后的页面效果图如图 4-41 所示。

图 4-40　对齐方式设置

(5) 该步骤需要用到 Word 文档中的邮件合并功能。首先对邮件合并功能进行介绍，接着再以该案例为例，进行操作示范。

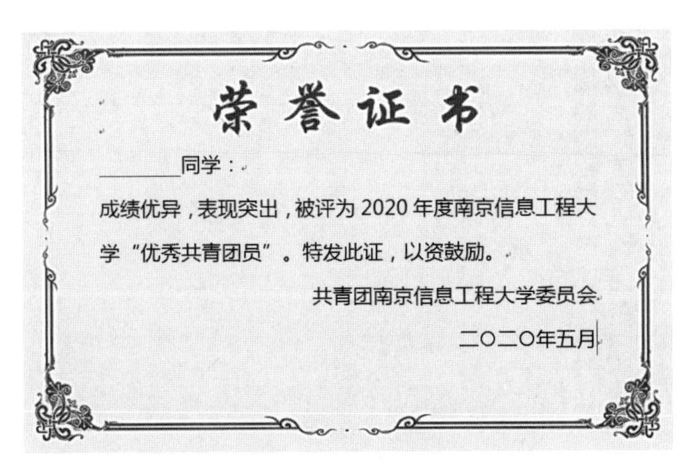

图 4-41　步骤 4 页面效果图

实际工作中常需要发送一些内容、格式基本相同的通知、邀请函、证书等，为了简化这类文档的创建操作，提高工作效率，Word 提供了邮件合并功能。利用邮件合并功能一般需要创建一个用来存放共同内容和格式信息的主文档，再选择或创建一个列表文件来存放要合并到主文档的那些变化的内容。具体的操作步骤如下。

① 在"邮件"选项卡中共包含 5 个功能组，依次为创建、开始邮件合并、编写和插入域、预览结果、完成，如图 4-42 所示。单击"开始邮件合并"按钮，在下拉列表中选择"普通 Word 文档"。

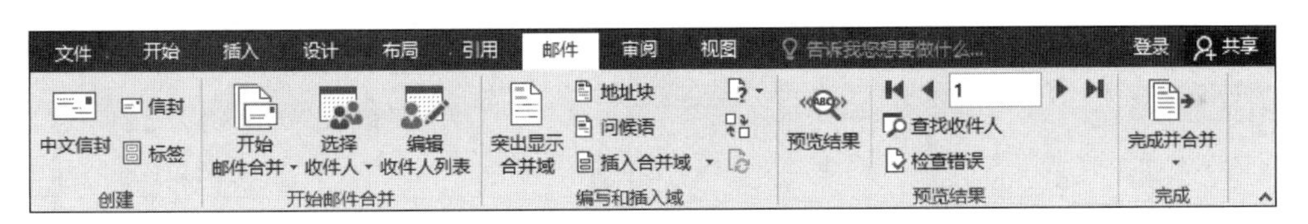

图 4-42　邮件合并

② 在"开始邮件合并"功能组中单击"选择收件人"，在其下拉列表中选择"使用现有列表"命令，在弹出的对话框中选择"获奖名单"文件夹下的"通讯录.xlsx"数据源文档并打开。注意，单击"编辑收件人列表"按钮，可以在选项列表中添加项或者更改列表，如图 4-43 所示。

③ 将光标插入点定位在要插入可变内容的位置。在"编写和插入域"功能组中，单击"插入合并域"按钮，从下拉列表中选择合适的"域"，然后插入所需要的"域"，如图 4-44 所示。完成后的页面效果图如图 4-45 所示。

④ 查看合并数据并执行合并。在"完成"功能组中单击"完成并合并"按钮，可以对合并的效果执行"编辑单个文档""打印文档"或者"发送电子邮件"。在这里选择"编辑单个文档"来完成邮件合并。完成后的页面效果图如图 4-46 所示。

⑤ 最后将所有的荣誉证书页面保存到相应的文件夹中，并且文件取名为"证书.docx"。

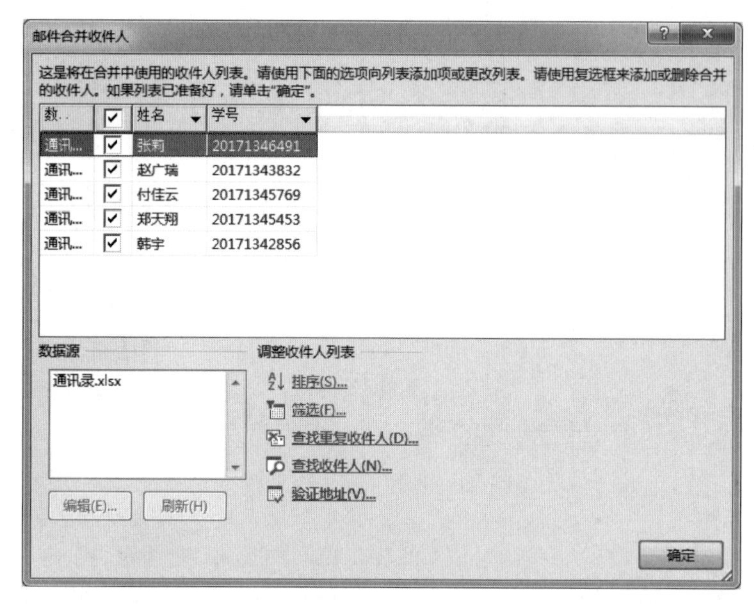

图 4-43　邮件合并收件人

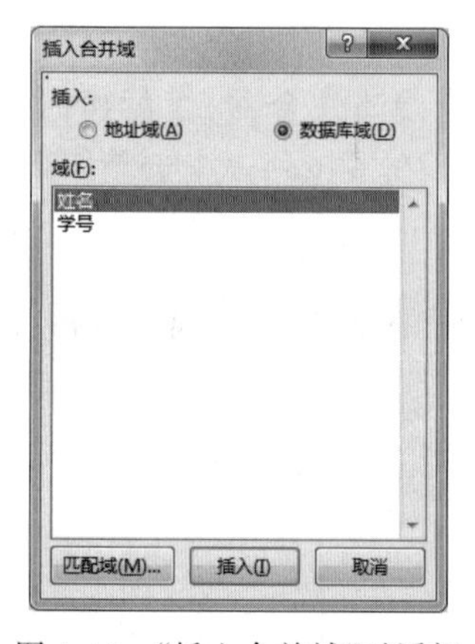

图 4-44　“插入合并域”对话框

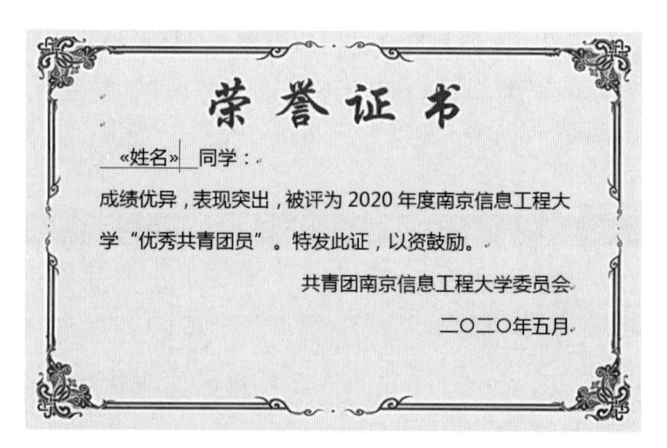

图 4-45　步骤 5 中第③小步的页面效果图

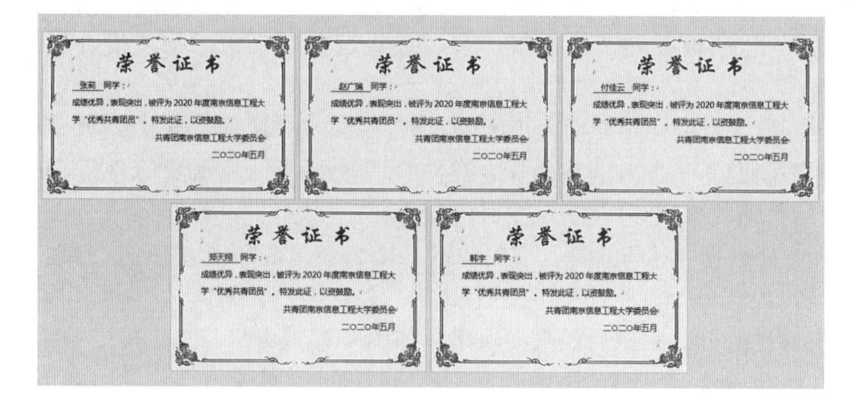

图 4-46　步骤 5 中第④小步的页面效果图

第5章

Excel 2016 电子表格

Excel 是 Office 办公系列软件中一款功能完整、操作简易的电子表格软件，提供丰富的函数及强大的图表、报表制作功能，能够完成许多复杂的数据运算、分析、统计和汇总工作。本章主要学习 Excel 2016 中的电子表格基础、公式与常用函数的使用、数据图表化和数据管理四个方面。

5.1 导　　学

本章结构导图如图 5-0 所示。

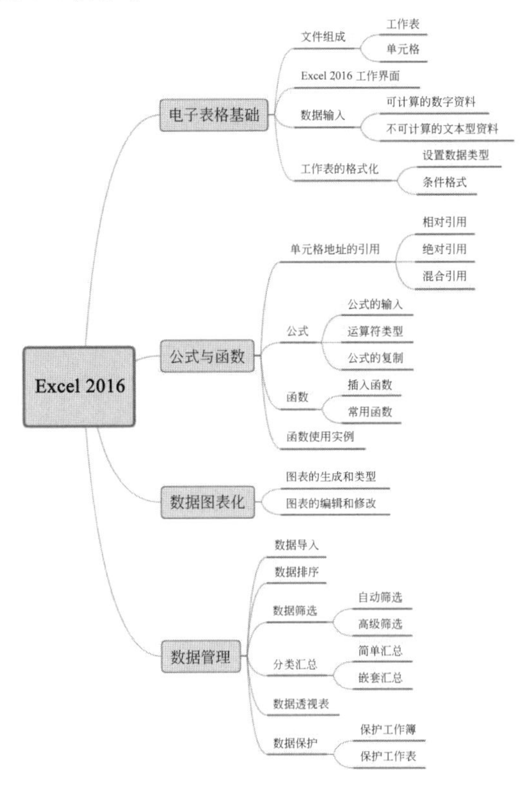

图 5-0　第 5 章结构导图

5.2 电子表格基础

为了能够更好地认识 Excel，从而方便后面内容的学习，本节主要了解的内容有 Excel 的文件组成、Excel 2016 工作界面、数据的输入和工作表的格式化。

5.2.1 文件组成

Excel 2016 的文件扩展名是.xlsx，在 Excel 中用工作簿来保存并处理工作数据的文件。工作簿中的每一张表称为工作表(Sheet)，一个 Excel 文件是由多个工作表组成的。在一个工作簿中，最多可以拥有 255 个工作表。新建的工作簿文件系统会默认新建 3 张空白工作表，表名分别为 Sheet1，Sheet2，Sheet3，用户可以根据需要增加或删除工作表。每个工作表由若干行和列组成，行号用数字 1，2，3，…，1 048 576 表示；列号用 A，B，C，…，AA，AB，…，XFD 表示，最多有 1683 列。

工作表中的每个格子称为单元格，单元格是工作表的最小单位，也是 Excel 用于保存数据的最小单位。单元格中输入的各种数据，可以是一组数字、一个字符串、一个公式或一个图形等。每一个单元格都可用其所在的行号和列号标识，如 A5 单元格表示第 A 列第 5 行的单元格。若要表示一个连续的单元格，可以用该区域左上角和右下角单元格行列位置名来表示，中间用冒号表示。

5.2.2 Excel 2016 工作界面

Excel 2016 的工作界面如图 5-1 所示，它主要包括快速访问工具栏、选项卡及选项卡下的功能区、名称框、编辑栏、工作表编辑区、工作表标签等。

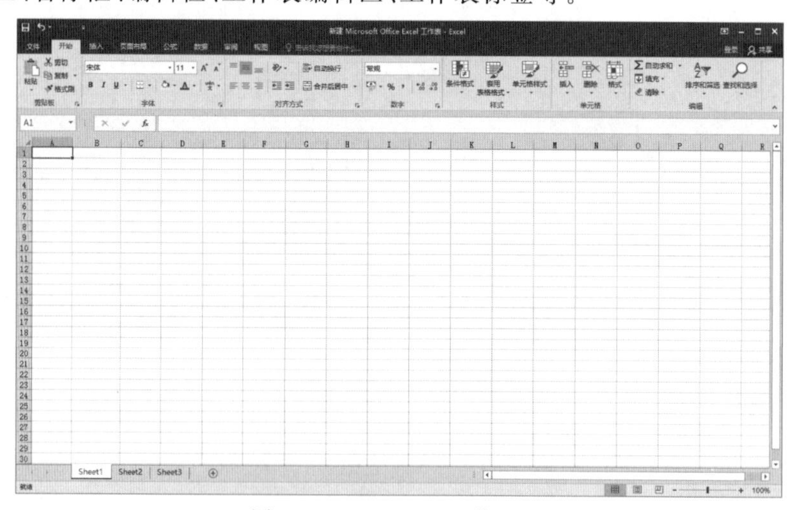

图 5-1 Excel 2016 工作界面

1. 快速访问工具栏

该工具栏位于工作界面的左上角，包含一组使用频率较高的工具按钮，例如“保存”“撤销”和“恢复”等按钮。可单击快速访问工具栏最右侧的倒三角按钮，在展开的下拉列表中选择要在其中显示或隐藏的工具按钮。

2. 选项卡和功能区

标题栏的下方是一个由10个选项卡组成的区域，包括“文件”“开始”“插入”“页面布局”“公式”“数据”“审阅”“视图”“帮助”和“特色功能”。Excel 2016将处理数据的命令组织在不同的选项卡中。选择不同的选项卡，可以切换至不同的功能区。在选项卡下的功能区中，每个功能群组的右下角通常都会有一个小箭头(对话框启动按钮)，用来打开与该组命令相关的对话框，以方便对要进行的操作做更详细的设置。

3. 名称框

用户可以为一个或者一组单元格定义一个名称，也可以从名称框中直接选取定义过的名称，以选中相应的单元格。

4. 编辑栏

编辑栏主要用于输入和修改活动单元格中的数据。当在工作表的某个单元格中输入数据时，编辑栏会同步显示输入的内容。

5. 工作表编辑区

工作表编辑区是由多个单元格行和列组成的网状编辑区域，用于显示或编辑工作表中的数据。

6. 工作表标签

工作表标签位于工作簿窗口的左下角，默认名称为Sheet1，Sheet2，Sheet3，…单击不同区域的工作表标签，可在工作表间进行切换。

5.2.3 数据输入

输入Excel单元格的资料大致可以分为两类：一种是可计算的数字资料(包括日期、时间)，另一种是不可计算的文本型资料。下面介绍一些常用的输入数据类型。

(1) 数值型。可用于算术运算，使用的字符有数字0～9及一些符号(如小数点、+、-、%、$)所组成。在默认状态下，所有数字在单元格中均右对齐。

(2) 文本型。文本可以是数字、空格和非数字字符的组合，一般以字符串显示。在默认状态下，所有文本在单元格中均左对齐。不过，数字有时会被当成文字输入，如邮递区号、电话号码、身份证号码等。可以通过数字前加上英文输入法状态下输入的单撇号“'”

（如’210000）将其定义为文本格式。

（3）日期型。时间和日期被视为数字处理，在默认状态下，在时间和日期单元格中均右对齐。用斜杠或者减号分隔日期的年、月、日部分，如2020/05/06。按“Ctrl+；”快捷键可以输入当前系统日期，按“Ctrl+Shift+；”组合键可以输入当前系统时间。

在Excel 2016中，有时需要设置项目编号、等差序列、日期等，此时手动输入非常烦琐，利用Excel 2016自动填充功能可以提高工作效率。自动填充功能可以自动填充日期、时间等本质上是数值的数据。填充柄是活动单元格右下角的小黑色方块，它的使用可以在相邻的单元格中输入相同的数据或输入有序特征的数据，具体操作如下。

（1）填充相同的数据。首先单击有数据的源单元格，将鼠标指针移动到单元格右下角的填充柄上，鼠标指针的形状变成“+”字形状，按住鼠标左键拖动到输入的最后一个单元格后放开，即可在选中的单元格中输入相同的数据。

（2）填充序列数据。首先在单元格中输入序列的前面两个数，选中这两个单元格，如图5-2所示。当鼠标指针变成“+”字形状时，拖动填充柄到指定位置，即可在选中的单元格中输入序列数据，如图5-3所示。

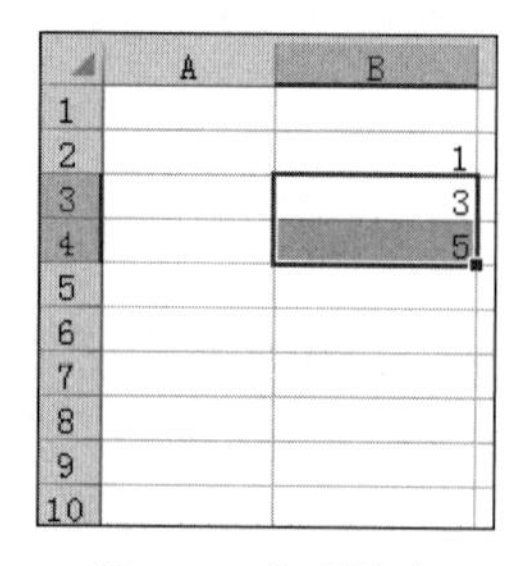

图5-2　序列填充

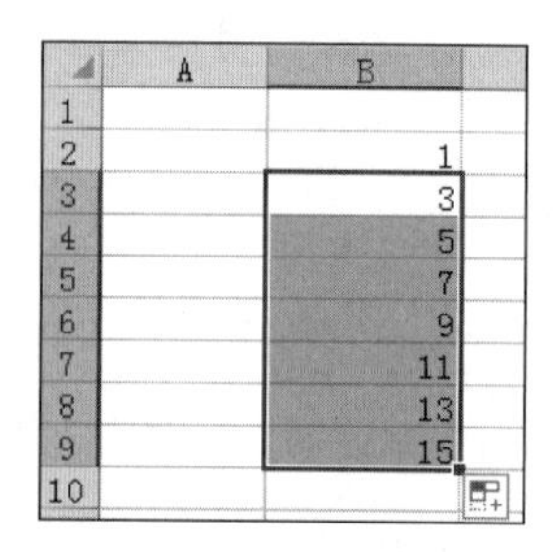

图5-3　填充结果

5.2.4　工作表的格式化

选择要设置格式的单元格区域，单击“数字”命令群组中相应的格式按钮可以设置数字格式；也可以右击单元格，从弹出的快捷菜单中选择“设置单元格格式”选项，在弹出的“设置单元格格式”对话框的“数字”选项卡中选择相应的分类，设置详细的数据类型，如图5-4所示。在“设置单元格格式”对话框中，还包括“对齐”“字体”“边框”“填充”和“保护”选项卡，可以根据需要选择相应的选项卡来对单元格的格式进行设置。

条件格式是指可以对含有数值、公式或其他内容的单元格应用某种条件，以决定数值的显示格式。条件格式是通过“开始”选项卡中的“样式”命令群组完成的，以图5-5为例，要求利用条件格式将数学成绩不及格的用红色显示。具体步骤如下。

首先选中需要设定条件格式的单元区域，选择“开始”选项卡中的“条件格式”，单击其下拉列表中的“突出显示单元格规则”，选择“小于”选项，如图5-6所示。打开条件格式中的“小于”对话框。其次，在对话框中输入小于的值为60，并且设置为“浅红填充色深红色文本”，如图5-7所示。单击“确定”按钮，完成条件格式设置，显示效果如图5-8所示。

图 5-4 “设置单元格格式”对话框中的“数字”选项卡

	A	B
1	姓名	数学
2	张莉	82
3	赵广瑞	57
4	付佳云	76
5	郑天翔	55
6	韩宇	83
7	刘娜	87
8	陈静	59
9	李进	79

图 5-5 数学成绩原始数据

图 5-6 条件格式

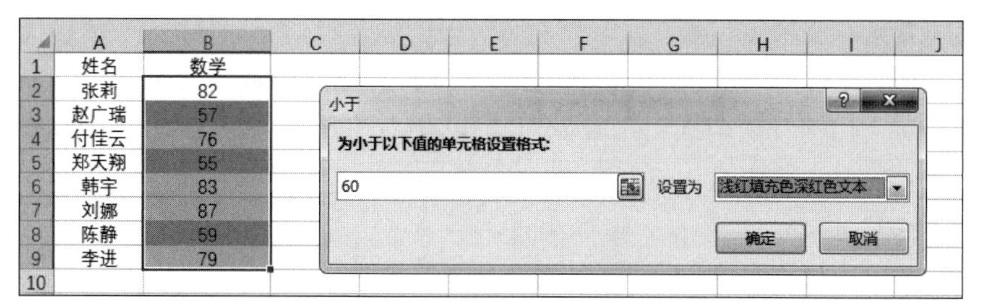

图 5-7 “小于”对话框

	A	B
1	姓名	数学
2	张莉	82
3	赵广瑞	57
4	付佳云	76
5	郑天翔	55
6	韩宇	83
7	刘娜	87
8	陈静	59
9	李进	79

图 5-8　显示效果

5.3　公式与函数

公式和函数是 Excel 软件的核心。如果需要对工作簿中的数据进行统计运算，就可以利用公式和函数进行。在单元格中输入正确的公式或函数后，会立即在单元格中显示出计算结果。如果改变了工作表中与公式有关或作为函数参数的单元格内容，Excel 会自动更新计算结果。在实际工作中，往往会有许多数据项是关联的，通过运用公式，可以方便快速地对工作表中的数据进行统计分析。

5.3.1　单元格地址的引用

引用是对工作表的一个或一组单元格进行标识，它告诉 Excel 公式使用哪些单元格的值。通过引用，可以在一个公式中使用工作表不同部分的数据，或者在几个公式中使用同一单元格中的数值。同样，可以对工作簿的其他工作表中的单元格进行引用，甚至对其他工作簿或其他应用程序中的数据进行引用。引用包括相对引用、绝对引用和混合引用。

相对引用：用字母标识列，用数字标识行。它仅指出引用的相对位置。当把一个含有相对引用的公式复制到其他单元格式位置时，公式中的单元地址也随之改变。默认情况下，新公式使用相对引用。例如，如果将单元格 B2 中的相对引用复制到单元格 B3，系统将自动从“＝B2”调整到“＝B3”。

绝对引用：在列表和行号前分别加上“ $ ”。如果公式所在单元格的位置改变，绝对引用的单元格始终保持不变。例如，$ A $ 1 公式在复制、移动时，绝对引用单元格将不随着公式位置变化而改变。

混合引用：在行列的引用中，一个用相对引用，另一个用绝对引用，如 $ E10 或C $ 7。公式中的相对引用部分随公式引用复制而变化，绝对引用部分不随公式复制而变化。

5.3.2　公式

公式是由用户自行设计并结合常量数据、单元格地址、运算符、范围区域引用和函数等元素进行数据处理和计算的算式。用户使用公式是为了有目的地计算结果，因此

Excel 公式必须且只能返回值，例如“=(A2+25) / MAX (B5:D5) ”。输入公式必须以符号“=”开始，然后是公式的表达式。

Excel 包含 4 种类型的运算符，分别是算术运算符、比较运算符、文本运算符和引用运算符。算术运算符用于连接数字并产生计算结果，计算顺序为先乘除后加减；比较运算符用于比较两个数值并产生一个逻辑值 TRUE 或 FALSE；文本运算符“&”将多个文本连接成组合文本，例如，“计算机 & 学院”的运算结果为“计算机学院”；引用运算符包括冒号、逗号、空格，用于将单元格区域合并运算。其中，“:”为区域运算符，如 B5:D5 表示 B5 到 D5 之间所有单元格的引用；“,”为联合运算符，如 SUM(A5,B3:C4) 代表 A5 以及 B3 到 C4 之间的所有单元格求和；空格为交叉运算符，产生对同时隶属于两个引用单元格区域的交集的引用。

如果在某个区域使用相同的计算方法，用户不必逐个编辑公式，这是因为公式具有可复制性。若希望在连续的区域中使用相同算法的公式，可以通过“双击”或“拖动”单元格右下角的填充柄进行公式的复制。若公式所在单元格区域并不连续，还可以借助“复制”和“粘贴”功能来实现公式的复制。

Excel 2016 在“开始”选项卡的“编辑”命令组中提供了“自动求和”命令按钮。若对某一行或者一列中的数据区域自动求和，则只需选择此行或此列的数据区域，单击“自动求和”按钮，求和的数据将存入到此行数据区域右侧的第一个单元格中，或是此行区域下方的第一个单元格中。单击“自动求和”按钮右侧的下三角按钮，可选择平均值、计数、最大值、最小值和其他函数等常用公式，如图 5-9 所示。

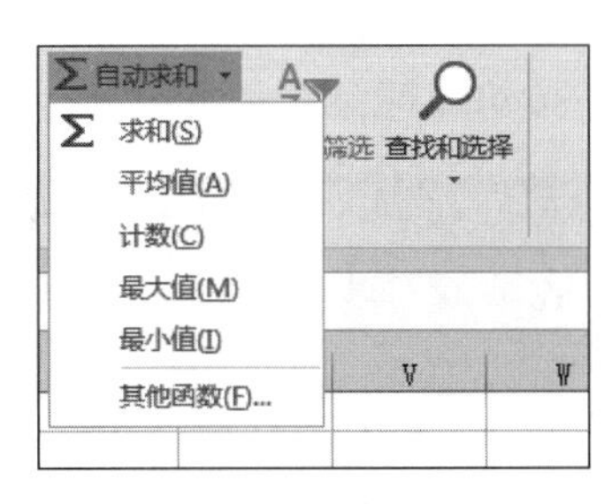

图 5-9 “自动求和”按钮

5.3.3 函数

Excel 中的函数是由 Excel 内部预先定义并按照特定的顺序、结构来执行计算、分析等数据处理任务的功能模块。因此，Excel 函数也常被人们称为“特殊公式”。使用函数可以加快数据的录入和计算速度。Excel 2016 除了自身带有内置函数外，还允许用户自定义函数。

Excel 函数通常是由函数名称、左括号、参数、半角逗号和右括号构成。函数的参数是函数进行计算所必需的初始值。用户把参数传递给函数，函数按照特定的指令对参数进行计算，把计算结果返回给用户，如 AVERAGE (B2:B9)即表示求 B2 到 B9 所有单元格中数据的平均数。

如果需要在某个单元格中输入一个函数,需要以等号"="开始,接着输入函数名和该函数所带的参数,一般格式为函数名(参数1,参数2,……);或者利用编辑栏中的"插入函数"按钮实现函数的插入,如图5-10所示。

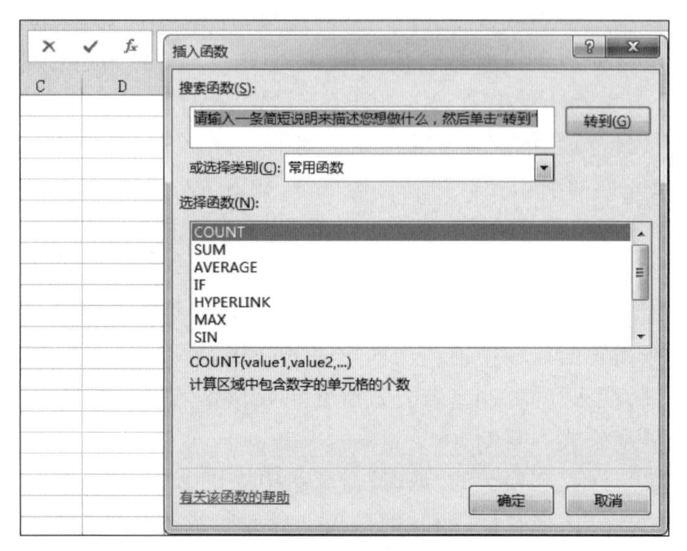

图5-10 "插入函数"对话框

在Excel 2016"公式"选项卡的"函数库"组中,将函数分成了不同的类型,如图5-11所示。当进行函数输入的时候,也可以直接从这里选择。在打开的"函数参数"对话框中,输入或选择参数后,单击"确定"按钮即可完成函数运算。

图5-11 Excel函数库

Excel中常用的函数如下。

(1) 求和函数SUM。对所划定的单元格或区域进行求和,参数可以是常数、单元格引用或区域引用。

(2) 最大值函数MAX。求出指定区域中最大的数。

(3) 最小值函数MIN。求出指定区域中最小的数。

(4) 求平均值函数AVERAGE。计算出指定区域中的所有数据的平均值。

(5) 计数函数COUNT。求出指定区域中包含的数据个数。

(6) 条件函数IF。一般格式为IF(条件表达式,值1,值2),根据条件表达式的满足条件取值。当条件表达式的值为真时取"值1",否则取"值2"作为函数值。

(7) 排序函数RANK。求指定值或数据在一个特定区域范围内的排名。

(8) 随机数据函数RAND。用来生成0~1平均分布的小数随机数。

(9) 条件计数函数 COUNTIF。语法结构为 COUNTIF(条件范围,条件表达式),对指定区域中符合指定条件的单元格计数的一个函数,用来计算符合某个条件的个数。

(10) 条件求和函数 SUMIF。语法结构为 SUMIF(条件范围,条件表达式,求和范围),可以对报表范围中符合指定条件的值求和,该函数根据指定条件对若干单元格、区域或引用求和。

5.3.4 函数使用实例

1) IF 函数实例

统计学生分数,如果分数超过 60 分,则输出“通过考试”,如果分数低于 60 分,则输出“不通过”。具体的操作步骤如下:首先选中单元格 C2,单击编辑栏中的“插入函数”按钮,打开“插入函数”对话框,选中 IF 函数,如图 5-12 所示。接着单击“确定”按钮,输入函数参数,如图 5-13 所示。最后的显示结果如图 5-14 所示。

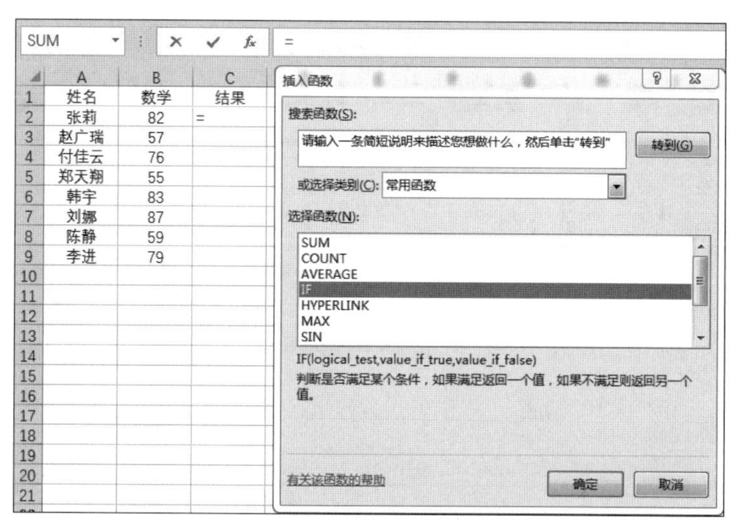

图 5-12 插入 IF 函数

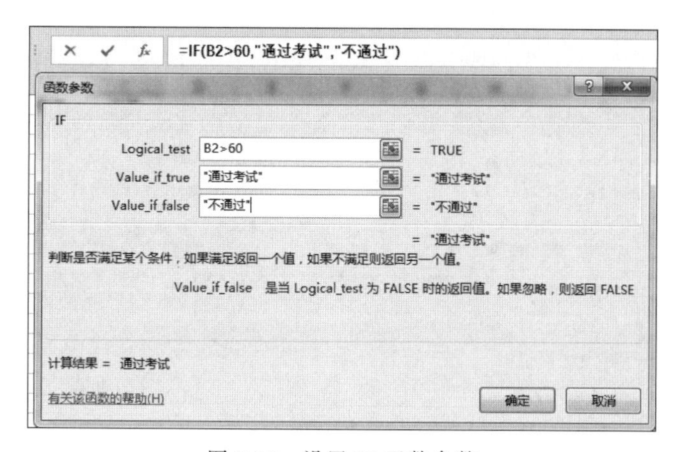

图 5-13 设置 IF 函数参数

	A	B	C
1	姓名	数学	结果
2	张莉	82	通过考试
3	赵广瑞	57	不通过
4	付佳云	76	通过考试
5	郑天翔	55	不通过
6	韩宇	83	通过考试
7	刘娜	87	通过考试
8	陈静	59	不通过
9	李进	79	通过考试

图 5-14　IF 实例显示结果

2）SUMIF 函数实例

一个班级中有男生也有女生，要求计算该班级中男生的总成绩。具体的操作步骤如下：首先选中单元格 D2，单击编辑栏中的“插入函数”按钮，在打开的对话框中选择 SUMIF 函数，如图 5-15 所示。然后单击“确定”按钮，输入函数参数，如图 5-16 所示。最后的显示结果如图 5-17 所示。

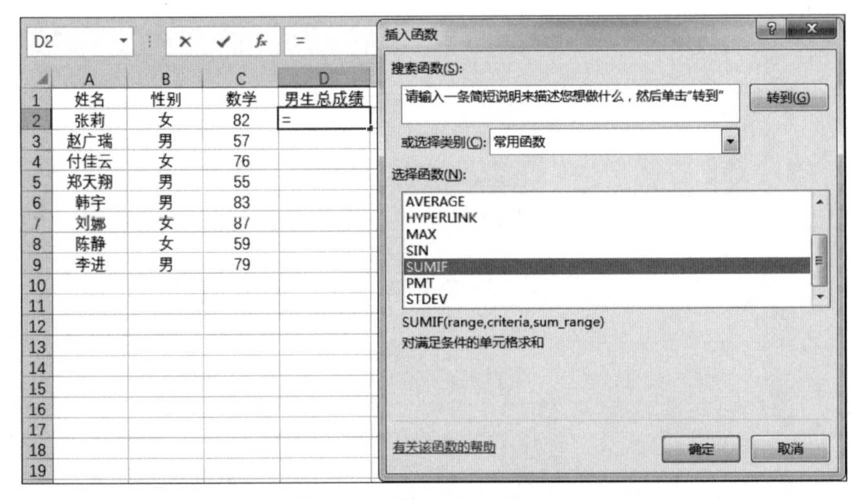

图 5-15　插入 SUMIF 函数

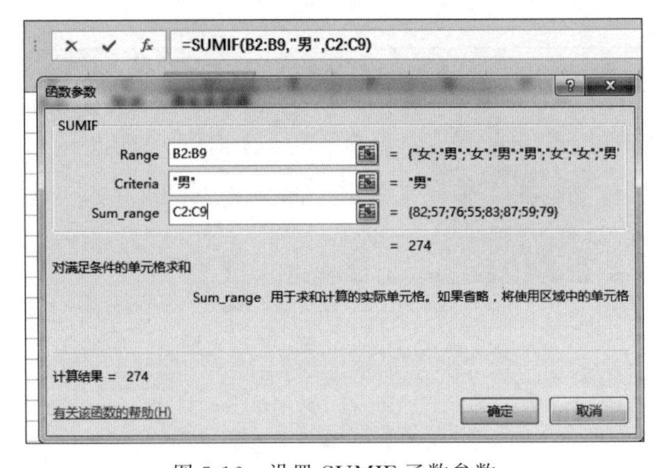

图 5-16　设置 SUMIF 函数参数

	A	B	C	D
1	姓名	性别	数学	男生总成绩
2	张莉	女	82	274
3	赵广瑞	男	57	
4	付佳云	女	76	
5	郑天翔	男	55	
6	韩宇	男	83	
7	刘娜	女	87	
8	陈静	女	59	
9	李进	男	79	

图 5-17　SUMIF 实例显示结果

5.4　数据图表化

Excel 图表是对 Excel 工作表统计分析结果的进一步形象化说明。建立图表的目的是希望借助阅读图表分析数据，直观地展示数据间的对比关系、趋势，增强 Excel 工作表信息的直观阅读力度，加强对工作表统计分析结果的理解和掌握。图表包含图表标题、数据系列、数据轴、分类轴、图例、网格线、刻度线等元素。在图表区中，用鼠标选定图表的标题、数据系列等元素，可以对图表进行编辑。

5.4.1　图表的生成和类型

在“插入”选项卡的“图表”功能区中，可以根据需要选择不同的图表类型，如图 5-18 所示。Excel 2016 提供了丰富的图表功能，可以方便地绘制不同的图表。通过数据生成图表时，需要根据具体情况选用不同的图表。下面介绍一些常见的图表类型。

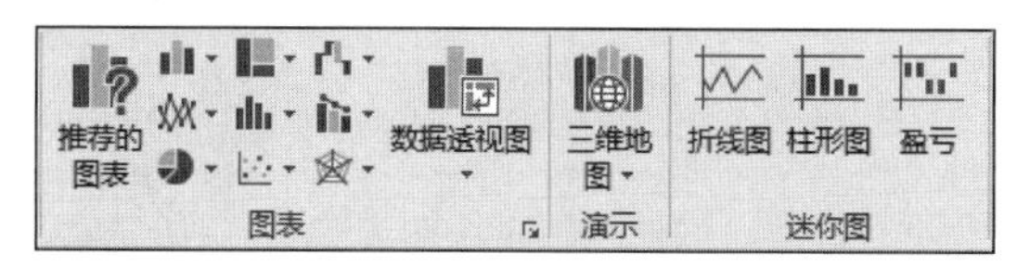

图 5-18　图表功能区

(1) 柱形图(或条形图)。用来比较一段时间内两个或多个项目的相对数量。例如，不同产品季度或年销售量对比、在几个项目中不同部门的经费分配情况。该类型有簇状柱形图、堆积柱形图、百分比堆积柱形图和三维柱形图等。

(2) 折线图。用于表现事物数量发展变化。例如，数据在一段时间内是呈增长趋势还是下降趋势，通过折线图可以对将来的数据进行预测。例如，商场主管要了解商场每月销售额的变化趋势。该类型中有堆积折线图、百分比堆积折线图、带数据标记的折线图、三维折线图等。

(3) 饼图。用于显示构成数据系列的项目相对于项目总和的比例大小。整个饼代表数据的总和，每项数据用一个扇形代表。例如，如果要分析各大手机品牌在市场上的占有率，此时应该选用饼图，表明部分与整体之间的关系。该类型中有三维饼图、复合饼图、复合条饼图、圆环图等。

（4）面积图。显示一段时间内变动的幅值。面积图可以观察各部分的变动，同时也可以看到总体的变化。该类型中有堆积面积图、百分比堆积面积图、三维面积图等。

（5）散点图。既可显示多个数据系列的数值间关系，也可将两组数字绘制成一系列的 XY 坐标。散点图的重要作用是可以用来绘制函数曲线，所以在教学、科学计算中会经常用到。该类型中有带平滑线和数据标记的散点图、带平滑线的散点图、带直线和数据标记的散点图、气泡图等。

（6）股价图。股价图多用于金融、商贸等行业，用来描述商品价格、货币兑换率和温度、压力测量等。在该类型中有盘高-盘低-收盘图、开盘-盘高-盘低-收盘图、成交量-盘高-盘低-收盘图等。

（7）曲面图。用于在两组数据间查找最优组合。曲面图中的颜色和图案用来指示同一取值范围内的区域。该类型中有三维曲面图、三维曲面图（框架图）、曲面图（俯视框架图）。

（8）雷达图。显示数据如何按照中心点或其他数据变动。每个类别的坐标值从中心点辐射。来源于同一序列的数据用线条相连。雷达图可以比较大量数据系列的合计值。该类型中有带数据标记的雷达图、填充雷达图。

创建图表的操作步骤非常简单：在工作表中选择包含数据的区域（如图 5-19 所示），在“插入”选项卡的“图表”功能区，单击某个图表图标，选择图表类型，单击这些图表后，能显示出包含子类型的下拉列表，如图 5-20 所示。也可以单击图表功能群组右下角的小箭头（对话框启动按钮），弹出如图 5-21 所示的对话框进行选择，当选择柱形图中的三维簇状柱形图时，单击“确定”按钮可得如图 5-22 所示的图表。

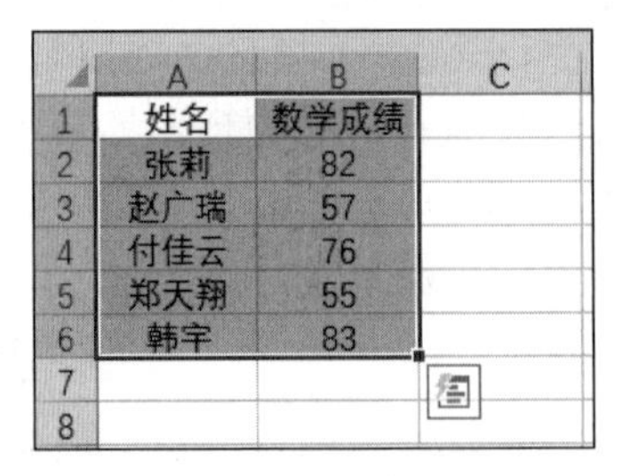

	A	B	C
1	姓名	数学成绩	
2	张莉	82	
3	赵广瑞	57	
4	付佳云	76	
5	郑天翔	55	
6	韩宇	83	
7			
8			

图 5-19　图表源数据

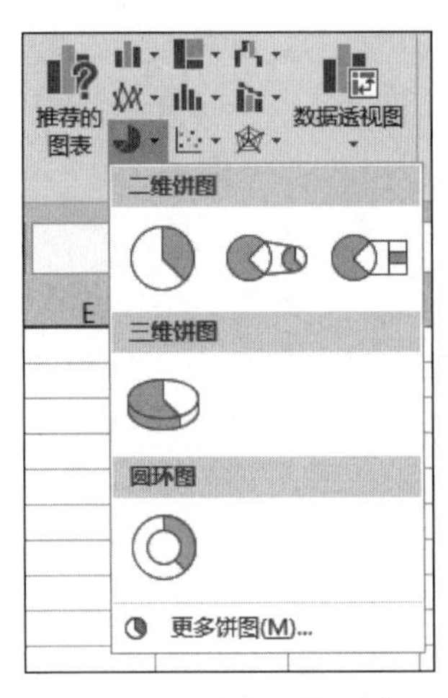

图 5-20　图表下拉列表

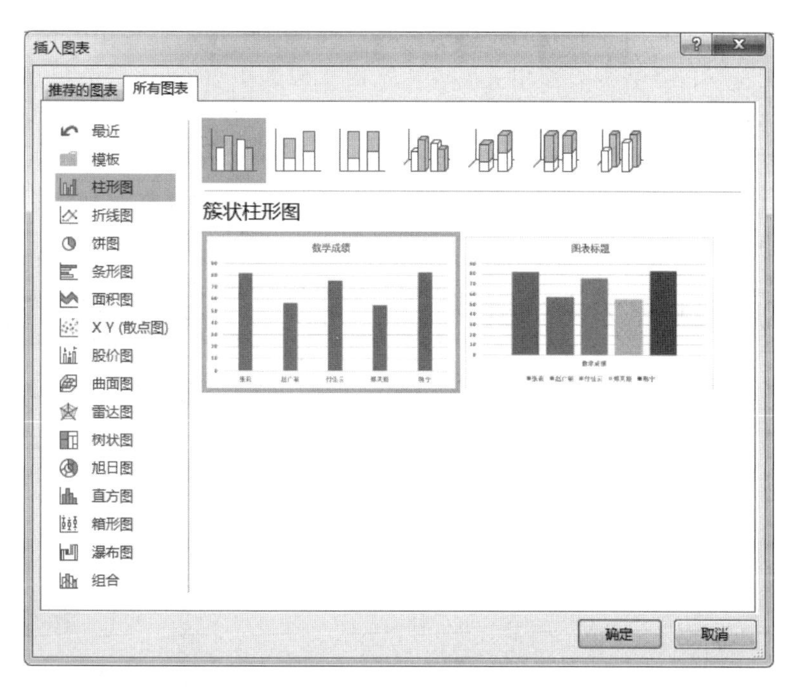

图 5-21 “插入图表”对话框

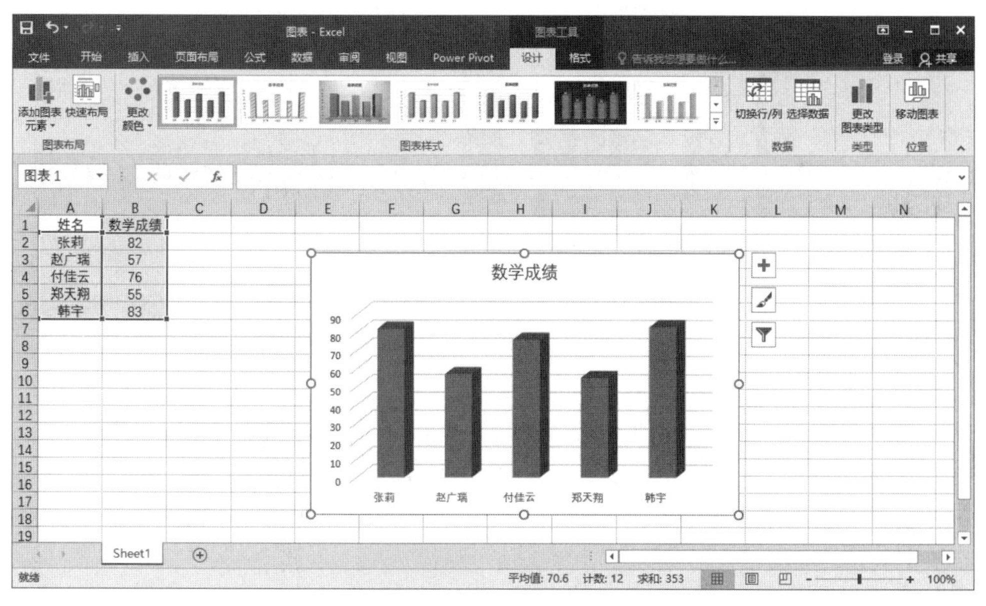

图 5-22 插入柱形图示例

5.4.2 图表的编辑和修改

在 Excel 2016 中，编辑图表的操作非常直观。选中创建的图表后，功能区会自动出现一个“图表工具”选项卡，如图 5-23 所示。在此选项卡中可以设置图表标题、坐标轴标题、图例、数据标签以及数据表等相关属性。选中生成的图表，其四周会出现 8 个图表区选定柄，按住鼠标拖动可调整图表大小及位置。在“设计”选项卡中选择“更改图表类型”命令可以重新选定图表类型。双击图表中的任何元素，可以在工作表右侧打开一个“设置数据系列格式”的列表，如图 5-24 所示。操作人员可以根据需要在此列表中调整图表的边框、填充效果、字体格式等。

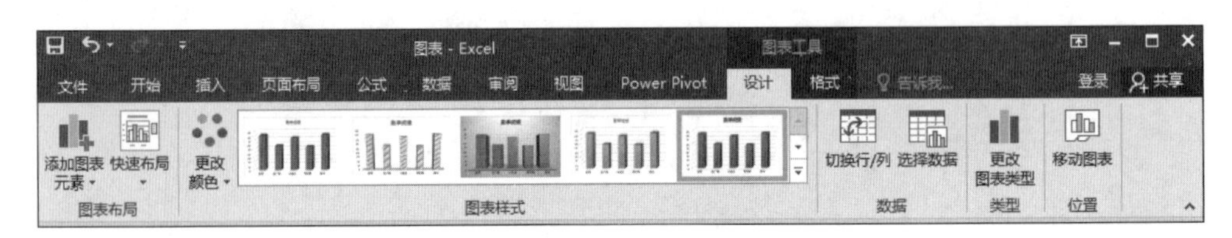

图 5-23 “图表工具”选项卡

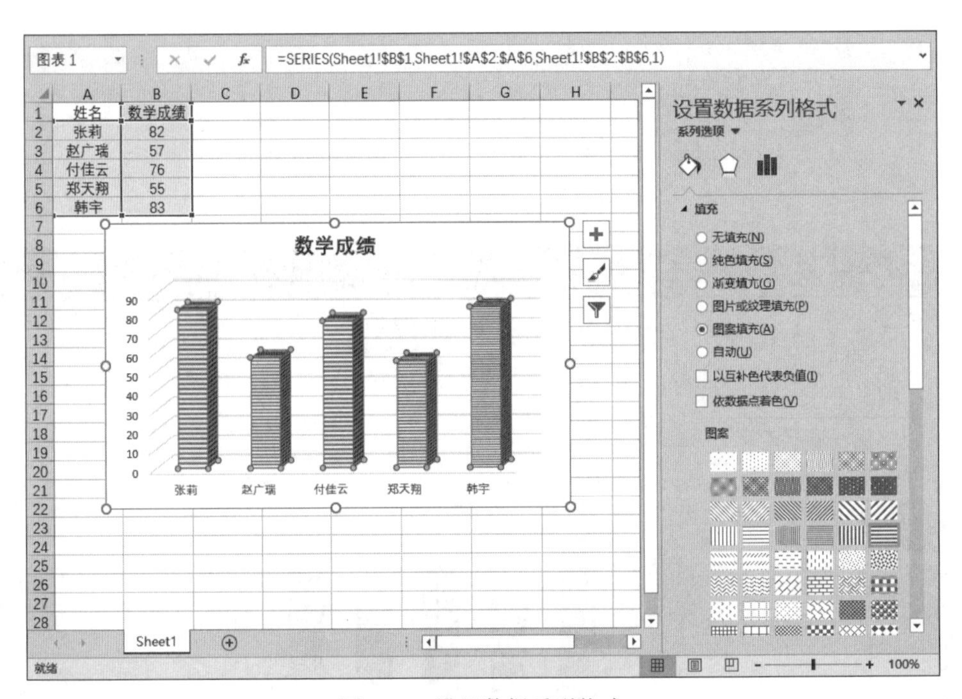

图 5-24 设置数据系列格式

5.5 数据管理

Excel 2016 具有较强的数据管理能力，可以对电子表格中的数据进行排序、筛选、分类汇总及创建数据透视图等。在实际工作中，常常面临着大量的数据且需要及时、准确地进行处理，这时可借助于数据清单技术来处理。Excel 数据存放在数据清单中进行管理和分析。

5.5.1 数据导入

在 Excel 2016 中获取数据的方式有很多种，除了直接输入方式外，还可以通过导入方式获取外部数据。Excel 2016 的“数据”选项卡中提供了获取外部数据的几种方法，包括自 Access、自网站、自文本、自其他来源和现有连接，如图 5-25 所示。无论是在电子表格中建立的数据库还是导入的外部数据库，都是按行和列组织起来的信息集合，每行称为一个记录，每列称为一个字段，可以利用 Excel 提供的数据库工具对这些数据库的记录进行查询、筛选、排序、汇总等工作。

图 5-25 获取外部数据

5.5.2 数据排序

对于工作表中的数据，不同的用户因其关注的方面不同，可能需要对这些数据进行不同的排列，这时可以使用 Excel 的数据排序功能对数据进行分析，用户只要分别指定关键字及升降序，就可以完成排序的工作。

单击数据区的任意单元格，在“数据”选项卡“排序和筛选”组（见图 5-26）中，单击“排序”命令，出现如图 5-27 所示的对话框。

图 5-26 “排序和筛选”功能组

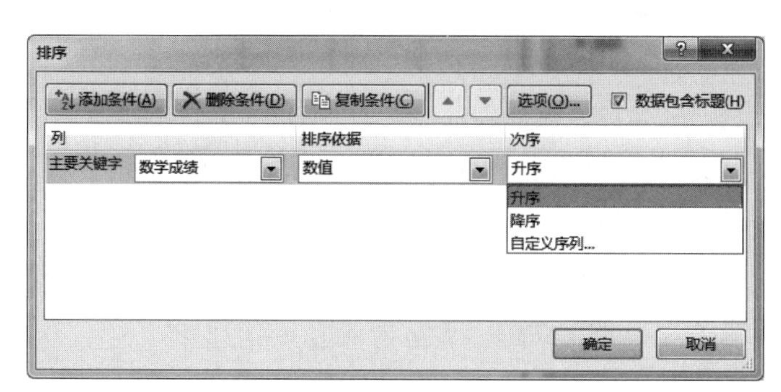

图 5-27 “排序”对话框

在该对话框中的“主要关键字”下拉列表中选定排序依据的列名，排序依据可以是数值、单元格颜色、字体颜色和单元格图标，排序次序可以为升序、降序和自定义序列。单击排序对话框中的“选项”按钮可以设置排序的方向和方法，方向分为按列排序和按行排序，方法分为字母排序和笔画排序。

5.5.3 数据筛选

对数据进行筛选，就是查询满足特定条件的记录。它是一种用于查找数据清单中的数据的快速方法。使用“筛选”可以在数据清单中显示满足条件的数据行，而隐藏不符合条件的数据。Excel 提供了两种筛选数据的命令，即自动筛选和高级筛选。

1. 自动筛选

自动筛选适用于一个字段的筛选或多字段“与”关系的筛选。下面以图 5-28 的数据内容为例讲解自动筛选，要求将案例中的科别为理科，数学成绩>80、英语成绩>70 的学生筛选出来。具体操作如下。

步骤 1：单击数据列表中的任何一个单元格，然后单击“数据”选项卡中“排序和筛选”功能组中的“筛选”命令按钮，当前数据列表中的每个列标题旁边均出现一个向下的筛选箭头，如图 5-29 所示。

	A	B	C	D
1	姓名	科别	数学	英语
2	韩宇	理科	83	68
3	张莉	理科	82	83
4	刘娜	理科	87	75
5	李进	理科	79	82
6	付佳云	文科	76	87
7	赵广瑞	文科	57	93
8	郑天翔	文科	55	85
9	陈静	文科	59	90

图 5-28　案例数据

	A	B	C	D
1	姓名	科别	数学	英语
2	韩宇	理科	83	68
3	张莉	理科	82	83
4	刘娜	理科	87	75
5	李进	理科	79	82
6	付佳云	文科	76	87
7	赵广瑞	文科	57	93
8	郑天翔	文科	55	85
9	陈静	文科	59	90

图 5-29　自动筛选

步骤 2：单击“科别”字段右侧的筛选箭头，在弹出的筛选下拉菜单中选择“理科”选项，并取消“文科”选项的选择，如图 5-30 所示。然后单击“确定”按钮，科别为“理科”的筛选结果如图 5-31 所示。

步骤 3：单击“数学”字段右侧的筛选箭头，在弹出的筛选下拉菜单中选择“数字筛选”命令，然后再选择“自定义筛选”命令，如图 5-32 所示。打开“自定义自动筛选方式”对话框，在对话框中设置数学成绩>80 的条件，如图 5-33 所示，单击“确定”按钮。接着，按照同样的自定义筛选方法，筛选出英语成绩>70 的学生。完成上述操作后，科别为理科，数学成绩>80、英语成绩>70 的学生的筛选结果如图 5-34 所示。

图 5-30　筛选“科别”

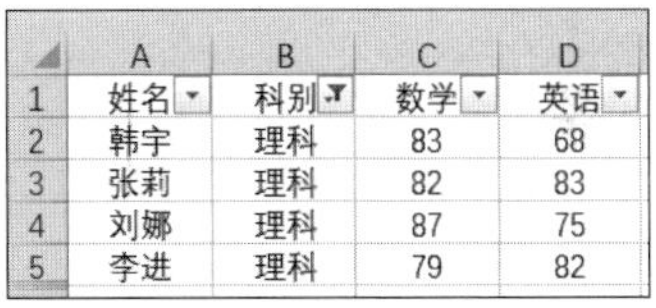

	A	B	C	D
1	姓名	科别	数学	英语
2	韩宇	理科	83	68
3	张莉	理科	82	83
4	刘娜	理科	87	75
5	李进	理科	79	82

图 5-31　“科别”筛选结果

图 5-32　筛选“数学”成绩

图 5-33　自定义自动筛选方式

	A	B	C	D
1	姓名	科别	数学	英语
3	张莉	理科	82	83
4	刘娜	理科	87	75

图 5-34　自动筛选结果

2. 高级筛选

使用自动筛选,可以筛选出符合特定条件的数据。但有时所设的条件较多,用自动筛选就显得比较麻烦。这时,高级筛选就可以帮助我们更加方便快捷地筛选数据。

高级筛选的工作方式在某些方面与自动筛选有所不同,高级筛选要求在一个工作表中数据不同的地方指定一个区域来存放筛选的条件,该区域称为"条件区域"。仍然以本案例中科别为理科,数学成绩>80、英语成绩>70 的数据筛选为例,通过高级筛选的方法进行筛选。具体的操作步骤如下。

首先在工作表中建立一个条件区域,按照数据筛选条件分别将列标志和条件输入到条件区域中,如图 5-35 选中的区域所示。注意,同一行的条件为"与"条件,不是同一行的条件为"或"条件。单击"排序和筛选"功能组中的"高级"命令按钮,弹出如图 5-36 所示的"高级筛选"对话框。如果想保留原始的数据列表,需将符合条件的记录复制到其他位置,应在"高级筛选"对话框中"方式"选项中选择"将筛选结果复制到其他位置"单选按钮,并在"复制到"框中输入将复制的位置区域。将"列表区域"和"条件区域"分别选定,再单击"确定"按钮,就会在原数据区域显示出现符合条件的记录,显示结果如图 5-37 所示。

	A	B	C	D	E	F	G	H
1	姓名	科别	数学	英语				
2	韩宇	理科	83	68				
3	张莉	理科	82	83		科别	数学	英语
4	刘娜	理科	87	75		理科	>80	>70
5	李进	理科	79	82				
6	付佳云	文科	76	87				
7	赵广瑞	文科	57	93				
8	郑天翔	文科	55	85				
9	陈静	文科	59	90				
10								

图 5-35　建立条件区域

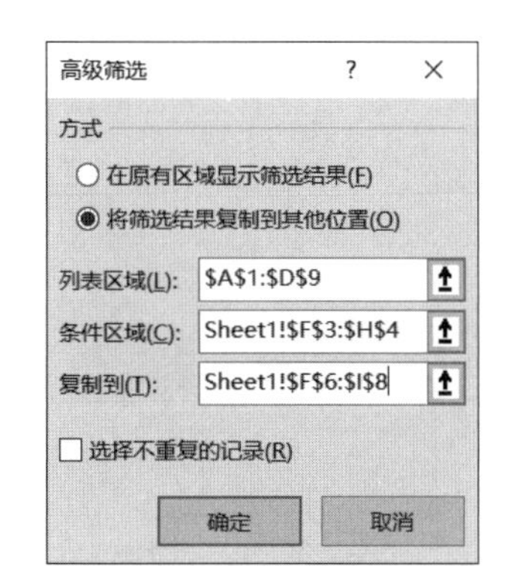

图 5-36　高级筛选

	A	B	C	D	E	F	G	H	I
1	姓名	科别	数学	英语					
2	韩宇	理科	83	68					
3	张莉	理科	82	83		科别	数学	英语	
4	刘娜	理科	87	75		理科	>80	>70	
5	李进	理科	79	82					
6	付佳云	文科	76	87		姓名	科别	数学	英语
7	赵广瑞	文科	57	93		张莉	理科	82	83
8	郑天翔	文科	55	85		刘娜	理科	87	75
9	陈静	文科	59	90					

图 5-37　高级筛选结果

5.5.4　分类汇总

在 Excel 中，数据表格输入完成后，可以依据某个字段将所有的记录分类，把字段值相同的记录作为一类，得到每一类的统计信息。运用分类汇总功能，可以免去一次次输入公式和调用函数对数据进行求和、求平均、乘积等操作，从而提高工作效率。当然，也可以很方便地移除分类汇总的结果，恢复数据表格的原形。分类汇总分为简单汇总和嵌套汇总，分别是指对数据清单中的一个字段仅统一做一种汇总方式和对同一字段进行多种方式的汇总。

要进行分类汇总，首先要确定数据表格最主要的分类字段，并依据分类字段对数据表格进行排序。要求案例按照科别汇总“数学”和“英语”成绩的平均值，案例数据如图 5-28 所示。首先需要按照科别进行排序（如图 5-38 所示），排序后选定数据范围内的任一单元格，单击“数据”选项卡下“分级显示”组中“分类汇总”命令按钮，弹出如图 5-39 所示的“分类汇总”对话框。在对话框中选择“分类字段”为“科别”，“汇总方式”为“平均值”，“选定汇总项”包括“数学”和“英语”，然后单击“确定”按钮，分类汇总显示结果如图 5-40 所示。

图 5-38　科别排序

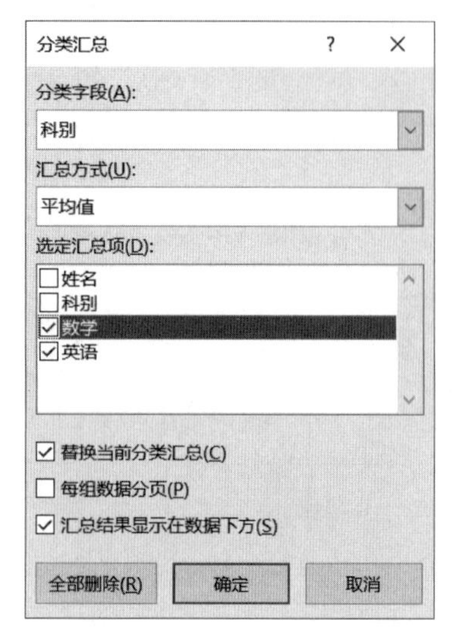

图 5-39 “分类汇总”对话框 1

	A	B	C	D
1	姓名	科别	数学	英语
2	韩宇	理科	83	68
3	张莉	理科	82	83
4	刘娜	理科	87	75
5	李进	理科	79	82
6		**理科 平均值**	82.75	77
7	付佳云	文科	76	87
8	赵广瑞	文科	57	93
9	郑天翔	文科	55	85
10	陈静	文科	59	90
11		**文科 平均值**	61.75	88.75
12		**总计平均值**	72.25	82.875

图 5-40 简单分类汇总结果

上述分类汇总是简单汇总，而嵌套汇总是建立在简单汇总基础上的，它是对工作表中的两列或者两列以上的数据进行的分类汇总。在上例求各科学生的各门课程的平均成绩的基础上再统计各科的人数。再次打开“分类汇总”对话框，在“分类字段”中选择“科别”，汇总项为“姓名”，“汇总方式”选择“计数”。注意，必须取消勾选对话框中的“替换当前分类汇总”复选框，如图 5-41 所示。最后单击“确定”按钮，此时就可以看到嵌套分类汇总的结果，如图 5-42 所示。如果要取消分类汇总，只需在“分类汇总”对话框中单击“全部删除”按钮，工作表就会回到未分类汇总前的状态。

分类汇总 ? ×
分类字段(A): 科别
汇总方式(U): 计数
选定汇总项(D): 姓名 科别 数学 英语
替换当前分类汇总(C)
每组数据分页(P)
汇总结果显示在数据下方(S)
全部删除(R) 确定 取消

图 5-41 “分类汇总”对话框 2

	A	B	C	D
1	姓名	科别	数学	英语
2	韩宇	理科	83	68
3	张莉	理科	82	83
4	刘娜	理科	87	75
5	李进	理科	79	82
6	4	**理科 计数**		
7		**理科 平均值**	82.75	77
8	付佳云	文科	76	87
9	赵广瑞	文科	57	93
10	郑天翔	文科	55	85
11	陈静	文科	59	90
12	4	**文科 计数**		
13		**文科 平均值**	61.75	88.75
14	8	**总计数**		
15		**总计平均值**	72.25	82.875

图 5-42 嵌套分类汇总结果

5.5.5 数据透视图

数据透视图是一种对大量数据快速汇总和建立交叉列表的交互式动态表格，能帮助用户分析、组织数据，如计算平均数、标准差，建立列联表，计算百分比，建立新的数据子集等。它能够对行和列进行转换以查看源数据的不同汇总结果，并显示不同页面以便从不同角度查看数据，还可以根据需要显示区域中的明细数据。建好数据透视图后，可以从大量看似无关的数据中寻找联系，从而将繁杂的数据转换为有价值的信息。

以图 5-28 为数据源，创建数据透视图的具体步骤如下：在“插入”选项卡中的“图表”功能组中，单击“数据透视图”命令，在弹出的下拉列表中选择“数据透视图”命令，如图 5-43 所示。打开如图 5-44 所示的“创建数据透视图”对话框。在“选择一个表或区域”中选择输入源数据所在的区域范围，在“选择放置数据透视图的位置”中选择“新工作表”后，单击“确定”按钮，弹出数据透视图的编辑界面，如图 5-45 所示。在右侧出现的是“数据透视图字段列表”，在该列表中选择要添加到报表的字段，即可完成数据透视图的创建。双击数据透视图中的值字段，可以根据需要选择汇总方式，包括计数、平均值、最大值、最小值等。在“数据透视图工具”的“设计”选项卡中，可以设置数据透视图的布局、样式以及样式选项等，帮助用户设计所需的数据透视图。

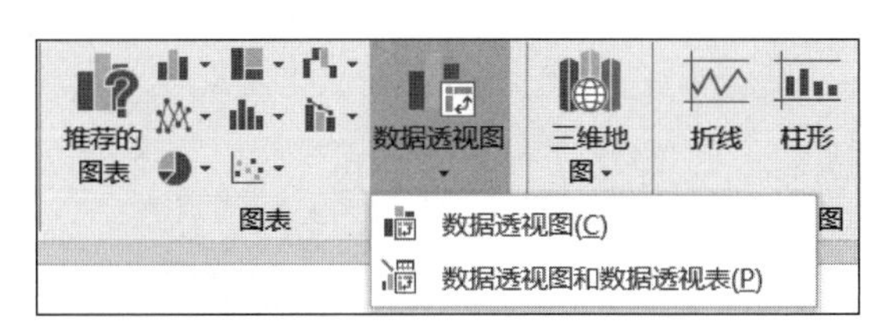

图 5-43 “数据透视图”下拉列表

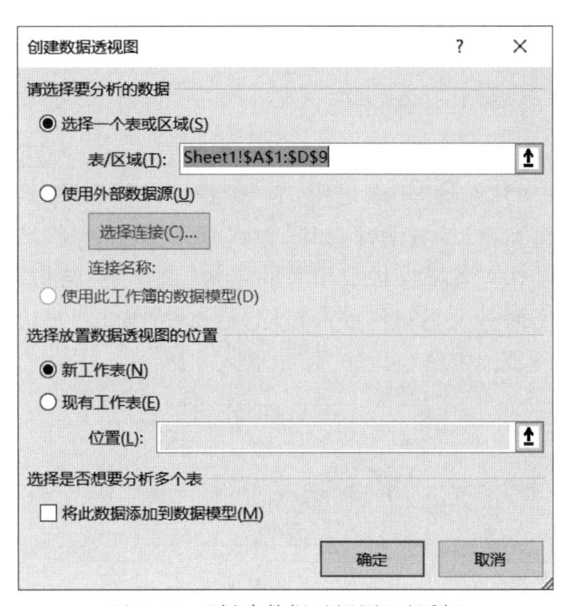

图 5-44 “创建数据透视图”对话框

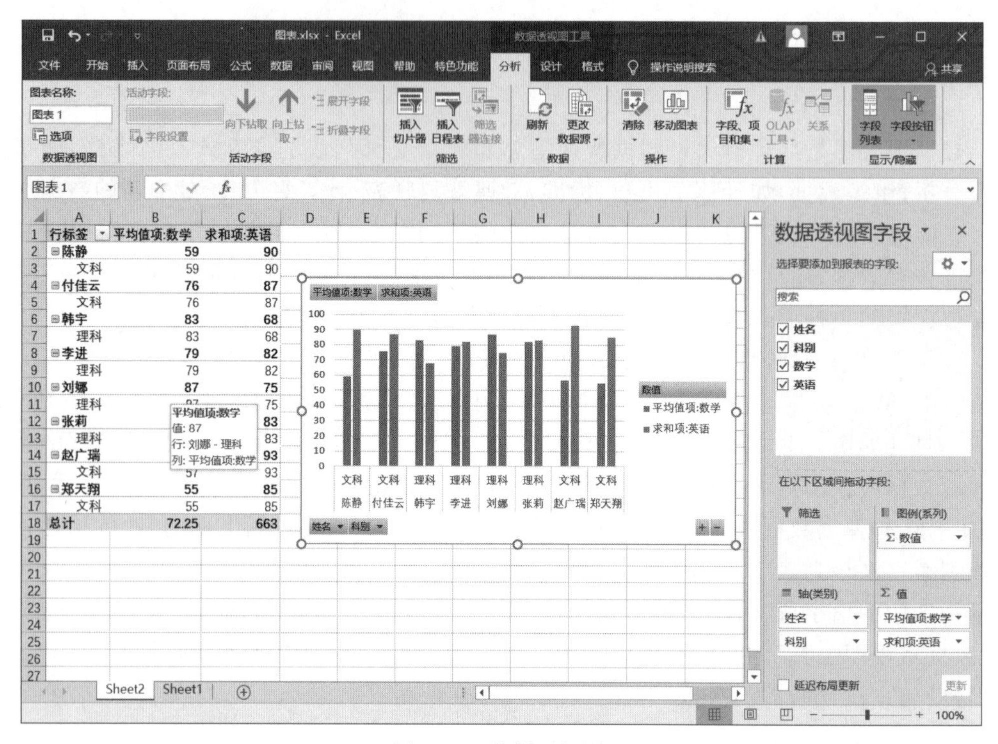

图 5-45　数据透视图

5.5.6　数据保护

Excel 早已成为广大用户管理公司及个人财务、统计数据、绘制各种专业图表的得力助手。除了应用方面，数据的安全保护也是十分重要的。本节主要学习工作簿的保护和工作表的保护方法。

1. 保护工作簿

在“审阅”选项卡中的“保护”功能组中，有“保护工作簿”按钮，如图 5-46 所示。单击该按钮，打开“保护结构和窗口”对话框，如图 5-47 所示。在“保护结构和窗口”对话框下，可以执行一项或多项操作。若要保护工作簿的结构，请选中“结构”复选框。若要使工作簿窗口在每次打开工作簿时大小和位置都相同，请选中“窗口”复选框。若要防止其他用户删除工作簿保护，可以在“密码(可选)”框中输入密码。

图 5-46　“保护”功能组

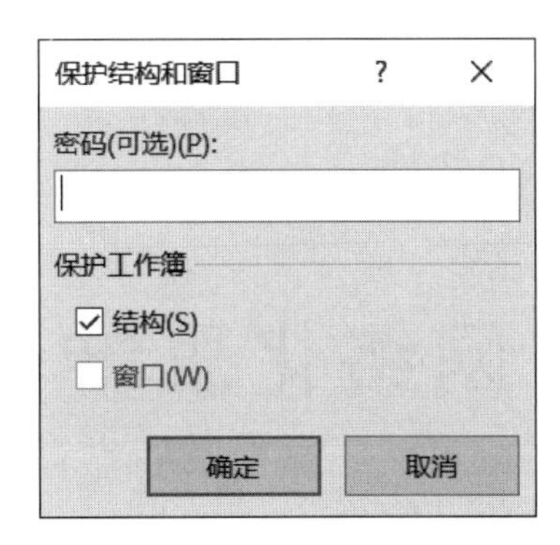

图 5-47 “保护结构和窗口”对话框

2. 保护工作表

鼠标右击工作表如 Sheet2，选择“保护工作表”选项；或者单击“审阅”选项卡中“保护”功能组中的“保护工作表”按钮，弹出对话框如图 5-48 所示，可以在对话框中输入相应的密码和勾选允许对此工作表进行的操作。此外，现有的工作表还具有隐藏功能。鼠标右键单击工作表，在弹出的快捷菜单中选择“隐藏”命令，即可实现工作表的隐藏。如果需要恢复隐藏的工作表，可鼠标右键单击任意工作表，在弹出的快捷菜单中选择“取消隐藏”命令，并且在弹出的对话框中选中需要取消隐藏的工作表，单击“确定”按钮即可，如图 5-49 所示。

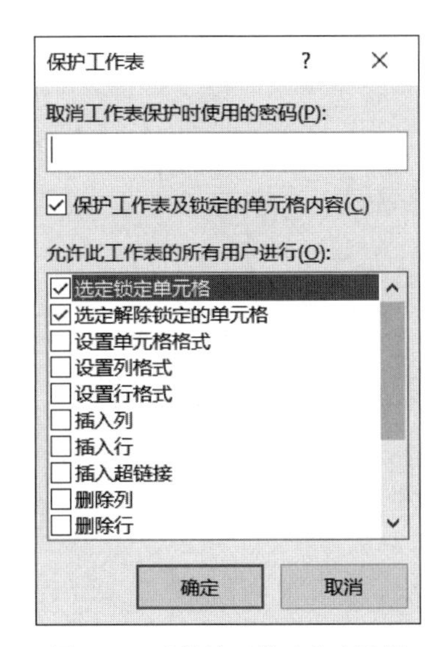

图 5-48 “保护工作表”对话框

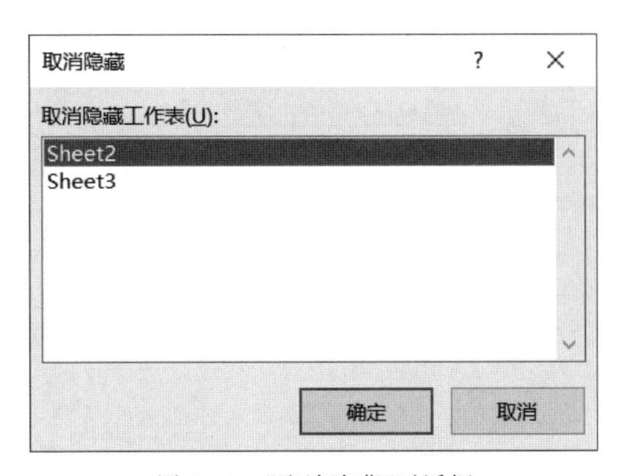

图 5-49 “取消隐藏”对话框

第6章

网络化思维

计算机网络把许多计算机连接在一起，互联网（Internet）则把许多网络联结在一起，是全球性互联网络。

本章学习如何把计算机连接在一起、如何把网络联结在一起、如何把自己的网络接入Internet、如何实现计算机与网络设备间的数据通信、如何实现基于网络的信息交换和资源共享。

6.1 导　　学

本章结构导图如图6-0所示。

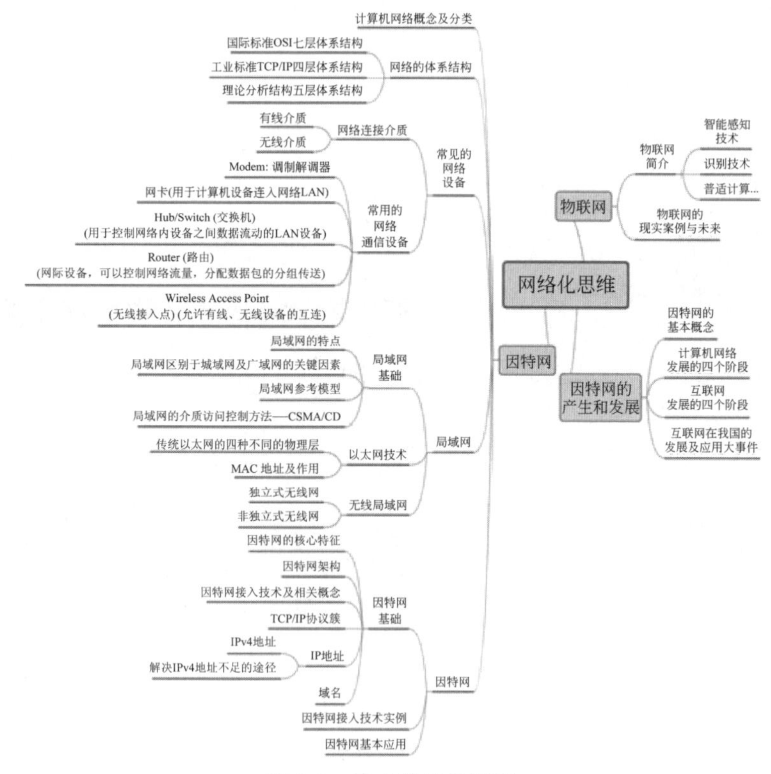

图6-0　第6章结构导图

6.2 互联网的产生和发展

6.2.1 互联网的基本概念

1. 网络

网络是由若干节点和连接这些节点的链路构成的，表示诸多对象及其相互联系。

2. 计算机网络

计算机网络是利用通信设备和线路将地理位置不同的、功能独立的多个计算机系统连接起来，在功能完善的网络软件和协议管理下，实现网络的硬件、软件及资源共享和信息传递的系统。

计算机世界里的节点可以是工作站、个人计算机，还可以是服务器、打印机和其他网络连接的设备。

1）工作站

工作站是一种高端的通用微型计算机。它是为单用户使用并提供比个人计算机更强大的性能，尤其是图形处理能力、任务并行方面的能力。工作站通常配有高分辨率的大屏、多屏显示器及容量很大的内存储器和外部存储器，并且具有极强的信息和高性能的图形、图像处理功能。

2）服务器

服务器是计算机的一种，它比普通计算机运行更快、负载更高、价格更贵。服务器在网络中为其他客户机（如 PC、智能手机、ATM 等终端等）提供计算或者应用服务。

3）网络连接设备

网络连接设备是把网络中的通信线路连接起来的各种设备的总称，这些设备包括中继器、集线器、交换机和路由器等。

4）链路

链路就是从一个节点到相邻节点的一段物理线路，而中间没有任何其他的交换节点。

3. 互联网

互联网是网络的网络，把许多网络联结在一起，如图 6-1 所示。

4. 因特网

因特网专指一个把计算机网、数据通信网以及公用电话交换网等网络互联起来的跨越国界、全球性的互联网络。但它本身不是一种具体的物理网络技术。

人与人之间交谈需要使用同一种语言，如果语言不同则需要翻译，否则两人之间无法沟通。计算机之间的通信过程和人与人之间的交谈过程非常相似，需要通信的计算机双

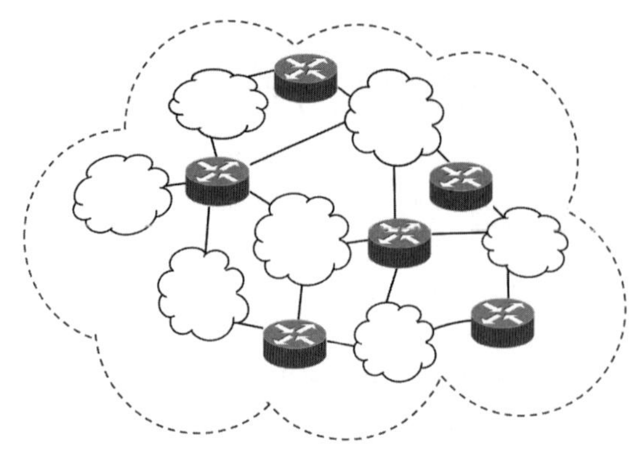

图 6-1　互联网(Internet)

方必须共同遵守一组约定,即网络协议,如怎样建立连接、怎样互相识别等。只有遵守这个约定,计算机之间才能相互通信交流。

因特网的特点是开放性、采用 TCP/IP(TCP 即传输控制协议;IP 即 Internet 协议),每个成员通过各种通信线路把自己内部的网络连接到 Internet 上,并自愿承担对网络的管理和费用,所有的用户都可以通过各种工具访问所有的信息资源。

1990 年 12 月 25 日,英国计算机科学家 Tim Berners-Lee 和罗伯特·卡里奥一起成功通过 Internet 实现了 HTTP 代理与服务器的第一次通信。

2017 年,Tim Berners-Lee 因"发明万维网、第一个浏览器和使万维网得以扩展的基本协议和算法"而获得 2016 年度的图灵奖。

因特网已经成为世界上规模最大和增长速度最快的计算机网络。

6.2.2　计算机网络发展的四个阶段

1. 面向终端的计算机网络(第一阶段)

20 世纪 50 年代初,由于美国军方的需要,美国半自动地面防空系统的研究开始了计算机技术与通信技术相结合的尝试,如图 6-2 所示。这个阶段计算机的网络其实都是由计算机的主机连接了若干的终端,以主机为中心。

1) 网络终端

网络终端(Network Terminal)是一种专用于网络计算环境下的终端设备。与 PC 相比没有硬盘、光驱等存储设备。

2) 主机

提供信息让别人访问的机器称为主机,连接在因特网上的计算机都称为主机(Host)。

3) 前端处理器

在通信网络中,前端处理器一般位于主机之前,主要承担通信任务,以减轻主机的负担。由通信线路进入前端处理器的数据可能有错误,或数据代码格式不匹配等通信问题,

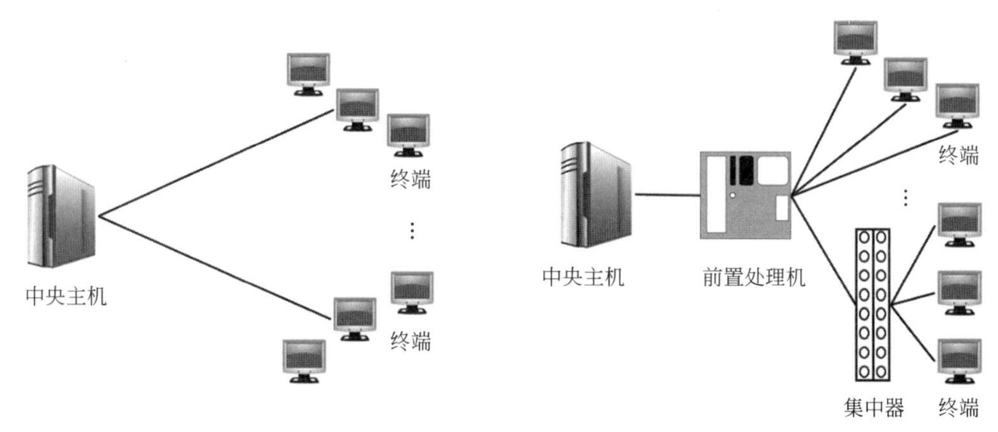

图 6-2　面向终端的计算机网络

那么在数据传送给主机之前，必须由前端处理器来解决，而主机仅做数据处理。

4）集中器

由于多路复用器允许加接的终端数目有限，而且在多数情况下，终端传输的数据量相对较低，因此，在复用线路上很难呈现出连续的数据流。这种复用体制往往不能完全满足大型数据通信系统的要求，为此引出了集中器。集中器是一种将 m 条输入线汇总为 n 条输出线的传输控制设备，其中，$m \geqslant n$。

2. 计算机-计算机网络（第二阶段）

20 世纪 60 年代，随着对多台计算机互联的需求增长，网络用户希望通过网络实现计算机资源的共享。网络就从单台计算机为所有用户服务的模式发展到了计算机之间相互通信、由分散在异地而又互联的多台计算机共同完成的模式。

1969 年 11 月，美国国防部高级研究计划管理局（Advanced Research Projects Agency，ARPA）开始建立一个命名为 ARPANet 的网络，当时只有 4 个节点，即分布在洛杉矶的加利福尼亚大学洛杉矶分校、加州大学圣巴巴拉分校、斯坦福大学、犹他大学 4 所大学的 4 台大型计算机。最初 ARPANet 主要是用于军事研究，其指导思想是网络必须经受得住故障的考验而维持正常的工作，一旦发生战争，当网络的某一部分因遭受攻击而失去工作能力时，网络的其他部分应能维持正常的通信工作。ARPANet 是早期的分组交换网络，ARPANet 的成功使计算机网络的概念发生了根本变化。

在计算机网络技术方面，20 世纪 60 年代后期，电话系统中装配了调制解调器，用于连接远程终端，这是计算机网络的雏形。

3. 开放式标准化网络（第三阶段）

20 世纪 70 年代，国际标准化组织（ISO）成立专门委员会研究网络体系结构与网络协议国际标准化问题；ISO 正式制定了开放系统互联参考模型（OSI），制定了一系列的协议标准。网络互联技术研究的深入促进了 TCP/IP（传输控制协议/因特网互联协议）的出现与发展。TCP/IP 的成功促进了 Internet 的发展，Internet 的发展又进一步扩大了

TCP/IP 的影响。到 1983 年，要求所有愿意联入 ARPANet 的计算机必须使用 TCP/IP。经过多年的发展，ARPANet 已从军用转为民用，发展成为现在广为人知的因特网。

4. 网络计算新时代(第四阶段)

20 世纪 90 年代，高速局域网技术发展迅速，Fast Ethernet、Gigabit Ethernet、10Gb/s 的 Ethernet 已开始进入实用阶段；基于光纤与 IP 技术的宽带城域网与宽带接入网技术已成为研究、应用与产业发展的热点问题之一；无线网络技术的研究与发展蓬勃展开；Internet 的广泛应用促进了电子商务、电子政务、远程教育、远程医疗、分布式计算与多媒体网络应用的发展；基于 Web 技术的 Internet 应用得到高速发展，如搜索引擎应用、P2P 应用、播客应用、博客 blog 应用、即时通信应用、网络电视应用等。

6.2.3 互联网发展的四个阶段

1. 互联网发展的第一阶段(军用——ARPANet)

1969 年，ARPANet 最初只是一个单个的分组交换网。到了 1975 年，ARPANet 已经连入了一百多台主机，并结束了网络实验阶段，移交美国国防部国防通信局正式运行。在总结第一阶段建网实践经验的基础上，研究人员开始了第二代网络协议的设计工作。这个阶段的重点是网络互联问题，网络互联技术研究的深入促进了 TCP/IP(传输控制协议/因特网互联协议)的出现与发展。到 1979 年，越来越多的研究人员投入到了 TCP/IP 的研究与开发之中。在 1980 年前后，ARPANet 所有的主机都转向 TCP/IP。1983 年 1 月，ARPANet 向 TCP/IP 的转换全部结束。1983 年，TCP/IP 成为标准协议。同时，美国国防部国防通信局将 ARPANet 分为两个独立的部分，一部分仍叫 ARPANet，用于进一步地进行实验研究；另一部分稍大一些，成为著名的军用计算机网络 MILNet，用于军方的非机密通信。

作为 Internet 的早期骨干网，ARPANet 的实验奠定了 Internet 存在和发展的基础，较好地解决了异种机网络互联的一系列理论和技术问题。1983—1984 年，形成了 Internet。1990 年，ARPANet 正式宣布关闭。

2. 互联网发展的第二阶段(科研用——NSFNet)

1986 年，美国国家科学基金会(National Science Foundation，NSF)建立了国家科学基金网(NSFNet)。它是一个三级计算机网络，分为主干网、地区网和校园网或企业网。

3. 互联网发展的第三阶段(商用——ANSNet)

1992 年，高级网络服务公司 ANS 成立，建立新的主干网 ANSNet，Internet 商业化开始。Internet 开始引起商业界和新闻媒体的注意。

4. 互联网发展的第四阶段(国际化)

从 1993 年开始，由美国政府资助的 NSFNet 逐渐被若干个商用的 ISP(Internet

Service Provider,互联网服务提供商)网络所代替,1994 年开始创建了 4 个网络接入点(Network Access Point,NAP),分别由 4 个电信公司经营。

因特网的迅猛发展始于 20 世纪 90 年代。由欧洲原子核研究组织 CERN 开发的万维网(World Wide Web,WWW)被广泛使用在因特网上,大大方便了广大非网络从业人员对网络的使用,成为因特网的这种指数级增长的主要驱动力。此阶段全球性互联网络因特网高速发展,已经成为世界上规模最大和增长速率最快的计算机网络。现在的网络包含着众多人们所熟悉的元素:物联网、云计算、5G、Wi-Fi、蓝牙等,这些已经成为人们生活中的一部分。

6.2.4 互联网在我国的发展及应用大事件

1. 互联网在我国的发展

1986 年 8 月 25 日,瑞士日内瓦时间 4 点 11 分 24 秒(北京时间 11 点 11 分 24 秒),中国科学院高能物理研究所的吴为民在北京 710 所的一台 IBM-PC 上,通过卫星连接,远程登录到日内瓦 CERN 一台机器 VXCRNA 王淑琴的账户上,向位于日内瓦的 Steinberger 发出了一封电子邮件。

1994 年 4 月 20 日,我国正式联入因特网。我国陆续建造了多个全国范围的公用计算机网络,其中规模最大的有以下五个。

(1) 中国电信互联网 CHINANET(原来的中国公用计算机互联网)。

(2) 中国联通互联网 UNINET。

(3) 中国移动互联网 CMNET。

(4) 中国教育和科研计算机网 CERNET。

(5) 中国科学技术网 CSTNET。

2020 年是互联网诞生 51 周年,也是中国全功能接入国际互联网 26 周年。2020 年 04 月 28 日,中国互联网络信息中心(CNNIC)发布第 45 次《中国互联网络发展状况统计报告》(以下简称《报告》)。《报告》显示,2019 年,我国已建成全球最大规模光纤和移动通信网络,行政村通光纤和 4G 比例均超过 98%,固定互联网宽带用户接入超过 4.5 亿户。截至 2020 年 3 月,我国网民规模为 9.04 亿人,互联网普及率达 64.5%。截至 2020 年 3 月,我国手机网民规模达 8.97 亿人。庞大的网民构成了中国蓬勃发展的消费市场,也为数字经济发展打下了坚实的用户基础。截至 2020 年 3 月,我国网络购物用户规模达 7.10 亿人,2019 年交易规模达 10.63 万亿元。

2. 中国互联网大事件

1996 年,张朝阳创立了中国第一家互联网公司——爱特信公司,两年后爱特信公司推出"搜狐"产品,并更名为搜狐公司(SOHU)。1999 年,搜狐网站(sohu.com)增加了新闻及内容频道,成为一个综合门户网站。

1997 年,丁磊创立了网易公司,推出了中国第一家中文搜索引擎。网易公司开发的超大容量免费邮箱(163 和 126 等)成为国内最受欢迎的中文邮箱之一。

1998 年,王志东创立了新浪网站(sina.com.cn),该网站现已成为全球最大的综合门户网站之一。新浪微博是全球使用人数最多的微博之一。

1998 年,马化腾、张志东创立了腾讯公司(Tencent)。1999 年,推出了即时通信软件 OICQ(即 QQ)。QQ 功能不断更新,现已成为几乎所有网民都安装的一款网络沟通交流工具。2011 年,腾讯推出了用于智能手机使用的即时通信软件"微信"(WeChat)。微信功能不断更新,已从简单的社交工具演变成一个具有支付功能的全能钱包。

2000 年,李彦宏和徐勇创立了百度网站(Baidu.com),现已成为全球最大的中文搜索引擎。1999 年,马云创建了 B2B(企业对企业)网上贸易平台阿里巴巴网站(Alibaba.com)。

2003 年,马云创立了个人网上贸易平台淘宝网(Taobao.com)。2004 年,阿里巴巴集团创立了第三方支付平台——支付宝(Alipay.com)。2012 年,淘宝商城更名为"天猫"(Tmall),打造 B2C(商业零售)平台,为商家和消费者打造一站式解决方案。2012 年 11 月 11 日,天猫"双 11"活动用时 13 小时售卖 100 亿元,创世界销售纪录。2019 年,天猫"双 11"全天成交额为 2684 亿元人民币,超过 2018 年的 2135 亿元人民币,再次创下新纪录。

6.3 计算机网络概述

6.3.1 计算机网络概念及分类

计算机网络是将地理位置不同、具有功能独立的多台计算机及其外部设备,通过通信线路连接起来,在网络操作系统、网络管理软件及网络通信协议的管理和协调下,实现资源共享和数据通信的计算机系统的集合。计算机网络,简单地说就是连接两台或多台计算机进行通信的系统。计算机网络是计算机技术和通信技术的结合。计算机网络建立的主要目的是实现主机通信和资源的共享,另外,分布式处理和提高系统的稳定性也构成了计算机网络的主要功能。计算机网络通常由三个部分组成,即通信子网、资源子网和通信协议。通信子网是计算机网络中负责数据通信的部分;资源子网是计算机网络中面向用户的部分;通信协议是通信双方必须共同遵守的规则和约定。如图 6-3 所示为计算机网络示意图。

可以根据网络的作用和覆盖范围、拓扑结构、网络所依赖的传输媒介、网络带宽、通信协议等多种依据对网络进行分类。

1. 按照网络的作用范围分类

按照网络的作用范围分为 PAN、LAN、MAN、WAN。

1) PAN

最小的计算机网络是 Personal Area Network(PAN),是在个人工作的地方把属于个人的电子设备(如便携式电脑等)用无线技术连接起来的自组网络,因此也常称为无线个

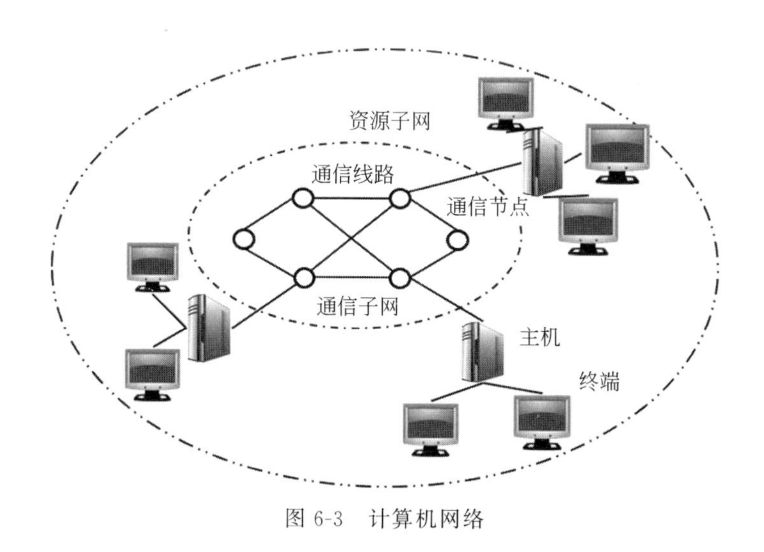

图 6-3　计算机网络

人局域网(Wireless PAN,WPAN)。PAN 的核心思想是,用无线电或红外线代替传统的有线电缆,实现个人信息终端的智能化互联,组建个人化的信息网络。从计算机网络的角度来看,PAN 是一个局域网,其作用范围通常为 10m 左右。

2) LAN

局域网(Local Area Network, LAN)一般指用微型计算机或工作站(工作站是一种高端的通用微型计算机)通过高速通信线路相连(速率通常在 10Mb/s 以上),其作用范围通常为 1km 左右,覆盖一个校园、一个单位、一栋建筑物等。

3) MAN

城域网(Metropolitan Area Network,MAN)的作用范围约为 5~50km,可跨越几个街区甚至整个城市。城域网可以为一个或多个单位拥有,也可作为一种公用设施将多个局域网互联。目前,很多城域网采用的是以太网技术,因此经常并入局域网的范围进行讨论。

4) WAN

广域网 (Wide Area Network,WAN)使用节点交换机连接各主机,广域网节点交换机之间的连接链路一般是高速链路,具有较大的通信容量。其作用范围通常为几十千米到几千千米,可跨越一个国家或一个洲进行长距离发送数据,如图 6-4 所示。最大的网络是因特网,将世界上的局域网、广域网互联在一起,其作用范围为全球。

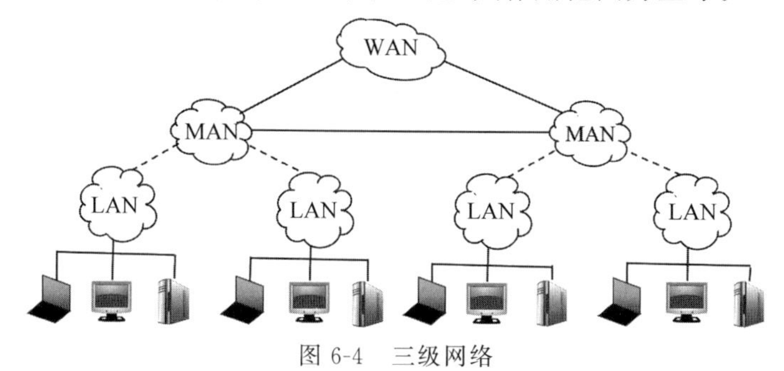

图 6-4　三级网络

2. 按网络拓扑结构分类

网络拓扑结构指由节点设备和通信介质构成的网络结构图。按网络拓扑结构分为星状、总线型、环状、树状、网状等拓扑结构,如图 6-5 所示。

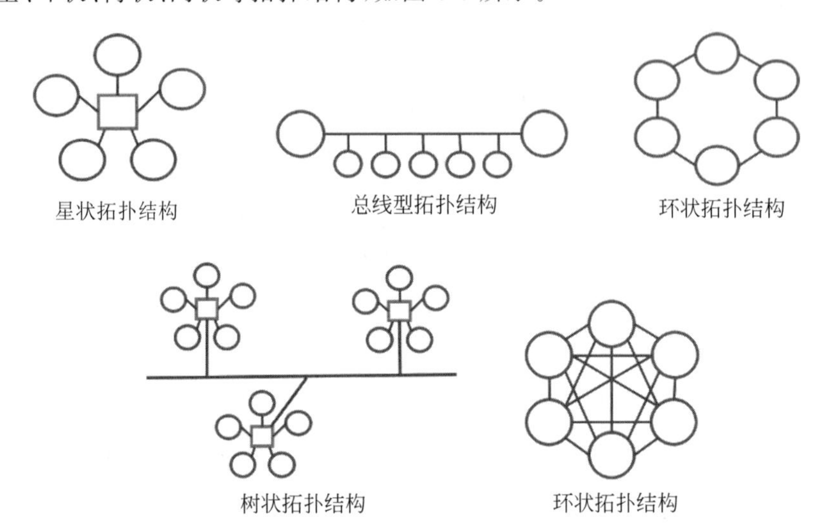

图 6-5　网络拓扑结构

(1) 星状拓扑结构一般用于局域网,是广泛而又首选使用的网络拓扑结构之一。星状拓扑结构网络一般由交换机承担中央节点,其他节点都与中央节点直接相连。由于这一特点也带来了易于维护和安全等优点,星状拓扑结构的网络延迟时间较少,系统的可靠性较高。

(2) 总线型拓扑结构是指采用单根数据传输线作为通信介质,所有的站点都通过相应的硬件接口直接连接到通信介质,而且能被所有其他的站点接收。总线型网络拓扑结构中的用户节点为服务器或工作站,通信介质为同轴电缆。由于所有的节点共享一条公用的传输链路,所以一次只能由一个设备传输。总线型拓扑结构的数据传输是广播式传输结构,数据发送给网络上的所有计算机,只有计算机地址与信号中的目的地址相匹配的计算机才能接收到。一般情况下,总线型网络采用载波监听多路访问/冲突检测协议(CSMA/CD)作为控制策略。采取分布式访问控制策略来协调网络上计算机数据的发送。

总线型拓扑结构的优点是网络结构简单,易于扩充。在总线型网络中,如果要增加长度,可通过中继器加上一个附加段;如果需要增加新节点,只需要在总线的任何点将其接入。

总线型拓扑结构的缺点是总线传输距离有限,通信范围受到限制;一旦传输介质出现故障时,就需要将整个总线切断;易于发生数据碰撞,线路争用现象比较严重;分布式协议不能保证信息的及时传送,不具有实时功能,站点必须有介质访问控制功能,从而增加了站点的硬件和软件开销。

(3) 环状拓扑结构由沿固定方向连接成封闭回路的网络节点组成,每一节点与它左右相邻的节点连接，是一个点对点的封闭结构。所有的节点共用一个信息环路，都可以提出发送数据的请求，获得发送权的节点可以发送数据。环状网络常使用令牌来决定哪个节点可以访问通信系统。在环状网络中信息流只能是单方向的，每个收到信息包的站点都向它的下游站点转发该信息包，直至目的节点。信息包在环网中“环游”一圈，最后由发送站进行回收，只有得到令牌的站才可以发送信息。每台设备都可直接连到环上，或通过一个接口设备和分支电缆连到环上。

(4) 树状拓扑结构从总线型拓扑结构演变而来，像一棵倒置的树，顶端是树根，树根以下带分支，每个分支还可带子分支。树根接收各站点发送的数据，然后再广播发送到全网。由于通信线路总长度较短，故它的成本低，易于推广，但结构较星状复杂。

(5) 网状拓扑结构节点之间的连接是任意的，每个节点都有多条线路与其他节点相连。优点是多条链路，提供冗余，可靠性高；缺点是网络结构复杂，建设和管理成本高。广域网一般采用网状拓扑结构。

3. 按网络传输技术分类

1) 广播式网络

在网络中只有单一的一个通信信道，由这个网络中所有的主机所共享。当一台计算机利用共享通信信道发送分组时，其他的计算机都会“接收”到这个分组。

2) 点到点网络

以点对点的连接方式，当计算机之间需要通信时，信息直接从一台主机发送到另一台主机，网络中的其他主机是不会收到这个消息的。

4. 其他分类

按照传输介质不同，网络还可分为有线网络、无线网络；按带宽划分，网络可分为基带网络、宽带网络等。

6.3.2 通信技术基础

计算机网络是计算机技术和通信技术的结合。通信是一门学科，是指信息以电磁波方式从发射端到接收端的传输与交换。

1. 数据通信基本概念

1) 信息

计算机网络通信的目的就是交换信息。信息可以被表示为数值、文字、图形、图像、声音和动画等形式。

2) 数据

数据是运送信息的实体，数据是信息的表现形式，如十进制数、二进制数、字符、图像等。

3）信号

信号是数据的具体物理表现，具有确定的物理描述，如电压、电流、磁场强度等。信号分为模拟信号和数字信号，如图 6-6 和图 6-7 所示。

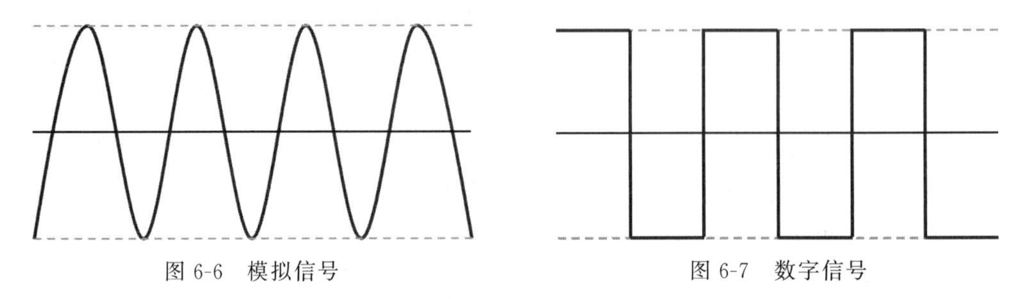

图 6-6　模拟信号　　　　图 6-7　数字信号

模拟信号是指用连续变化的物理量表示的信息，其信号的幅度、频率或相位随时间做连续变化，或在一段连续的时间间隔内，其代表信息的特征量可以在任意瞬间呈现为任意数值的信号。

数字信号指自变量是离散的、因变量也是离散的信号，这种信号的自变量用整数表示，因变量用有限数字中的一个数字来表示。在计算机中，数字信号的大小常用有限位的二进制数表示。

4）数据通信

发送方将要发送的数据转换成信号，通过信道传送到数据接收方的过程称为数据通信。

数据通信是通信技术和计算机技术相结合而产生的一种新的通信方式。要在两地间传输信息必须有传输信道，根据传输媒体的不同，有有线数据通信与无线数据通信之分。但它们都是通过传输信道将数据终端与计算机连接起来，而使不同地点的数据终端实现软、硬件和信息资源的共享。

5）信源/信宿/信道

数据的发送方称为信源，数据的接收方称为信宿，信息传输的通道称为信道。

(1)数据终端设备。数据终端设备(Data Terminal Equipment，DTE)，是数据通信系统中的端设备或端系统。它可以是一个信源也可以是一个信宿，或者两者都是。

(2) 数据电路终接设备。数据电路终接设备(Data Circuit-terminating Equipment，DCE) 介于数据终端设备与数据传输信道之间。DCE 的主要作用是实现信号变换与编码、解码。

6)数模转换(D/A)/模数(A/D)转换

数模转换(D/A)是数字信号转换成模拟信号。模数转换(A/D)是模拟信号转换成数字信号。

7)数字编码/数字解码

数字编码仅对数字信号的波形进行变换，使它能够与信道特性相适应，变换后的信号仍是数字信号，更便于识别纠错。

数字解码是将传输的数字编码信号转换为原始数据数字信号。

2. 数据通信系统

数据通信系统指通过通信线路和通信控制设备将分布在不同地点的数据终端设备连接起来,实现数据传输功能的系统。数据通信系统根据信道里传输的是模拟信号还是数字信号,分为模拟数据通信系统基本模型和数字数据通信系统基本模型,如图 6-8 和图 6-9 所示。

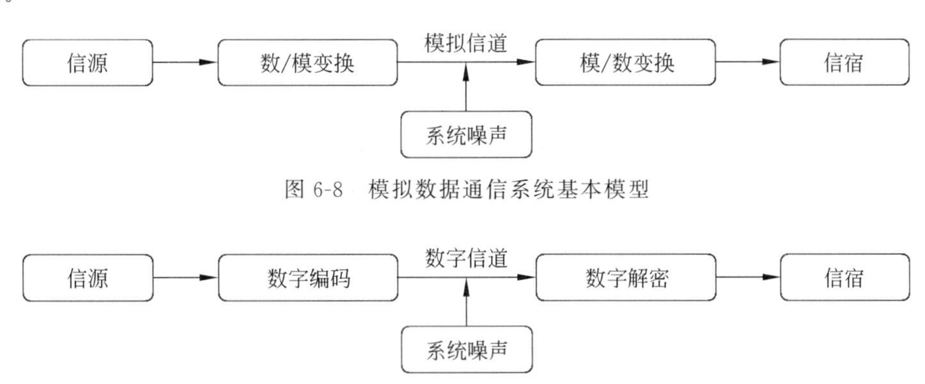

图 6-8　模拟数据通信系统基本模型

图 6-9　数字数据通信系统基本模型

1）通信方式

从通信双方信息交换的方式来看,有单工通信、半双工通信、全双工通信三种基本方式,如图 6-10 所示。

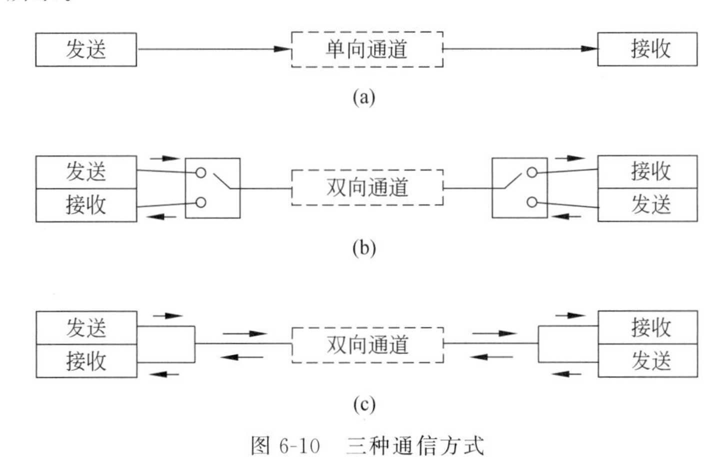

图 6-10　三种通信方式

(1) 单工通信。只能有一个方向的通信。

(2) 半双工通信。通信的双方都可以发送(或接收)信息,但不能双方同时发送(或接收)。

(3) 全双工通信。通信的双方可以同时发送和接收信息。

2）交换技术

交换的含义是转接、转发。从通信资源的分配角度来看,交换就是按照某种方式动态地分配传输线路的资源。常见的交换技术有电路交换、报文交换、分组交换。三种交换技术的比较如图 6-11 所示。

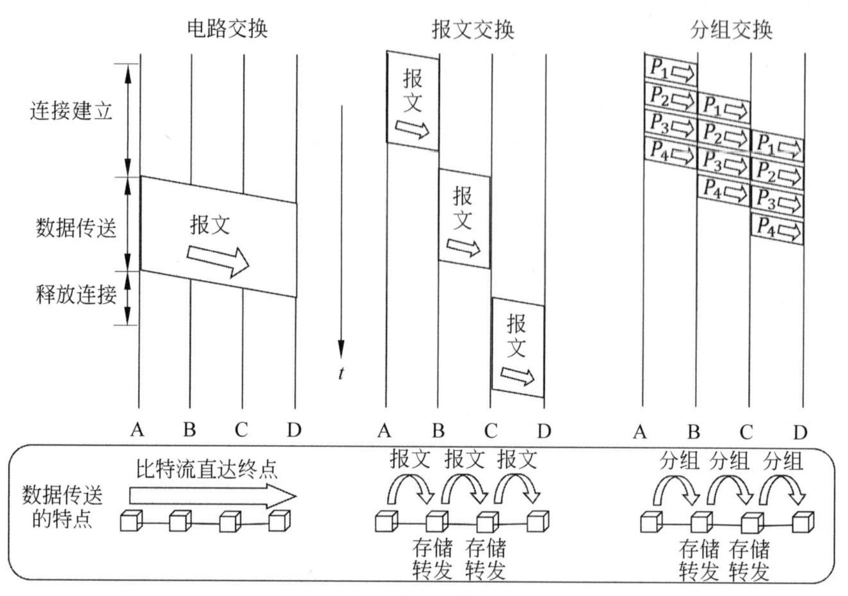

图 6-11 三种交换技术比较

(1) 电路交换。电路交换是面向连接的,电路交换的三个阶段:建立连接,数据传送,释放连接。例如,打电话包括拨号、通话、挂断三个阶段。电路交换的优点是数据传输可靠、迅速,不会丢失,且保持原来的序列。电路交换的缺点是时间长,独占性,线路利用率低。

(2) 报文交换。报文交换是以报文为数据交换的单位,报文携带有目标地址、源地址等信息,在交换节点采用存储转发的传输方式。报文交换的优点是逐段占用线路,利用率高。报文交换的缺点是由于报文长度没有限制,时间长,对中间节点要求高。

(3) 分组交换。分组交换是一种以分组为单位进行存储转发的交换方式。分组交换的优点是分组长度一定,每个分组增加地址和控制信息,不需要提前建立连接。分组交换的缺点是对终端设备和中间设备都有较高要求,过程较为复杂。

分组交换的过程包括发送端与接收端的工作过程,交换网的工作过程。这里假定分组在传输过程中没有出现差错,再转发时也没有被丢弃,发送端与接收端的工作过程如下。

① 划分数据报,在发送端先把较长的报文划分成较短的固定长度的数据报。

② 添加首部构成分组,每个数据段前面添加首部构成分组。

③ 传输分组交换网以分组作为数据传输单元,依次把各分组发送到接收端。

④ 收到分组后剥去首部,接收端收到分组后剥去首部还原成报文。

⑤ 最后还原成原来的报文,在接收端把收到的数据恢复成原来的报文。

当节点使用分组交换技术时,可构成分组交换网、帧中继网等。

交换网的工作过程为根据网络结构先路径选择再存储转发。

当要传输的数据量很大,传送时间远大于呼叫建立时间时,采用在数据通信之前预先分配传输带宽的电路交换比较合适。在传送突发数据时采用分组或报文交换，可大大提高整个网络的信道利用率。当端到端的通路由很多段的链路组成时，采用分组交换传送数据较为合适。

3）信道复用技术

复用是指多个信息源共享一个公共信道。信道复用技术是一种将若干个彼此独立的信号，合并为一个可在同一信道上同时传输的复合信号的方法。信道复用技术分为频分复用、时分复用、统计复用、波分复用、码分复用、空分复用、极化波复用。

（1）频分复用（FDM）。频分复用就是将用于传输信道的总带宽划分成若干个子频带（或称子信道），每一个子信道传输一路信号，用户在分配到一定的频带后，在通信过程中自始至终都占用这个频带。频分复用要求总频率宽度大于各个子信道频率之和，同时为了保证各子信道中所传输的信号互不干扰，应在各子信道之间设立隔离带，这样就保证了各路信号互不干扰。频分复用技术的特点是所有子信道传输的信号以并行的方式工作，每一路信号传输时可不考虑传输时延，因而频分复用技术取得了非常广泛的应用。

（2）时分复用（TDM）。时分复用就是将提供给整个信道传输信息的时间划分成若干时间片（简称时隙），并将这些时隙分配给每一个信号源使用，每一路信号在自己的时隙内独占信道进行数据传输。时分复用技术的特点是时隙事先规划分配好且固定不变，所以有时也叫同步时分复用。其优点是时隙分配固定，便于调节控制，适用于数字信息的传输；缺点是当某信号源没有数据传输时，它所对应的信道会出现空闲，而其他繁忙的信道无法占用这个空闲的信道，因此会降低线路的利用率。时分复用技术与频分复用技术一样，有着非常广泛的应用，电话就是其中最经典的例子。此外，时分复用技术在广播电视中也同样取得了广泛的应用。

（3）统计复用（SDM）。统计复用有时也称为统计时分多路复用或智能时分多路复用，实际上就是所谓的带宽动态分配。统计复用从本质上讲是异步时分复用，它能动态地将时隙按需分配，而不采用时分复用使用的固定时隙分配的形式，根据信号源是否需要发送数据信号和信号本身对带宽的需求情况来分配时隙，主要应用场合有数字电视节目复用器和分组交换网等。

（4）波分复用（WDM）。通信是由光来运载信号进行传输的方式。在光通信领域，人们习惯按波长而不是按频率来命名。因此，波分复用其本质上也是频分复用。WDM 是在一根光纤上承载多个波长（信道）系统，将一根光纤转换为多条“虚拟”纤，当然每条虚拟纤独立工作在不同波长上，这样极大地提高了光纤的传输容量。由于 WDM 系统技术的经济性与有效性，使之成为当前光纤通信网络扩容的主要手段。

（5）码分复用（CDM）。码分复用是靠不同的编码来区分各路原始信号的一种复用方式，主要和各种多址技术结合产生了各种接入技术，包括无线接入和有线接入。例如，在多址蜂窝系统中是以信道来区分通信对象的，一个信道只容纳一个用户进行通话，许多同时通话的用户，互相以信道来区分，这就是多址。移动通信系统是一个多信道同时工作的系统，具有广播和大面积覆盖的特点。在移动通信环境的电波覆盖区内，建立用户之间的无线信道连接，是无线多址接入方式，属于多址接入技术。联通 CDMA（Code Division Multiple Access）就是码分复用的一种方式，称为码分多址，此外还有频分多址（FDMA）、时分多址(TDMA)和同步码分多址(SCDMA)。

(6) 空分复用(SDM)。空分复用即多对电线或光纤共用一条缆的复用方式。例如,5类线就是4对双绞线共用一条缆,还有市话电缆(几十对)也是如此。能够实现空分复用的前提条件是光纤或电线的直径很小,可以将多条光纤或多对电线做在一条缆内,既节省外护套的材料又便于使用。

(7) 极化波复用(Polarization Wavelength Division Multiplexing)。极化波复用是卫星系统中采用的复用技术。卫星系统中通常采用两种办法来实现频率复用：一种是同一频带采用不同极化;另一种是不同波束内重复使用同一频带。

以公用电话网为信道的典型模拟数据通信系统如图6-12所示。

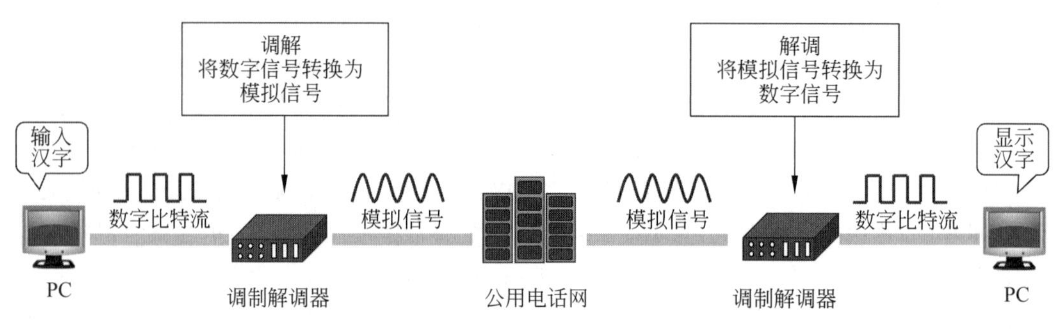

图6-12 典型模拟数据通信系统

6.3.3 计算机网络性能指标

计算机网络的性能指标有带宽、时延、吞吐量和利用率。

1. 带宽

在计算机网络中,带宽表示在单位时间内从网络中的某一点到另一点所能通过的“最高数据率”,单位是“比特每秒”,即 b/s (bit/s)。

常用的速率单位是千比特每秒,即 kb/s(10^3 b/s);兆比特每秒,即 Mb/s(10^6 b/s);吉比特每秒,即 Gb/s(10^9 b/s);太比特每秒,即 Tb/s(10^{12} b/s)。

2. 时延

时延是计算机网络最重要的两个性能指标之一。时延是指数据(一个报文或分组,比特)从网络(或链路)的一端传送到另一端所需的时间。

网络时延包含以下几种时延：发送时延、传播时延、处理时延、排队时延。

1) 发送时延(传输时延)

发送数据时,数据块从节点进入到传输媒体所需要的时间为发送时延。也就是从发送数据帧的第一个比特算起,到该帧的最后一个比特发送完毕所需的时间。发送时延发生在发送器中,与传输信道长度无关。

发送时延 =数据块长度(b)/信道带宽(b/s)

2）传播时延

信号在信道中需要传播一定的距离而花费的时间称为传播时延。传播时延发生在传输信道媒体上，与信道的带宽无关。

传播时延＝信道长度(m)/信号在信道上的传播速率(m/s)

3）处理时延

主机或路由器在收到分组后进行一些必要的处理所花费的时间为处理时延。

4）排队时延

路由器中分组排队所经历的时延是处理时延中的重要组成部分，称为排除时延。排队时延的长短往往取决于网络中当时的通信量。有时可用排队时延作为处理时延。

数据在网络中经历的总时延＝发送时延＋传播时延＋处理时延

3. 吞吐量

吞吐量(Throughput)表示在单位时间内通过某个网络(或信道、接口)的数据量。吞吐量常用于对现实世界中的网络的一种测量，以便知道实际上到底有多少数据量能够通过网络。吞吐量受网络的带宽或网络的速率的限制。

4. 利用率

信道利用率指出某信道有百分之几的时间是被利用的(有数据通过)。完全空闲的信道的利用率是零。网络利用率则是全网络的信道利用率的加权平均值。信道利用率并非越高越好。

6.3.4 网络的体系结构

在计算机网络技术中，网络的体系结构指的是通信系统的整体设计，其目的是为网络硬件、软件、协议、存取控制和拓扑提供标准。

网络体系结构是网络层次结构模型和各层次协议的集合。网络体系结构的优劣将直接影响总线、接口和网络的性能。

体系结构通俗地说就是这个计算机网络及其部件所应完成的功能的精确定义。实现是在遵循这种体系结构的前提下，用何种硬件或软件完成这些功能。体系结构是抽象的，而实现是具体的，是真正在运行的计算机硬件和软件。

网络体系结构的思想是分层＋协议。分层是可将庞大而复杂的问题转换为若干较小的局部问题，而这些较小的局部问题就比较容易研究和处理。分层后各层之间是独立的，灵活性好，结构上可分割开，易于实现和维护。相邻层之间交换信息的连接点称为接口。同一节点内的各相邻层之间都应有明确的接口，高层通过接口向低层提出服务请求，低层通过接口向高层提供服务。每一层为相邻的上一层所提供的功能称为服务，下层为上层提供服务通过接口来实现。

网络协议，简称协议，是指通信的计算机双方必须共同遵循的一组约定。协议有三个要素：语法、语义和同步。语法指用户信息和控制信息的结构和格式；语义指需要发出何种控制信息，完成何种动作及如何应答；同步指事件实现顺序的说明。

网络的体系结构标准有三种，如图 6-13 所示。

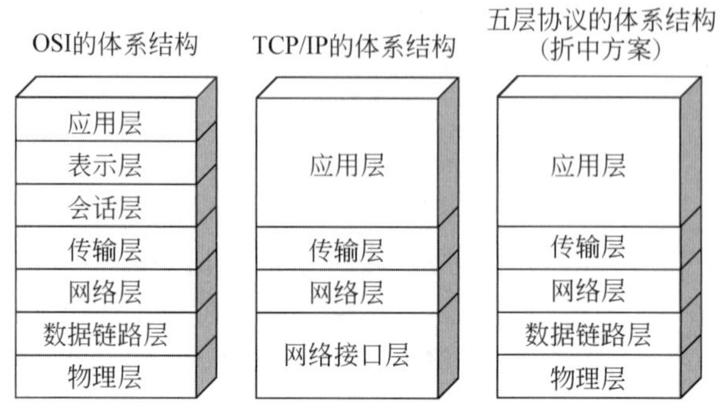

图 6-13　三种体系结构

1. 国际标准 OSI 七层体系结构

OSI（Open System Interconnect，开放式系统互联），也被称为开放系统互联参考模型，是 ISO 组织在 1985 年研究的网络互联模型。该体系结构标准定义了网络互联的七层框架从下至上分别是物理层、数据链路层、网络层、传输层、会话层、表示层和应用层。

1）物理层

物理层是实际有连接的一层，物理层利用传输介质为通信的网络节点之间建立、管理和释放物理连接；为数据链路层提供原始比特流传输服务。物理层不包含物理媒介，而是确定与传输媒体的接口特性，包括机械特性（指明接口所用，接线器的形状和尺寸，引线数目和排列固定以及锁定装置等）、电气特性（指明在接口电缆的各条线上出现的电压的范围）、功能特性（指明某条线上出现的某一电平的电压表示何种意义）、过程特性（指明对于不同功能的各种可能事件的出现顺序）。例如，常用的物理层相关标准 RJ-45、USB 等。

2）数据链路层

数据链路层旨在实现网络上相邻节点之间的无差错传输。它利用物理层提供的比特流传输服务，检测并校正物理层的传输差错，使得相邻节点间构成无差错的数据链路；同时，对传输数据进行流量控制，从而为网络层提供可靠的数据传输服务。数据链路层必须要解决数据成帧、差错控制及流量控制、数据链路的通路管理等几个问题。

（1）数据成帧。发送方的数据链路层必须将从网络层接收到的分组（或数据包）封装成帧，即为来自上层的分组（或数据包）加上必要的帧头和帧尾，这个过程称为成帧。

帧开始字段和帧结束字段分别用来指示帧或数据流的开始和结束；地址字段用来表示节点物理地址信息，用于设备或机器的物理寻址；长度类型控制字段则提供帧的长度或类型信息，也可以提供控制信息。

数据字段承载了来自高层即网络层的数据分组。帧校验序列（Frame Check Sequence，FCS）字段提供差错检测信息。通常数据字段之前的所有字段统称为帧头，而数据字段之后的所有字段统称为帧尾。

（2）差错控制。差错是指接收端收到的数据与发送端发送的数据出现不一致的现象。产生差错的主要原因是在通信线路上存在噪声干扰。差错控制的主要作用是发现传输过程中传输数据的错误，以便采取相应措施来纠正传输错误。

(3) 流量控制。流量控制的作用是发送端所发出的数据流量速率不能超过接收端所能够接收的数据流量速率。

(4) 链路管理。数据链路层的“链路管理”功能包括数据链路的建立、维持和释放三个主要环节。

3) 网络层

网络层旨在将数据包从源端找到合适的网络路径送达目标端。网络层必须要解决数据包分组与封装、路由与转发、拥塞控制、异种网络的互联等几个问题。

(1) 数据包分组与封装。网络层的协议数据单元称为分组(Packet)或者数据包。分组是指将长的报文分割成若干短的分组进行多次传输。和其他各层的协议数据单元类似，分组是网络层协议功能的集中体现，其中包含实现该层功能所需要的控制信息，如收发双方的网络地址等。

(2) 路由与转发。需要清楚通信子网的拓扑结构，在众多的路径中选择一条“最佳”路径完成数据的转发。

(3) 拥塞控制。对通信线路进行拥塞控制和负载平衡，提高转发效率。当产生网络拥塞时及时更换传输路径。

(4) 异种网络的互联。当互联的源主机和目的主机所属网络不属于同一种类时，需要协调不同协议的转换。

网络层的核心是 IP 协议，与 IP 协议配套使用实现其功能的还有地址解析协议(ARP)、逆地址解析协议(RARP)、因特网报文协议(ICMP)、因特网组管理协议(IGMP)。

4) 传输层

假设局域网 LAN1 中有一台主机 A 与局域网 LAN2 中的主机 B 通过互联的广域网进行通信。IP 协议能够把源主机 A 发送的 IP 数据包按照首部中的目的 IP 地址送交到目的主机 B，那么，为什么还需要传输层呢？

主机中同时运行了多个进程：AP1，AP2，…数据包到底交由哪个进程处理？从网络层来说，通信的两端是两个主机。IP 数据包首部中的 IP 地址明确标识了网络中的两台主机。具体来说，网络层只负责将数据包从源主机送达目的主机。这是网络层不能解决的。传输层通过报文中的端口号能够正确地将数据交给主机中的某个进程。也就是说，传输层建立了两端主机中应用进程之间的连接，能够在两个进程间转发数据。通信的真正端点并不是主机，而是主机中的进程。也就是说，端到端的通信是应用进程之间的通信。

传输层主要是在网络层在通信两端已经建立连接的基础上实现端到端的传输。传输层使用的主要协议是 TCP。

对于一次通信可以通过一个五元组(如图 6-14 所示)来标识其唯一性：源 IP 地址、目的 IP 地址、协议、源端口号、目的端口号。

(1) 端口号。端口号主要是区分服务类别和在同一时间进行多个会话。端口号由 16 位二进制数组成，最大为 65 535，分为系统端口号、用户端口号、动态端口号。系统端口号

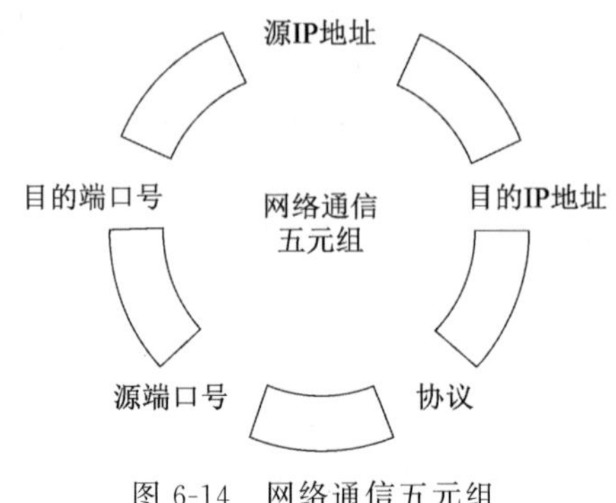

图 6-14　网络通信五元组

又称为知名端口号，范围是 0～1023，每个端口号对应固定应用，对于应用程序，也可自行设定。用户端口号范围是 1024～49 151，没有明确的定义服务对象。动态端口号又称为临时端口号，范围是 49 152～65 535，系统分配给应用程序使用，使用完成后释放这个端口。

(2) TCP 的特点及格式。TCP 是一个面向连接的、可靠的传输控制协议。TCP 需要提供进程识别、连接的建立与拆除、分段的确认、差错控制和流量控制等众多机制。TCP 适合用于对实时性要求不高的场合，如电子邮件。TCP 格式如图 6-15 所示。

<table>
<tr><td colspan="5">源端口号 (16 位)</td><td colspan="4">目的端口号 (16 位)</td></tr>
<tr><td colspan="9">序列号 (32 位)</td></tr>
<tr><td colspan="9">确认号 (32 位)</td></tr>
<tr><td>数据偏移</td><td>保留字段</td><td>URG</td><td>ACK</td><td>PSH</td><td>RST</td><td>SYN</td><td>FIN</td><td>窗口大小 (16 位)</td></tr>
<tr><td colspan="5">校验和 (16 位)</td><td colspan="4">紧急指针 (16 位)</td></tr>
<tr><td colspan="8">可选项</td><td>填充</td></tr>
<tr><td colspan="9">数据</td></tr>
</table>

图 6-15　TCP 格式

① 源端口号。源端口号占用 16 位，它是由发送方进程产生的一个随机数，一般使用临时端口。

② 目的端口号。目的端口号占用 16 位，接收端收到数据段后，根据其来确定把数据送给哪个应用程序的进程。

③ 序列号。序列号占用 32 位，不同的数据段，按序列号把数据段重新排列。

④ 确认号。确认号占用 32 位，是下一个期望收到的段的序列号。例如，如果是 X，代表前 $X-1$ 个收到。

⑤ 数据偏移。数据偏移占用 4 位。表示 TCP 所传输的数据应该从 TCP 包的哪个位开始计算，也表示首部长度。

⑥ 保留字段。保留字段占用 6 位，部分保留位作为今后的扩展功能使用。

⑦ 标志位。标志位占用 6 位：URG 紧急指针有效位，ACK 确认位，PSH 推送位，RST 重置位，SYN 同步序号位，FIN 结束位。

⑧ 窗口大小。窗口大小占用 16 位，说明本地可接收数据段的数目。

⑨ 校验和。校验和占用 16 位，用于差错控制，通过在发送端和接收端两次计算结果，看是否相同。

⑩ 紧急指针。紧急指针占用 16 位，用来确定紧急数据的最后一个字节的位置，优先快速地获取紧急数据。

⑪ 可选项。TCP 首部中附加的一些信息，用于提高 TCP 传输性能。

⑫ 填充。填充 0，用于保证首部的长度是 32 位的整数倍。

5）会话层

会话层的主要功能是负责维护两个节点之间的传输连接，确保点到点传输不中断，以及管理数据交换等功能。会话层在应用进程中建立、管理和终止会话。会话层还可以通过对话控制来决定使用何种通信方式：全双工通信或半双工通信。会话层通过自身协议对请求与应答进行协调。

6)表示层

表示层为在应用过程之间传送的信息提供表示方法的服务。表示层以下各层主要完成的是从源端到目的端可靠的数据传送，而表示层更关心的是所传送数据的语法和语义。表示层的主要功能是处理在两个通信系统中交换信息的表示方式，主要包括数据格式变化、数据加密与解密、数据压缩与解压等。在网络带宽一定的前提下，数据压缩的越小其传输速率就越快，所以表示层的数据压缩与解压被视为掌握网络传输速率的关键因素。表示层提供的数据加密服务是重要的网络安全要素，其确保了数据的安全传输，也是各种安全服务最为重视的关键。表示层为应用层所提供的服务包括语法转换、语法选择和连接管理。

7)应用层

应用层是 OSI 模型中的最高层，是直接面向用户的一层，用户的通信内容要由应用进程解决，这就要求应用层采用不同的应用协议来解决不同类型的应用要求，并且保证这些不同类型的应用所采用的低层通信协议是一致的。应用层中包含若干独立的用户通用服务协议模块，为网络用户之间的通信提供专用的程序服务。需要注意的是，应用层并不是应用程序，而是为应用程序提供服务。

OSI 模型的愿望是好的，只要遵循 OSI 标准，一个系统就可以和位于世界上任何地方，也遵循着同一标准的其他任何系统进行通信。但实际上在市场方面 OSI 却失败了，因为它缺乏商业驱动力；实现复杂且运行效率很低；制定周期太长，错过了市场时机；层次划分不够合理，有些功能重复实现。

2. 工业标准 TCP/IP 四层体系结构

TCP/IP(Transmission Control Protocol/Internet Protocol)是 Internet 最基本的协议、国际互联网络的基础，由网络层的 IP 和传输层的 TCP 组成。TCP/IP 模型由四层组

成，从上至下分别是：应用层、传输层、网络层、网络接口层。传输示意图如图 6-16 所示。TCP/IP 四层体系结构的各层协议如图 6-17 所示，详细内容见表 6-1。TCP/IP 定义了电子设备如何连入互联网，以及数据如何在它们之间传输的标准。

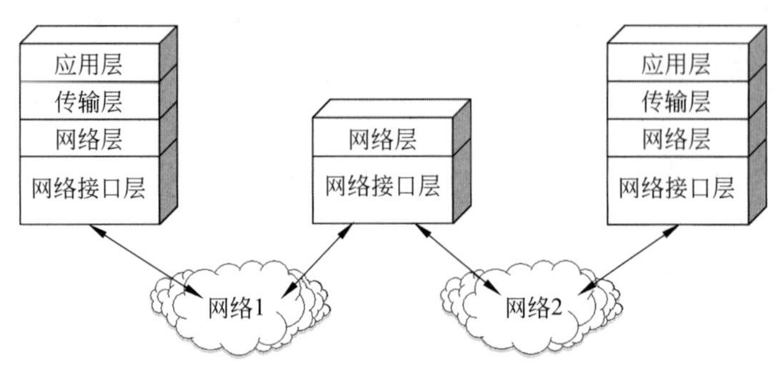

图 6-16　TCP/IP 四层体系结构传输示意图

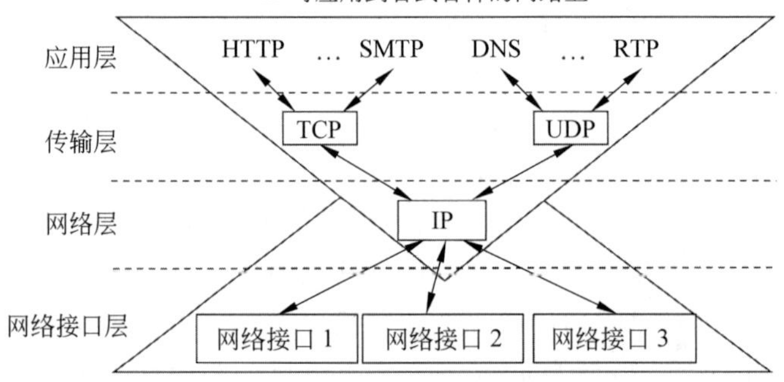

图 6-17　TCP/IP 四层体系结构的各层协议

表 6-1　TCP/IP 四层体系结构的各层协议

服务类型	端口号	传输层协议	内　容
FTP-data	20	TCP/UDP	文件传输协议
FTP	21	TCP	文件传输协议
SSH	22	TCP/UDP	SSH 远程登录协议
Telnet	23	TUP/UDP	远程登录协议
SMTP	25	TCP	简单邮件传输协议
DNS	53	TCP/UDP	域名系统
TFTP	69	UDP	小型文件传输协议
HTTP	80	TCP	超文本传输协议
POP3	110	TCP	邮局协议
SNMP	161	UDP	简单网络管理协议
HTTPs	443	TCP	超文本传输安全协议

3. 常用的理论分析结构——五层体系结构

TCP/IP 体系结构最下面的网络接口层并没有具体意义，因此往往采取折中的办法，即采用 OSI 和 TCP/IP 的优点，建立一种只有五层的体系结构。每层协议软件通常由一个或多个进程组成，其主要任务是完成相应层协议所规定的功能，以及与上、下层的接口功能。五层结构的传输过程如图 6-18 所示。

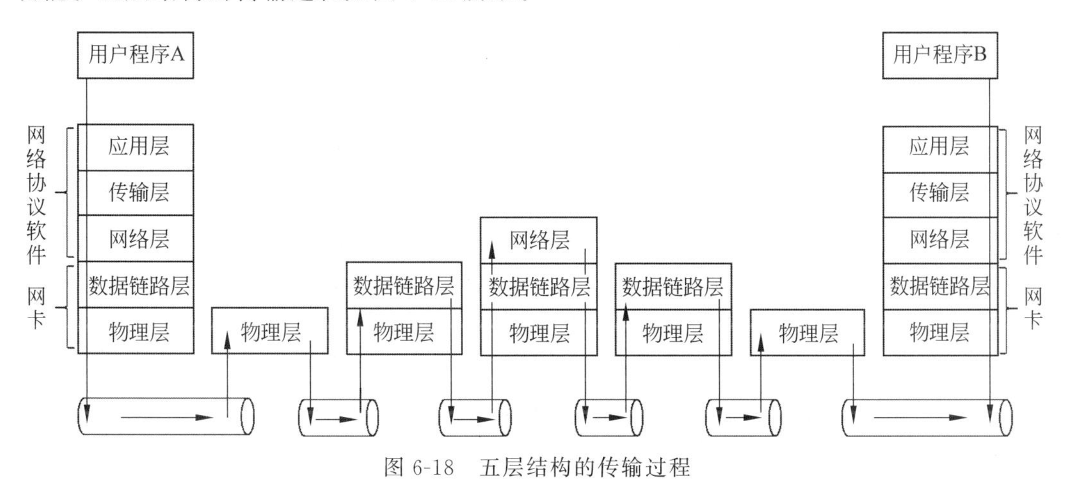

图 6-18　五层结构的传输过程

协议体系结构通常定义的是各层应该提供的服务或具有的功能，而不规定如何实现这些功能，这些功能由厂家生产出来的符合标准的产品提供。

6.3.5　IP 地址与 MAC 地址

IP 地址与硬件地址（MAC）从层次的角度看：硬件地址（或物理地址）是数据链路层和物理层使用的地址；IP 地址是网络层和以上各层使用的地址，是一种逻辑地址。

IP 地址就是给每个连接在因特网上的主机或路由器分配一个在全世界范围内唯一的标识符。目前较多采用 IPv4 格式，它的表示形式是 32 位二进制数。常用点分十进制 IP 地址，它由因特网名称与号码分配机构 ICANN 进行分配。

1. IP 地址及其表示方法

32 位的 IP 地址由网络号和主机号两部分组成，其中，网络号用来标识一个逻辑网络，主机号用来标识网络中的一台主机。同一网络内的所有主机使用相同的网络号，主机号是唯一的。路由器会根据目的站 IP 地址的网络号进行路由选择。

为了便于记忆，将 32 位分为 4 段，每段 8 位，中间用小数点隔开。每段 8 位的二进制数转成十进制数，大小为 0～255，如图 6-19 所示。

IP 地址分类如图 6-20 所示。

A 类地址：1.0.0.1～126.255.255.254。

B 类地址：128.0.0.1～191.255.255.254。

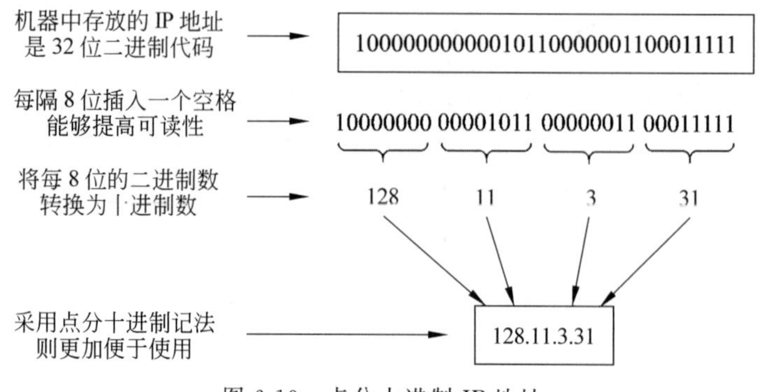

图 6-19　点分十进制 IP 地址

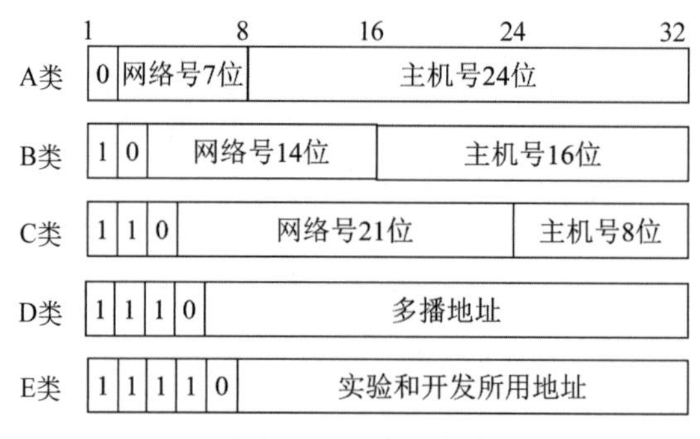

图 6-20　IP 地址分类

C 类地址：192.0.0.1～223.255.255.254。

D 类地址：224.0.0.1～239.255.255.254，用于多重广播组。

E 类地址：240.0.0.1～254.255.255.254，用于实验和开发用。

IP 地址用来标识互联网中的主机，但少数 IP 地址有特殊用途，不能分配给主机。

全为 0 的主机号表示该 IP 地址是本主机所连接到的单个网络地址；全为 1 的主机号表示该网络上的所有主机；网络号不能以 127 开头，不能全为 0，也不能全为 1；主机号不能全为 0，也不能全为 1。

IPv4 协议已经接近它的功能上限，主要危机来源于它的地址空间的局限性。因此提出下一代 Internet 协议 IPv6，用以取代 IPv4。

IPv4 由 32 位二进制位组成，理论 IP 地址数量为 2^{32} 个；IPv6 由 128 位二进制位组成，理论 IP 地址数量为 2^{128} 个。表述和书写时，把长度为 128 个二进制位的 IPv6 地址分成 8 个 16 位的二进制段，每一个 16 位的二进制段用 4 位的十六进制数表示，段间用“:”（冒号）隔开。

标准的地址划分方法的缺点在于 IP 地址空间的利用率有时很低。给每一个物理网络分配一个网络号会使路由表变得太大因而使网络性能变坏。两级的 IP 地址不够灵活，解决方案是：划分子网，两级地址变为三级地址。划分子网纯属一个单位内部的事情。单位对外仍然表现为没有划分子网的网络。从主机号借用若干位作为子网号，而主机也就相应减少了若干位。

2. 子网掩码

子网掩码是在 IPv4 地址资源紧缺的背景下为了解决 IP 地址分配而产生的虚拟 IP 技术，子网掩码是一个 32 位地址，是与 IP 地址结合使用的一种技术。

子网掩码的主要作用之一是通过子网掩码将 A、B、C 三类地址划分为若干子网，从而显著提高了 IP 地址的分配效率，有效解决了 IP 地址资源紧张的局面。

类别	子网掩码的二进制数值	子网掩码的十进制数值
A	11111111 00000000 00000000 00000000	255.0.0.0
B	11111111 11111111 00000000 00000000	255.255.0.0
C	11111111 11111111 11111111 00000000	255.255.255.0

- 做子网划分后的 IP 地址：网络号＋子网号＋子网主机号

由于子网掩码的位数决定于可能的子网数目和每个子网的主机数目。在定义子网掩码前，必须弄清楚本来使用的子网数和主机数目。

例 6.1 将 B 类 IP 地址 168.195.0.0 划分成 27 个子网，求子网掩码。

解：

(1) 27＝11011

(2) 该二进制为 5 位数，N＝5。

(3) 将 B 类地址的子网掩码 255.255.0.0 的主机地址前 5 位置 1(11111111 11111111 11111000 00000000)，得到 255.255.248.0，即为划分成 27 个子网的 B 类 IP 地址 168.195.0.0 的子网掩码(实际上是划成了 $2^5-2=30$ 个子网)。

例 6.2 将 B 类 IP 地址 168.195.0.0 划分成若干子网，每个子网内有主机 700 台，求子网掩码？

解：

(1) 700＝1010111100。

(2) 该二进制为 10 位数，N＝10。

(3) 将该 B 类地址的子网掩码 255.255.0.0 的主机地址全部置 1 得到 255.255.255.255 然后再从后向前将后 10 位置 0，11111111.11111111.11111100.00000000 子网掩码为 255.255.252.0。

从例子我们知道了子网掩码机制提供了子网划分的方法。使用子网掩码划分子网后，子网内可以通信，跨子网不能通信，子网间通信应该使用路由器，并正确配置静态路由信息。

- 未做子网划分的 IP 地址：网络号＋主机号

子网掩码的主要作用之二是用于屏蔽 IP 地址的一部分以区别网络标识和主机标识，具体工作过程是将 32 位的子网掩码与 IP 地址进行二进制形式的按位逻辑“与”(AND)运算得到网络地址；将子网掩码二进制按位取反，然后与 IP 地址进行二进制的逻辑“与”(AND)运算，得到主机地址。例如：192.168.10.16 AND 255.255.255.0，结果为 192.168.10.0，其表达的含义为：该 IP 地址属于 192.168.10.0 这个网络，其主机号为 16，即这个网络中编号为 16 的主机。

• IPv6与子网掩码

真正使用IPv6的话是没有子网掩码的概念的。IPv6是端到端的连接通信，不需要子网。但是，目前似乎更多都是在IPv4上使用隧道的方式使用IPv6。完全停用IPv4还需要相当长的时间，子网掩码目前还是需要的。

3. MAC地址

MAC地址也叫物理地址、硬件地址，由网络设备制造商生产时烧录在网卡(Network lnterface Card)的EPROM(一种闪存芯片，通常可以通过程序擦写)上。

MAC地址的长度为48位，通常表示为12个十六进制数，如00-16-EA-AE-3C-40就是一个MAC地址，其中，前6位十六进制数00-16-EA代表网络硬件制造商的编号，它由IEEE(电气与电子工程师协会)分配，而后6位十六进制数AE-3C-40代表该制造商所制造的某个网络产品(如网卡)的系列号。MAC地址在世界上是唯一的。

4. 域名

由于IP地址具有不方便记忆并且不能显示地址组织的名称和性质等缺点，人们设计出了域名，并通过网域名称系统(Domain Name System，DNS)来将域名和IP地址相互映射，使人们更方便地访问互联网，而不用去记住能够被机器直接读取的IP地址数串。

域名通常是按分层结构来构成的，每个子域名都有其特定的含义。从右到左，子域名分别表示国家或地区的名称、组织类型、组织名称、分组织名称、计算机名称等。顶级域名大致可分为两类，一类是组织性顶级域名，另一类是地理性顶级域名。

全世界的域名由非营利性国际组织ICANN(互联网名称与数字地址分配机构)管理。每个国家都有自己的域名管理机构，我国的域名注册由中国互联网络信息中心(CNNIC)管理。

6.3.6 传输介质及常见的网络设备

计算机可以通过什么来连接？怎么来连接节点？

物理层利用传输介质为通信的网络节点之间建立、管理和释放物理连接，为数据链路层提供数据传输服务。

1. 网络传输介质

网络传输介质是指在网络中传输信息的载体，传输介质通常分为有线传输介质和无线传输介质。有线传输介质将信号约束在一个物理导体之内，无线传输介质不能将信号约束在某个空间范围之内。不同的传输介质，其特性也各不相同，它们不同的特性对网络中数据通信质量和通信速度有较大影响。

1) 常见有线传输介质

有线传输介质是指在两个通信设备之间实现的物理连接部分，它能将信号从一方传输到另一方。有线传输介质主要有双绞线、同轴电缆和光纤。双绞线和同轴电缆传输电信号，光纤传输光信号。

(1) 双绞线。双绞线(Twisted Pair，TP)是一种综合布线工程中最常用的传输介质，是由两根具有绝缘保护层的铜导线组成的。把两根绝缘的铜导线按一定密度互相绞在一起，每一根导线在传输中辐射出来的电波会被另一根线上发出的电波抵消，有效降低信号干扰的程度。

① 双绞线分类。双绞线按其是否有屏蔽分为两种：无屏蔽双绞线和屏蔽双绞线，如图 6-21 和图 6-22 所示。

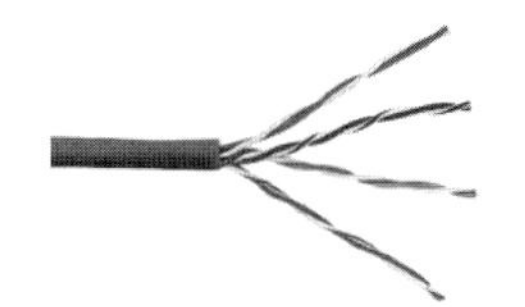

图 6-21　无屏蔽双绞线

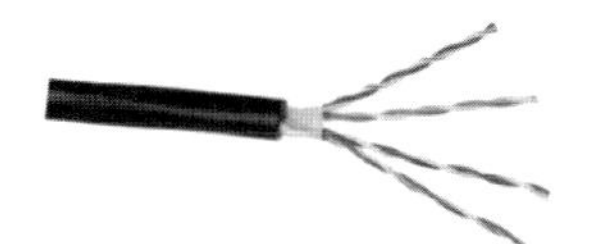

图 6-22　屏蔽双绞线

1991 年，美国电子工业协会(EIA)和电信行业协会(TIA)联合发布了"商用建筑物电信布线标准"EIA/TIA-568，规定了用于室内传送数据的无屏蔽双绞线(UTP)和屏蔽双绞线(STP)的标准。1995 年，将布线标准更新为 EIA/TIA-568-A。常用的双绞线的类别、带宽和典型应用见表 6-2。随着技术的发展，超 5 类线、6 类线在计算机网络中也有大量的使用。

表 6-2　双绞线的类别、带宽和典型应用

双绞线类型	带　宽	线缆特点	典型应用
3 类(UTP)	16MHz	两对 4 芯双绞线	模拟电话；用于传统以太网(10Mb/s)
5 类(UTP)	100MHz	与 3 类相比有更高的综合度	传输速率不超过 100Mb/s 的应用
5e 类(UTP)	125MHz	与 5 类相比衰减更小	传输速率不超过 1Gb/s 的应用
6 类(UTP)	250MHz	与 5 类相比改善了串扰等特性	传输速率高于 1Gb/s 的应用
7 类(STP)	600MHz	使用屏蔽双绞线	传输速率高于 10Gb/s 的应用

② 双绞线线序标准。双绞线端接有两种标准：T568-A 和 T568-B，如图 6-23 所示。而双绞线的连接方法也主要有两种：直通线缆和交叉线缆。双绞线端接两种标准应用场合如表 6-3 所示。

表 6-3　双绞线端接两种标准应用场合

电缆类型	标　　准	应用程序
以太网普通电缆	两端均为 T568-A 或两端均为 T568-B	将网络主机连接到交换机或集线器之类的网络设备
以太网交叉电缆	一端为 T568-A，另一端为 T568-B	连接两台网络主机 连接两台网络中间设备(交换机与交换机或路由器与路由器)

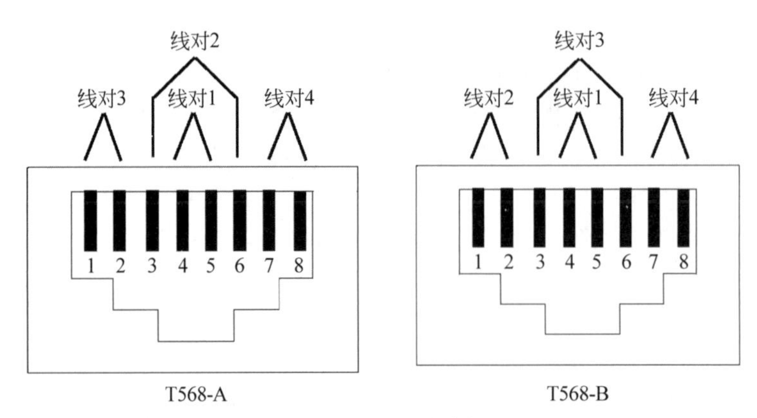

图 6-23　双绞线线序标准

T568-B 为平常所使用的线序，在百兆数据传输中，主要用到 1,2,3,6 这四根线，如果是两个交换机用双绞线连接，另一端线序为：白绿，绿，白橙，蓝，白蓝，橙，白棕，棕，称为交叉线。

③ RJ-45 连接器。普通无屏蔽双绞线（UTP）布线通过 RJ-45 连接器（如图 6-24 所示）端接网络主机与网络互联设备（交换机或路由器）互联。RJ-45 引脚定义如图 6-25 所示。数据终端设备（DTE）表现为插槽，数据电路终接设备（DCE）表现为插头。

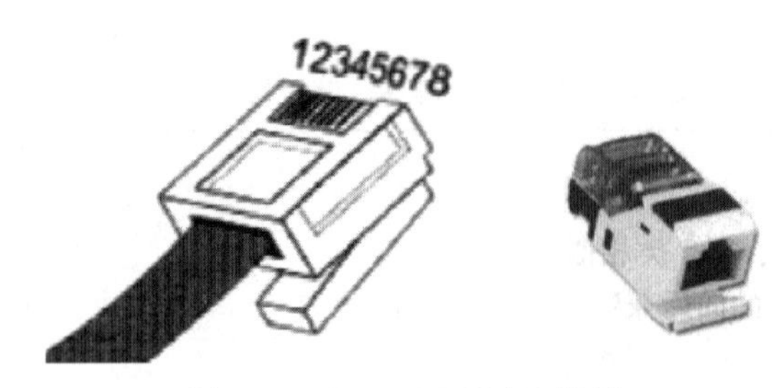

图 6-24　RJ-45 U 插头和插槽

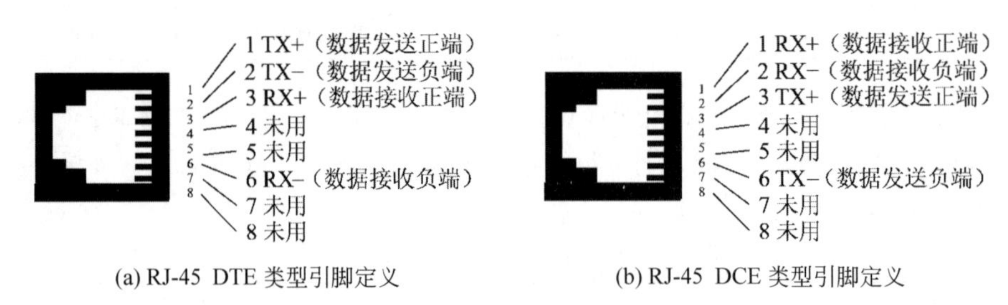

图 6-25　RJ-45 引脚定义

双绞线的优点是使用 RJ-45 连接网络主机和网络交换节点；结构简单，容易安装，节省空间，普通无屏蔽双绞线（UTP）较便宜；有一定的传输速率。

双绞线的缺点是信号衰减随频率的升高而增大，连接传输距离较短（100m）；抗干扰性一般，有辐射，容易被窃听。

(2) 同轴电缆。同轴电缆指有两个同心导体,而导体和屏蔽层又共用同一轴心的电缆。最常见的同轴电缆由绝缘材料隔离的铜线导体组成,在里层绝缘材料的外部是另一层环状导体及其绝缘体,然后整个电缆由聚氯乙烯或特氟纶材料的护套包住。

① 同轴电缆分类。同轴电缆分为基带同轴电缆和宽带同轴电缆。基带同轴电缆(50Ω 同轴电缆)如图 6-26 所示,主要用在数据通信中传送基带数字信号。宽带同轴电缆(75Ω 同轴电缆)如图 6-27 所示,这种同轴电缆用于模拟传输系统,它是有线电视系统 CATV 中的标准传输电缆,在这种电缆上传送的信号采用了频分复用的宽带信号。一条电缆同时传输不同频率的多路模拟信号,其频率可达 500MHz 以上,传输距离可达 100km,需要用到放大器来放大模拟信号。

图 6-26 50Ω 基带同轴电缆

图 6-27 75Ω 宽带同轴电缆

基带同轴电缆又为分细同轴电缆和粗同轴电缆,细缆和粗缆相关比较如表 6-4 所示。基带同轴电缆仅用于数字传输,数据传输速率可达 10Mb/s。

表 6-4 细同轴电缆与粗同轴电缆比较

细同轴电缆	粗同轴电缆
50Ω,D=1.02cm,10Mb/s	50Ω,D=2.54cm,10Mb/s
185m、4 中继、5 段(925m)	500m、4 中继、5 段(2500m)
价格低	价格稍高
安装方便(T 形连接器、BNC 接头、Terminator,如图 6-28 所示)	安装方便(收发器、收发器电缆、AUI 电缆、Terminator,如图 6-29 所示)
抗干扰能力强	抗干扰能力强
距离短	距离中等
可靠性差	可靠性好

② 同轴电缆的特点。同轴电缆的特点是频带较宽,传输率较高;损耗较低,传输距离较远(200~500m);辐射低,保密性好,抗干扰能力强;架设安装方便,容易分支;宽带电缆可实现多路复用传输。但同轴电缆同双绞线比较,价格贵。目前,高质量的同轴电缆的带宽已接近 1GHz,主要用在有线电视网的居民小区中。

(3) 光纤。光纤是光导纤维的简称,如图 6-30 所示。光纤是一根很细的可传导光线的纤维媒体,其半径仅几微米至几百微米。光纤通常由非常透明的石英玻璃拉成细丝,每根光纤主要由纤芯和包层构成双层通信圆柱体,而后一根或多根光纤再由外皮包裹构成光缆,如图 6-31 所示。

图 6-28　BNC 接头

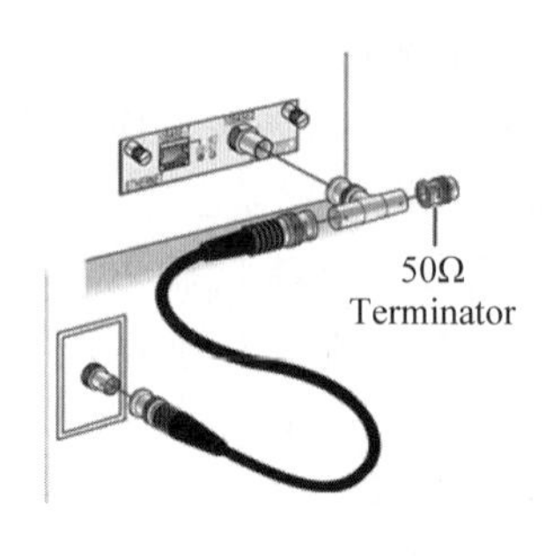

T 形连接器，Terminator

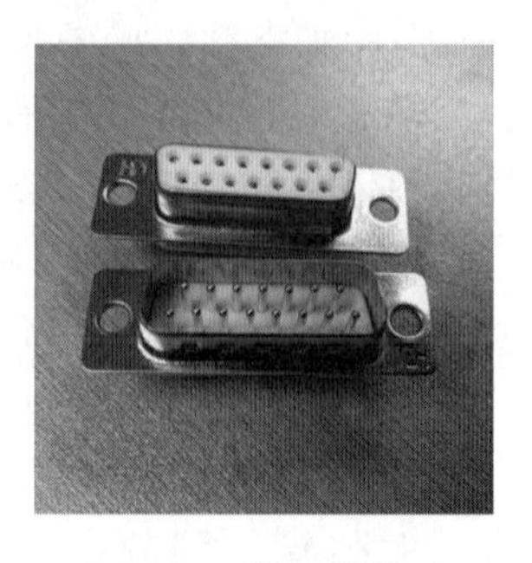

AUI (“D”型 15 针接口)

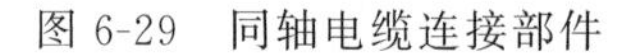

图 6-29　同轴电缆连接部件

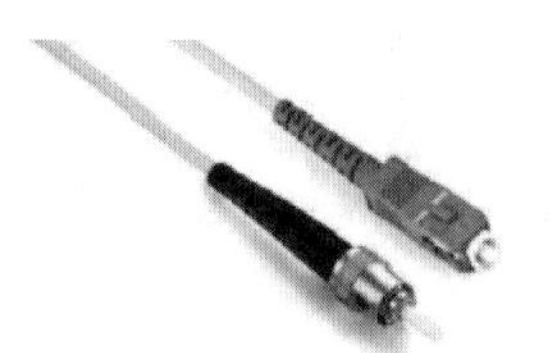

图 6-30　单根光纤

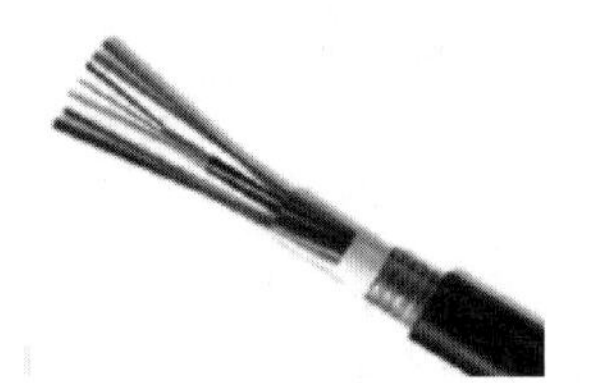

图 6-31　光缆

① 光纤的特点。光纤是一种可以传输光信号的网络传输介质。与其他传输介质相比，光纤不容易受电磁或无线电频率干扰，所以传输速率较高、带宽较宽，传输距离也较远。同时，光纤也比较轻便，容量较大，本身化学性稳定不易腐蚀，能适应恶劣环境。但光纤断裂的检测和修复都很困难。

② 光纤分类。光纤的结构和同轴电缆相似，只是没有网状屏蔽层。根据传输点模数的不同，可以分为单模光纤和多模光纤。所谓“模”是指以一定角度进入光纤的一束光。

单模光纤只允许一束光传播，纤芯相应比较细，传输频带宽，容量大，传输距离长，但因其需要激光光源，成本较高，通常在建筑物之间或地域分散时使用，用于 LAN 或几百米距离的园区网。

多模光纤纤芯粗，传输速率低、距离短，整体传输性能差，但其成本低，一般用于建筑物内或地理位置相邻的建筑物间的布线环境下。单模、多模光纤性能比较见表 6-5。

表 6-5　单模、多模光纤比较

项目	单模光纤	多模光纤
传输距离	长	短
数据传输速率	高	低
线缆直径	小	大
光源	激光	发光二极管
信号损耗	小	大
接入难度	小	大
成本	高	低

③ 光纤传输原理。光纤传输原理是利用了光的反射。光纤通信就是利用光纤传递光脉冲来进行通信。光波在纤芯中的传播如图 6-32 所示。

图 6-32　光波在(单模光纤和多模光纤)纤芯中的传播

光纤和 UTP 具有各自的特点和优势。网络干线上大量使用光纤,用户桌面的接线大量使用 UTP。选择传输介质时需综合考虑多种因素,满足用户使用需求和环境要求,提高性价比。三种传输介质的比较见表 6-6。

表 6-6　三种传输介质比较

传输媒体	速　率	传输距离	性能(抗干扰性)	价　格	应　用
双绞线	10～1000Mb/s	几十千米	可以	低	模拟/数字传输
50Ω 同轴电缆	10Mb/s	3 千米内	较好	略高于双绞线	基带数字信号
75Ω 同轴电缆	300～450MHz	100 千米	较好	较高	模拟传输电视、数据及音频
光纤	几十吉位每秒	30 千米以上	很好	较高	远距离传输

2) 无线传输介质

自由空间指我们周围的空气和真空。可以在自由空间利用电磁波发送和接收信号进行通信就是无线传输。在计算机网络中,无线传输可以突破有线网的限制,利用空间电磁波实现站点之间的通信,可以为广大用户提供移动通信。最常用的无线传输介质有:无线电波、微波和红外线。

(1) 无线电波。无线电波是指在自由空间传播的射频频段的电磁波。无线电技术是通过无线电波传播声音或其他信号的技术。

① 无线电技术的原理。无线电技术的原理在于,导体中电流强弱的改变会产生无线电波。利用这一现象,通过调制可将信息加载于无线电波之上。当电波通过自由空间传播到达收信端,电波引起的电磁场变化又会在导体中产生电流。通过解调将信息从电流变化中提取出来,就达到了信息传递的目的。

② 无线电波的传播特性。无线电波的传播特性与频率有关,频谱图如图 6-33 所示。低频和中频波段内,无线电波可以轻易地通过障碍物,但能量随着与信号源距离的增大而急剧减少。

在高频或甚高频波段内地表电波会被地球吸收,但会被离地球数百千米高度的带电粒子层电离层再反射回到地面,因而可以达到更远的距离。

(2) 微波。微波是指频率为 300MHz～300GHz 的电磁波,是无线电波中一个有限频带的简称,即波长在 1m(不含 1m)到 1mm 的电磁波,是分米波、厘米波、毫米波的统称。微波频率比一般的无线电波频率高,通常也称为“超高频电磁波”。

① 微波中继通信。微波通信是直接使用微波作为介质进行的通信,当两点间直线距

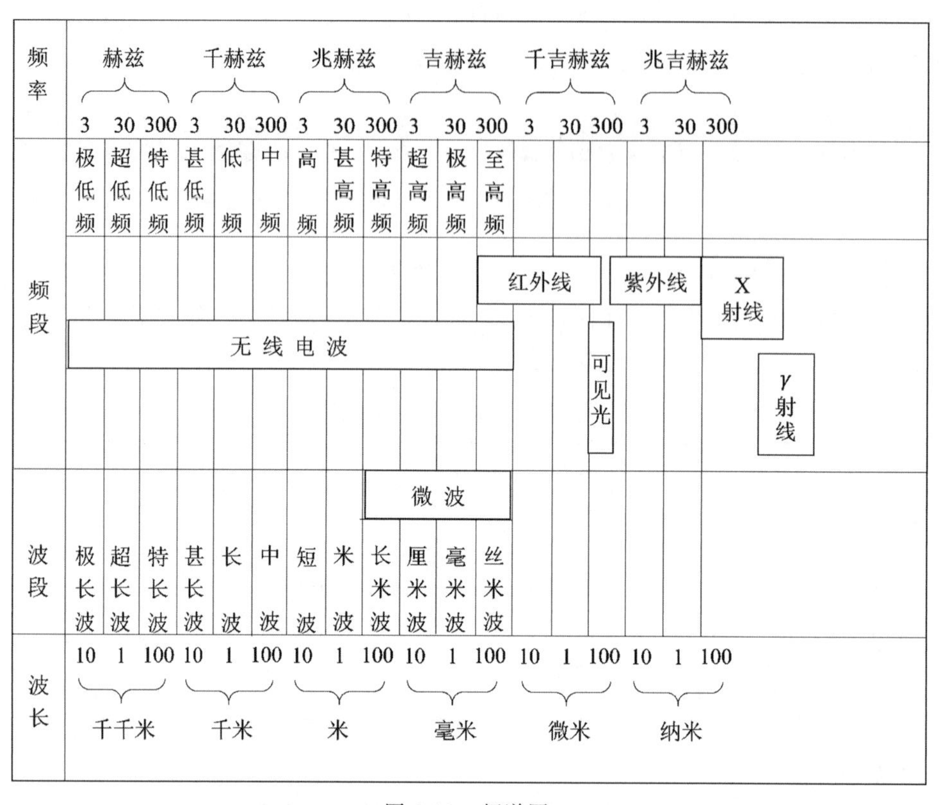

图 6-33　频谱图

离内无障碍时就可以使用微波传送。一般说来，由于地球曲面的影响以及空间传输的损耗，每隔 50km 左右，就需要设置中继站，将电波放大转发而延伸。这种通信方式，也称为微波中继通信或称微波接力通信。长距离微波通信干线可以经过几十次中继而传至数千千米仍可保持很高的通信质量，微波中继通信如图 6-34 所示。利用微波进行通信具有容量大、质量好并可传至很远的距离的特点，因此是国家通信网的一种重要通信手段，也普遍适用于各种专用通信网。微波接力通信可以传输电话、电报、图像、数据等信息。

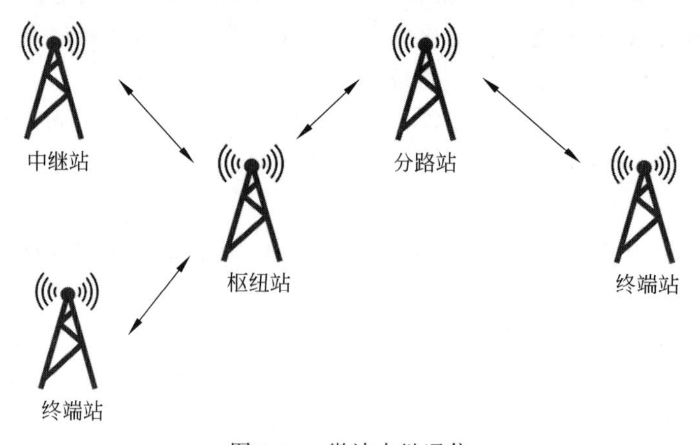

图 6-34　微波中继通信

② 卫星通信。常用的卫星通信方法是在地球站之间利用位于约三万六千千米高空的人造同步地球卫星作为中继器的一种微波接力通信。对地面静止通信卫星就是在太空的无人值守的微波通信的中继站。

卫星通信的最大特点是通信距离远。只要在地球赤道上空的同步轨道上，等距离地放置 3 颗相隔 120°的卫星，就能基本上实现全球的通信。

卫星通信的另一个特点就是具有较大的传播时延，由于每个地球站的天线仰角并不相同，因此不管两个地球站之间的地面距离是多少，从一个地球站经卫星到另一地球站的传播时延为 250～300ms，一般可取为 270ms。

(3) 红外线。太阳光谱中，红光的外侧必定存在看不见的光线，这就是红外线。红外线(Infrared)是波长介于微波与可见光之间的电磁波，波长为 1mm～760nm。

① 红外线通信。红外线通信是利用 950nm 近红外波段的红外线作为传递信息的媒介，即通信信道。发送端将基带二进制信号调制为一系列的脉冲串信号，通过红外发射管发射红外信号。接收端将接收到的光脉冲转换成电信号，再经过放大、滤波等处理后送给解调电路进行解调，还原为二进制数字信号后输出。红外通信的实质就是对二进制数字信号进行调制与解调，以便利用红外信道进行传输；红外通信接口就是针对红外信道的调制解调器。

② 红外线通信特点。红外线通信不易被人发现和截获，保密性强；几乎不会受到电气、天电、人为干扰，抗干扰性强。此外，红外线通信机体积小，重量轻，结构简单，价格低廉。但是它必须在直视距离内通信，且传播受天气的影响。在不能架设有线线路，而使用无线电又怕暴露自己的情况下，使用红外线通信是比较好的。

2. 常用的网络通信设备

工作在物理层的通信设备有调制解调器、中继器(转发器)、集线器。工作在网络接口层的通信设备有网络适配器(网卡)。工作在数据链路层的通信设备有交换机。工作在网络层的通信设备有路由器。

1) 调制解调器

调制解调器是 Modulator(调制器)与 Demodulator(解调器)的简称，根据 Modem 的谐音，亲昵地称之为“猫”，是一种能够实现通信所需的调制和解调功能的电子设备，一般由调制器和解调器组成。在发送端，将计算机串行口产生的数字信号调制成可以通过电话线传输的模拟信号；在接收端，调制解调器把输入计算机的模拟信号转换成相应的数字信号，送入计算机接口。在个人计算机中，调制解调器常被用来与别的计算机交换数据和程序，以及访问联机信息服务程序等。

光调制解调器由发送、接收、控制、接口及电源等部分组成。数据终端设备以二进制串行信号形式提供发送的数据，经接口转换为内部逻辑电平送入发送部分，经调制电路调制成线路要求的信号向线路发送。接收部分接收来自线路的信号，经滤波、反调制、电平转换后还原成数字信号送入数字终端设备。类似于电通信中对高频载波的调制与解调，光调制解调器可以对光信号进行调制与解调。不管是模拟系统还是数字系统，输入到光发射机带有信息的电信号，都通过调制转换为光信号。光载波经过光纤线路传输到接收端，再由接收机通过解调把光信号转换为电信号。

2）中继器（转发器）

中继器工作在物理层，是最简单的网络互联设备。线路上传输的信号功率由于存在损耗会逐渐衰减，衰减到一定程度时信号失真会导致接收错误。中继器就是为解决这一问题而设计的。它接收并识别网络信号，然后再生信号并将其发送到网络的其他分支上。中继器完成物理线路的连接，放大衰减信号，保持与原数据相同。一般情况下，中继器的两端连接的是相同的传输介质，但有的中继器也可以完成不同传输介质的转接。

中继器又叫转发器，是两个网络在物理层上的连接，用于连接具有相同物理层协议的LAN，是LAN互联的最简单的设备。中继器适用于较小地理范围内的相对较小的局域网（少于100个节点），如一栋建筑物。由于中继器不能阻隔局域网网段间的通信，所有的数据都能双向通过中继器（不能过滤任何数据），所以不能用它连接负载重的局域网。

中继器在以太网中用来扩展物理介质的作用范围，遵循以太网中继器5/4/3规则。即可以在两个LAN之间串接4个中继器/5个网段，其中3个网段可用来连接主机节点，另有两个网段不能用来连接节点，只能用于延伸距离。使用转发器以太网的最大作用距离如图6-35所示。随着技术的发展，物理层中继器的5/4/3规则已经被淘汰了。

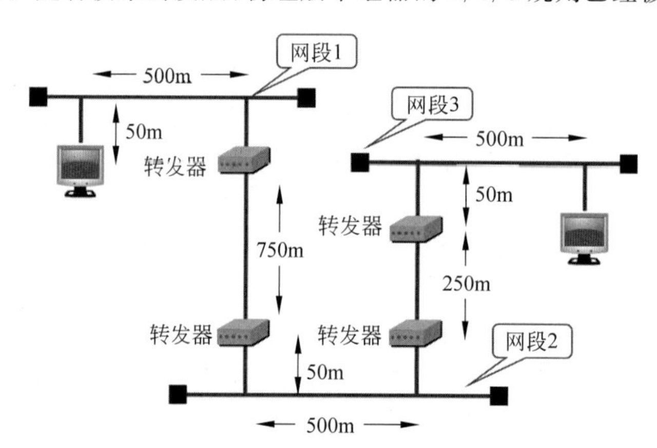

图6-35　使用转发器以太网的最大作用距离

3）集线器

集线器也叫Hub或Concentrator，工作在物理层，是基于星状拓扑网络的连接点。集线器的基本功能是信息分发，它把一个端口接收的信号向所有其他端口分发出去。星状配置的以太网是最流行的以太网组网方式。线缆使用RJ-45连接头，一端连接设备的网卡，另一端连接集线器的端口。通常使用5类双绞线连接。由于集线器的出现和双绞线的大量应用，星状以太网以及多级星状结构获得广泛应用，如图6-36所示。用多个集线器可连成更大的局域网，如图6-37所示。如果不同的碰撞域使用不同的数据率，那么就不能用集线器将它们互联起来。

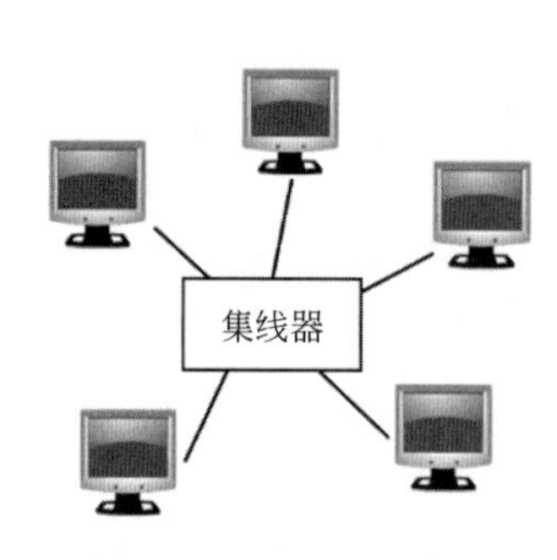

图6-36　星状小局域网

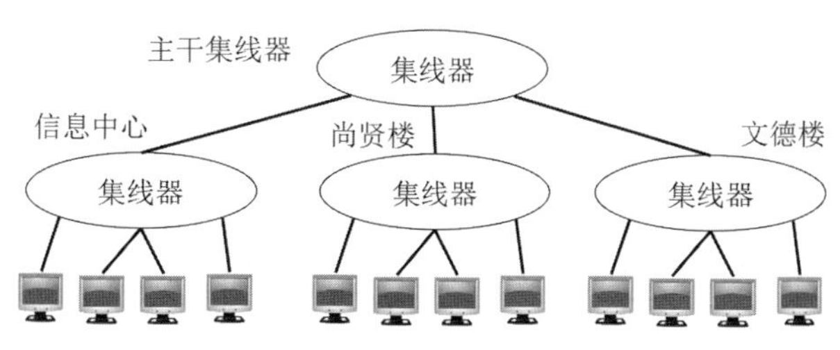

图 6-37　用多个集线器可连成更大的局域网

集线器的工作过程可以这样简单描述：首先是节点发信号到线路，集线器接收该信号，因信号在电缆传输中有衰减，集线器接收信号后将衰减的信号整形放大，最后集线器将放大的信号广播转发给其他所有端口。

4）网卡

计算机与外界局域网的连接是通过主机箱内插入一块网络接口板，网络接口板又称为通信适配器或网络适配器（Network Adapter）或网络接口卡（Network Interface Card，NIC），但是更多的人愿意使用更为简单的名称"网卡"。网络适配器（网卡）工作在网络接口层，也就是工作在数据链路层和物理层。网卡主要是第二层设备，每块适配器的 ROM 中烧录一个唯一的 MAC 地址标识符封装数据成帧，为传输比特流打包，提供介质访问。网卡也是第一层设备，创建信号与传输介质的接口，内建转发器。

在 Windows 主机上，使用 ipconfig 命令可查询网卡的 MAC 地址。根据网卡支持的计算机种类，主要分为标准以太网卡（用于台式计算机联网）和 PCMCIA 网卡（用于笔记本电脑联网）。

网卡从网络上每收到一个 MAC 帧就首先用硬件检查 MAC 帧中的 MAC 地址。如果是发往本站的帧则收下，然后再进行其他的处理，否则就将此帧丢弃，不再进行其他的处理。网卡的功能如图 6-38 所示。

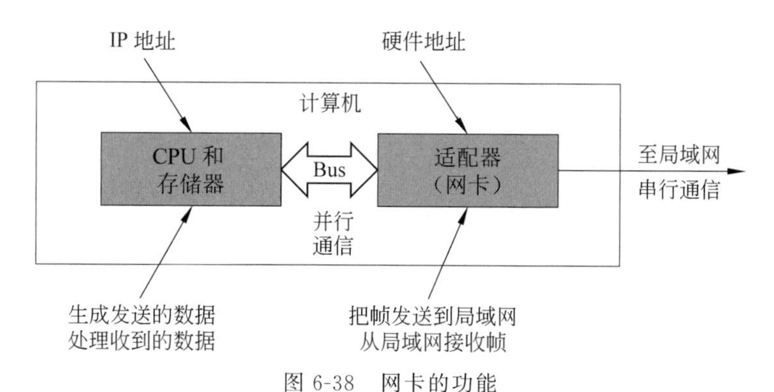

图 6-38　网卡的功能

网卡的重要功能如下。

（1）进行串行/并行转换。

（2）对数据进行缓存，速率匹配。

（3）安装设备驱动程序，通过操作系统与存储器等设备协调工作。

(4) 实现以太网协议(封装-发送-地址检查-接收-有效判断-校验)。

5) 网桥

网桥是用来连接不同的 LAN 段,在数据链路层可扩展局域网的作用范围。通过过滤属于同一网段内的通信流量,隔离碰撞域,减少冲突,改善网络的性能。以 LAN 段分流通信量,基于 MAC 地址存储转发和过滤。随着交换机的出现,网桥已淘汰。

6) 交换机

交换机工作在数据链路层。交换机实质上是一个多端口的网桥,它的每个端口可以连一台主机、一个集线器 Hub 或与另一台交换机相连,其工作原理与网桥相同。

交换机(Switch)意为“开关”,是一种用于电(光)信号转发的网络设备,如图 6-39 所示。它可以为接入交换机的任意两个网络节点提供独享的电信号通路。最常见的交换机是以太网交换机,其他常见的还有电话语音交换机、光纤交换机等。

图 6-39 交换机

1990 年问世的交换式集线器,常称为以太网交换机(Switch)。以太网交换机通常都有十几个端口,每个端口直接与一台主机或另一个以太网交换相连,一般工作在全双工方式。以太网交换机具有并行性,即能同时连通多对接口,使多对主机能同时通信。相互通信的多对主机都是独占传输媒体,无碰撞地传输数据。以太网交换机是一种即插即用设备,其内部的帧交换表(又称为地址表)是通过逆向学习(Backward Learning,或称自学习)算法自动地逐渐建立起来的。以太网交换机使用了常用的交换结构芯片,用硬件转发。

交换机工作于数据链路层。交换机内部的 CPU 会在每个端口成功连接时,通过将 MAC 地址和端口对应,形成一张 MAC 表。在今后的通信中,发往该 MAC 地址的数据包将仅送往其对应的端口,而不是所有的端口。因此,交换机可用于划分数据链路层广播,即冲突域;但它不能划分网络层广播,即广播域。

总之,交换机是一种基于 MAC 地址识别,能完成封装转发数据帧功能的网络设备。交换机可以“学习”MAC 地址,并把其存放在内部地址表中,通过在数据帧的始发者和目标接收者之间建立临时的交换路径,使数据帧直接由源地址到达目的地址。

以太网交换机包含一组十几个端口,每个端口拥有高速缓冲区暂存接收的帧,内部的帧交换表建立存储维护一组端口号/MAC 地址映射。通过转发机构实现多对不同端口之间的交换转发。下面以实例介绍以太网交换机的工作原理,如图 6-40 所示,图中使用以太网交换机,同时实现了不同端口上的节点 A 和节点 D 及节点 E 和节点 B 这两对主机的通信。

交换机端口 1 上的节点 A 向节点 D 发送帧,其 MAC 帧的目的地址是站点 D 的 MAC 地址,即 DA=0E1002000013,交换机从端口 1 收到此帧,通过查找端口/MAC 地址映射表,找到目的地址 D 转发的端口号是 5,则将此帧转发到 5 号端口上。

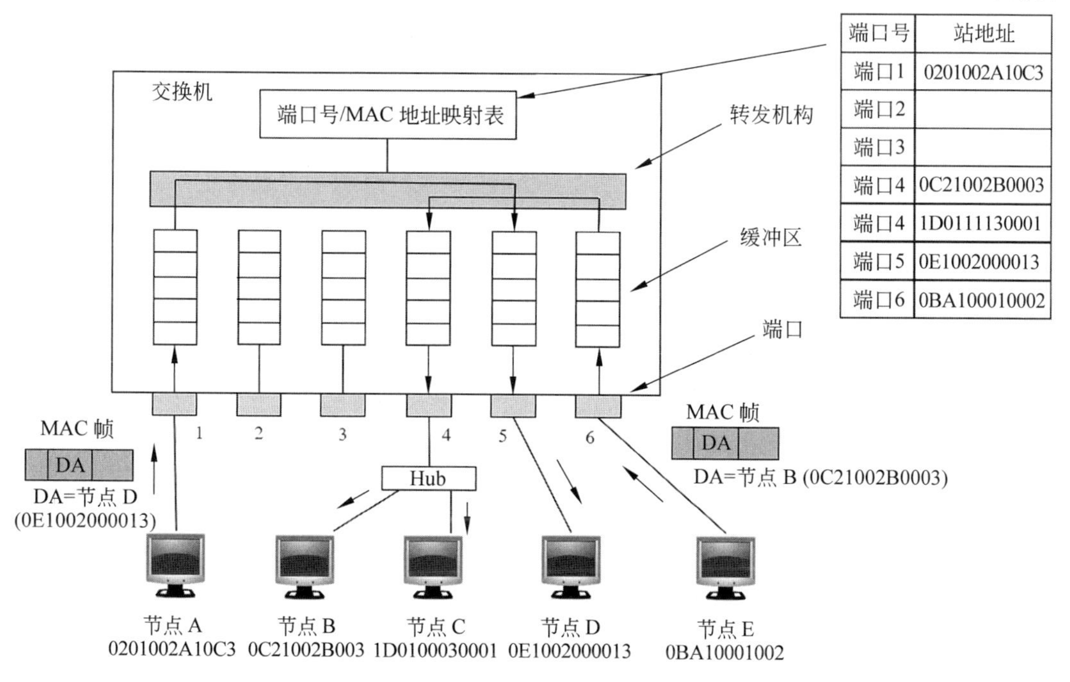

图 6-40　以太网交换机的工作原理

图 6-40 中端口 6 上的节点 E 向节点 B 发送帧，帧的目的 MAC 是站点 B 的 MAC 地址，即 DA＝0C21002B0003，以太网交换机从端口 6 收到此帧，通过查找端口/MAC 地址映射表，找到目的地址 DA 相应的端口号是 4，则将此帧转发到 4 号端口上，4 号端口连接的 Hub 收到此帧，向除连接交换机的 4 号端口之外的 Hub 的所有端口转发此帧，Hub 连接的节点 B 和节点 C 都可以收到此帧，节点 B 正确接收，节点 C 发现目的 MAC 地址不是给自己的，就丢弃了。

交换机最重要的工作就是建立和维护其地址转发表(即端口号/ MAC 地址映射表)。以太网交换机常用来替换集线器，用以太网交换机作为星状以太网的中央交换节点，连接扩展局域网，以改善现有网络的性能。交换机采用硬件交换结构芯片，具有比网桥更高的交换速度，可互联不同 MAC 层和不同速率的网络，可方便地实现 VLAN。

光纤交换机是一种高速的网络传输中继设备，又叫作光纤通道交换机、SAN 交换机，较普通交换机而言，它采用了光纤电缆作为传输介质。光纤传输的优点是速度快、抗干扰能力强。光纤交换机主要有两种，一是用来连接存储的 FC 交换机，另一种是以太网交换机，端口是光纤接口的，和普通的电接口的外观一样，但接口类型不同。

7）路由器

“路由”，是指把数据从一个地方(如主机 A)传送到另一个地方(如主机 B)的行为和动作。路由器是执行这种行为动作的机器。路由器利用路由表和转发策略为数据传输选择路径。路由器又称为网关设备，工作在网络层。路由器的主要作用是连通不同的网络，选择信息传送的线路。它可以连接不同类型的局域网和广域网，目前家庭广泛使用的

Wi-Fi,就是无线路由。

路由器的工作方式与交换机不同,交换机利用物理地址(MAC 地址)来确定转发数据的目的地址,而路由器则是利用网络地址(IP 地址)来确定转发数据的地址。

路由器的任务是转发分组。也就是说,将路由器某个输入端口收到的分组,按照分组要去的目的地(即日的网络),把该分组从路由器的某个合适的输出端口转发给下一跳路由器。下一跳路由器也按照这种方法处理分组,直到该分组到达终点为止。

一个 IP 数据报由首部和数据两部分组成。

IP 数据报作为网络层数据必然要通过帧来传输;一个数据报可能要通过多个不同的物理网络;每一种物理网络都规定了各自帧的数据域最大字节长度的最大传输单元 MTU。

下面假定分组在传输过程中没有出现差错,在转发时也没有被丢弃,讲述分组交换的过程:第一步,在发送端先把较长的报文(要传输的数据)划分成较短的固定长度的数据段;第二步,每一个数据端前面添加上首部构成分组;第三步,以分组作为数据传输单元,依次把各分组发送到接收端;第四步,接收端收到分组后剥去首部;最后,在接收端把收到的数据恢复成为原来的报文。

分组交换的本质就是存储转发,它将所接收的分组暂时存储下来,在目的方向路由上排队,当它可以发送信息时,再将信息发送到相应的路由上,完成转发。

数据包传送的关键是将目标节点的 IP 地址映射到中间节点的 MAC 地址。IP 地址与 MAC 地址的映射要通过 ARP 来完成,它可将网络中的 IP 地址映射到主机的 MAC 地址,如交换机可以根据网络中的 IP 地址来找到本地主机的 MAC 地址。具体过程是:当交换机接收到来自网上的一个数据包时,会根据该数据包的目标 IP 地址,查看交换机内部是否有跟该 IP 地址对应的 MAC 地址,如果有上次保留下来的对应的 MAC 地址,就会将该数据包转发到对应 MAC 地址的主机上去。如果在交换机内部没有与目标地址对应的 MAC 地址,则交换机会根据 ARP 将目标 IP 地址按照“表”中的对应关系映射成 MAC 地址,数据包就被转送到对应的 MAC 地址的主机上。

8)无线接入点

无线接入点(Wireless Access Point,WAP)是一个无线网络的接入点,俗称“热点”。其功能是把有线网络转换为无线网络。WAP 是无线网和有线网之间沟通的桥梁,允许有线、无线设备的互联。

6.4 局　域　网

6.4.1 局域网特点

局域网覆盖范围一般为几十米到几千米,如一座建筑内、一个校园内,或者一个企业范围内。小到两台计算机互联,大到几百台计算机互联。

局域网的特点是地理范围小;站点数目有限;传输速率高、延时低;易于建立、管理和维护。局域网区别于城域网及广域网的关键因素在于它不是骨干网。局域网使用广播信道，具有广播功能，从一个站点可很方便地访问全网。局域网上的主机可共享连接在局域网上的各种硬件和软件资源，便于系统的扩展和演变，各设备的位置可灵活调整和改变，提高了系统的可靠性、可用性和残存性。

6.4.2 局域网参考模型

局域网参考模型只对应于 OSI 参考模型的物理层和数据链路层，它将数据链路层划分为逻辑链路控制（Logical Link Control，LLC）子层和介质访问控制（Media Access Contro，MAC）子层。

LLC 子层向高层提供一个或多个逻辑接口，这些接口被称为服务访问点（Service Access Poin，SAP）。SAP 具有帧的接收、发送功能。发送时将要发送的数据加上地址和 CRC 字段等构成 LLC 帧；接收时将帧拆封，进行地址识别和 CRC 校验。

MAC 子层在支持 LLC 层完成介质访问控制功能时，可以提供多个可供选择的介质访问控制方式。为此，局域网标准化委员会（IEEE 802 标准）制定了多种介质访问控制方式，如 CSMA/CD、Token Ring、Token Bus 等。定义了多种主要的 LAN：以太网（Ethernet）、令牌环网（Token Ring）、光纤分布式接口网络（FDDI）、异步传输模式网（ATM）、无线局域网（WLAN），如图 6-41 所示。

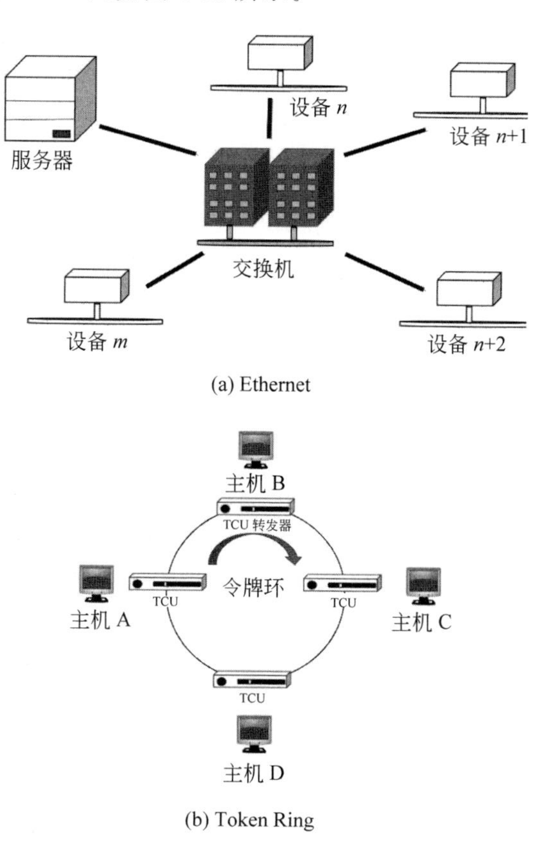

(a) Ethernet

(b) Token Ring

图 6-41 多种主要的 LAN

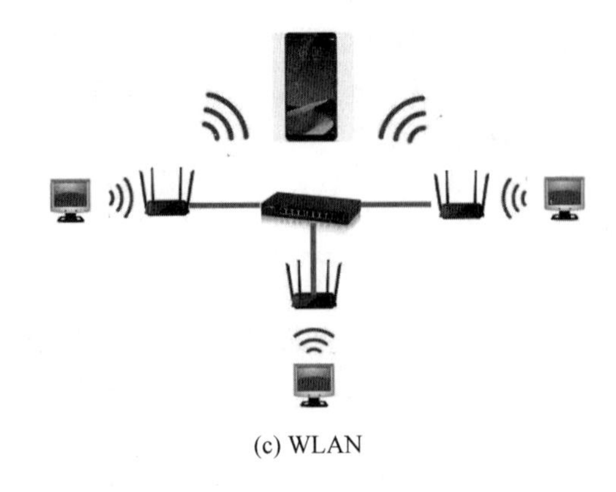

(c) WLAN

局域网
交换机
光纤测温服务器
短信猫
地面
井下
交换机
10 路光纤
10 路光纤
10 路光纤

(d) FDDI

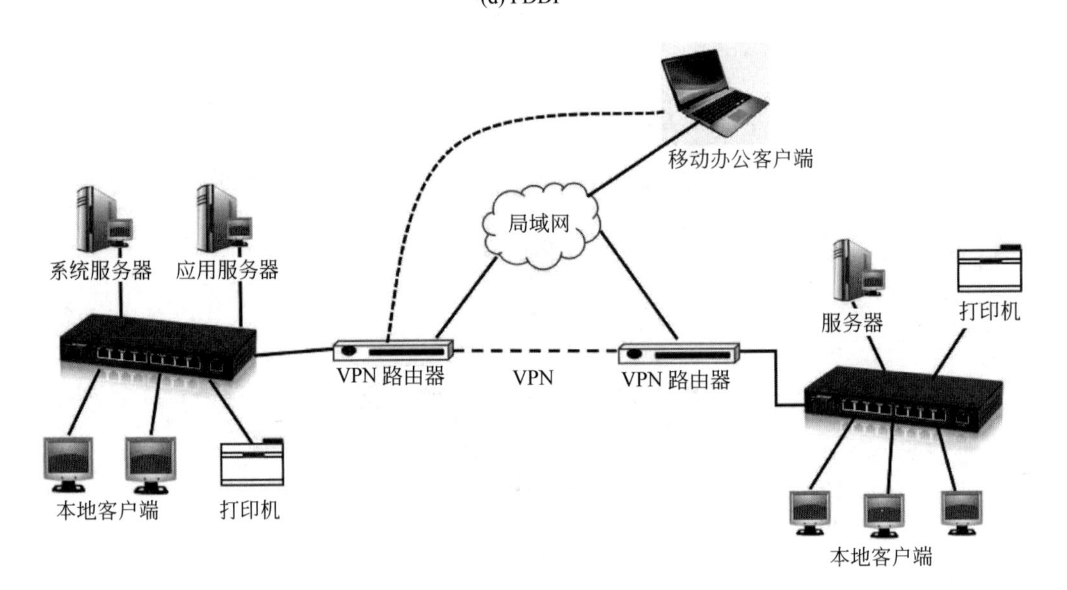

(e) ATM

图 6-41 （续）

6.4.3 局域网的介质访问控制方法——CSMA/CD

介质访问控制技术就是解决当局域网中共用信道的使用发生竞争时,如何分配信道使用权的问题。争用型介质访问控制方法如 CSMA/CD 方式。CSMA/CD 即带冲突检测的载波侦听多路访问技术(Carrier Sense Multiple Access/Collision Detection)。CSMA/CD 的工作原理是先听后发,边听边发,冲突停止,随机延时后重发,流程如图 6-42 所示。

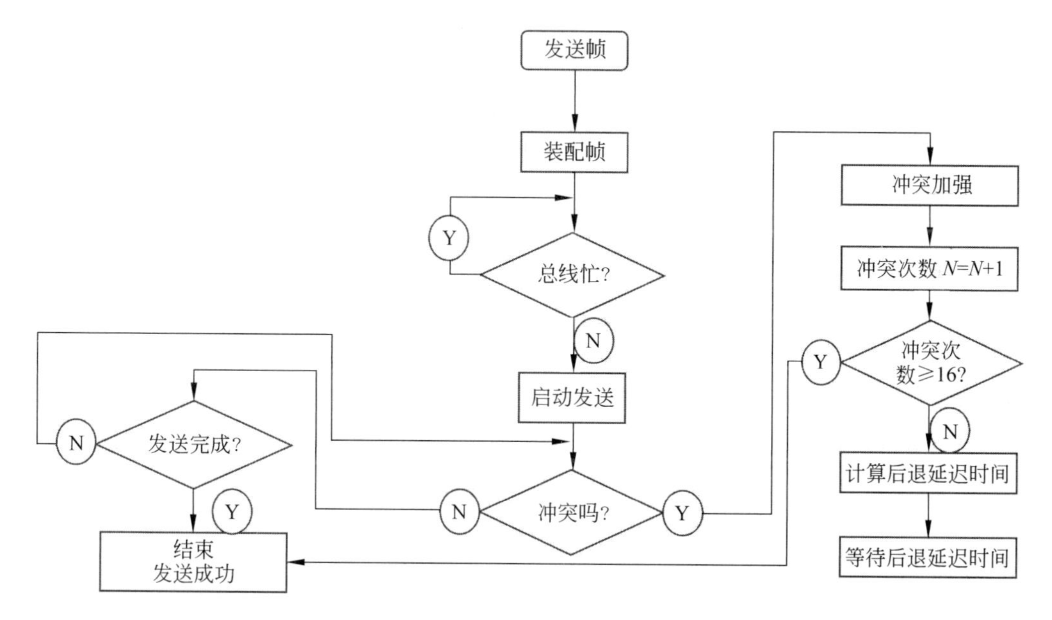

图 6-42 CSMA/CD 流程图

6.4.4 以太网技术

1. 标准以太网

标准以太网使用的是 CSMA/CD(带冲突检测的载波侦听多路访问)的访问控制方法,通常把这种最早期的 10Mb/s 以太网称为标准以太网。以太网主要有两种传输介质:双绞线,同轴电缆,见表 6-7。

表 6-7 传统以太网标准

特 性	10Base-2	10Base-5	10Base-T	10Base-F
传输速率/(Mb/s)	10	10	10	10
信号传输方法	基带	基带	基带	基带
最大网段长度/m	185	500	100	2000

续表

特　性	10Base-2	10Base-5	10Base-T	10Base-F
传输介质	50Ω 细同轴电缆	50Ω 粗同轴电缆	UTP	光缆
拓扑结构	总线型	总线型	星状	点对点
连接器类型	DB15	BNC	RJ-45	ST

10Base-T 是以太网中最常用的一种标准，安装简单、扩展方便、网络的可扩展性强、集线器或交换机具有很好的故障隔离作用。10Base-T 以太网标准组网案例如图 6-43 所示。

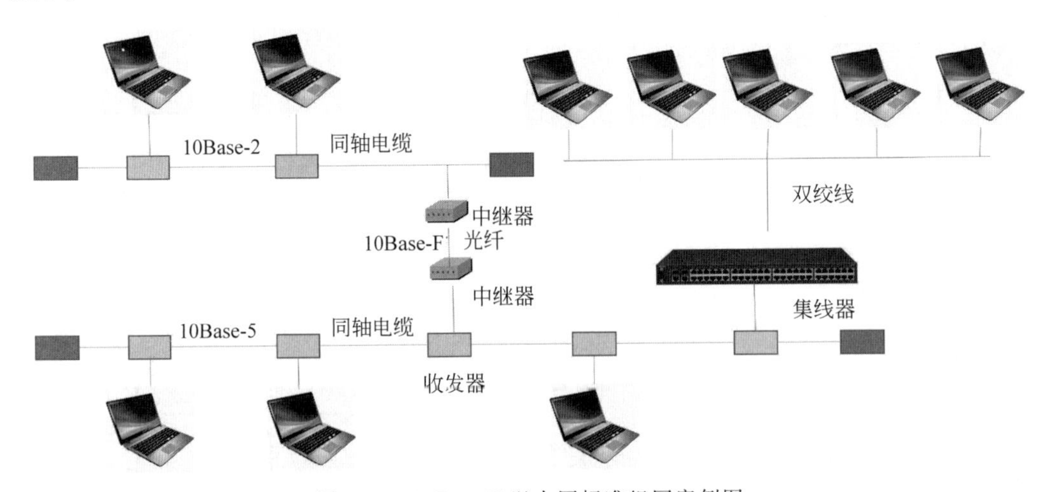

图 6-43　10Base-T 以太网标准组网案例图

2. 快速以太网

快速以太网是一类新型的局域网，其名称中的“快速”是指数据速率可以达到 100Mb/s，是标准以太网的数据速率的 10 倍。快速以太网标准见表 6-8。

表 6-8　快速以太网标准

物理层标准	传输介质	线缆对数	最大网段长度	编码方式	优点
100Base-T4	3/4/5 类 UDP	4 对	100m	8B/6T	3 类 UTP
100Base-TX	5 类 UTP/RJ-45 接头	2 对	100m	4B/5B	全双工
	1 类 STP/D89 镜头	2 对	100m	4B/5B	全双工
100Base-TX	62.5μm 单模/125μm 多模光纤，ST 或 SC 光纤连接器	2 对	2000m	4B/5B	全双工 长距离

快速以太网与 10Base-T 一样可支持共享式与交换式两种使用环境，在交换式以太网环境中可以实现全双工通信。100Base-TX 标准组网案例如图 6-44 所示。

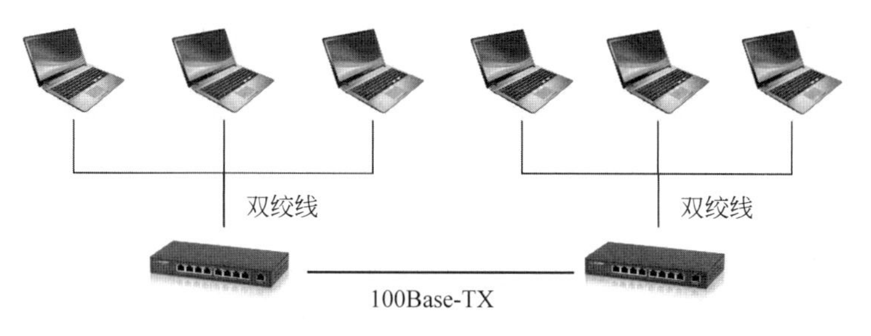

图 6-44　100Base-TX 标准组网案例

3. 千兆以太网标准

千兆以太网标准是对以太网技术的再次扩展，其数据传输率达到 1000Mb/s，即 1Gb/s，因此也被称为吉比特以太网，千兆以太网标准见表 6-9。

表 6-9　千兆以太网标准

标准	线缆类型及连接器	线缆对数	最大网段长度	编码方式	主要优点
100Base-SX	芯径为 62.5μm 和 50μm 的多模光纤	…	260m，525m	8B/10B	适用于作为大楼网络系统的主干通路
100Base-LX	芯径为 50μm 和 62.5μm 的多模光纤 芯径为 9μm 的单模光纤	…	多模：550m 单模：5000m	8B/10B	适用于建筑物内的短距离主干网络
100Base-CX	150Ω 平衡屏蔽双绞线	…	25m	8B/10B	主要用于集群设备的连接，如一个机房内的设备互联
1000Base-T	5 类 UTP 双绞线	4 对	100m	PAM-5	主要用于结构化布线中建筑物内同一楼层的主机或设备连接，也可用于大楼内主干网络

千兆以太网向下和以太网与快速以太网完全兼容，从而原有的 10M 以太网或快速以太网可以方便地升级到千兆以太网。千兆以太网标准组网案例如图 6-45 所示。

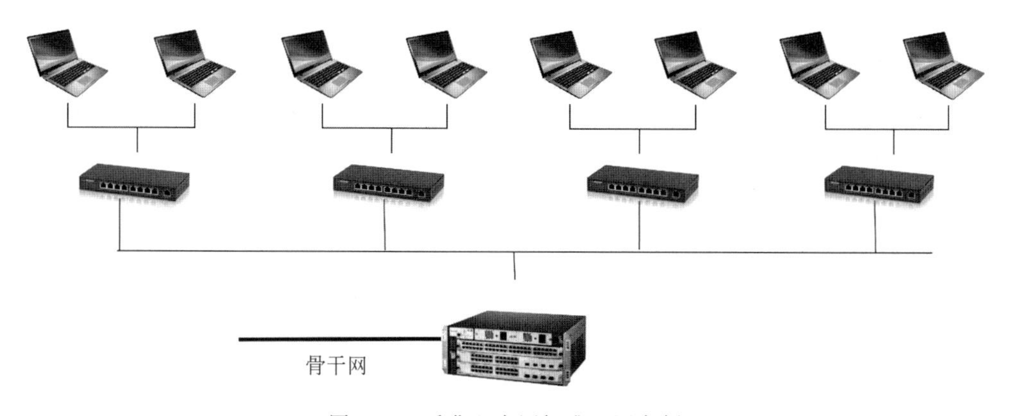

图 6-45　千兆以太网标准组网案例

4. 万兆以太网

万兆以太网于2002年7月在IEEE通过。万兆以太网包括10GBase-X、10GBase-R、10GBase-W及基于铜缆的10GBase-T等(2006年通过)。

为了提供10G的传输速率,IEEE 802.3ac 10GE标准在物理层只支持光纤作为传输介质。在物理拓扑上,万兆以太网既支持星状连接或扩展星状连接,也支持点到点连接以及星状连接与点到点连接的组合。在万兆以太网的MAC子层,已不再采用CSMA/CD机制,其只支持全双工方式。

万兆以太网技术提供更加丰富的带宽和处理能力,能够有效地节约用户在链路上的投资,并保持以太网一贯的兼容性、简单易用和升级容易的特点。

6.4.5 无线局域网

无线局域网(Wireless Local Area Network,WLAN)指应用无线通信技术将计算机设备互联起来,构成可以互相通信和实现资源共享的网络体系。无线局域网本质的特点是不再使用通信电缆将计算机与网络连接起来,而是它利用射频(Radio Frequency,RF)技术,使用电磁波,通过无线的方式连接,从而使网络的构建和终端的移动更加灵活。

IEEE 802.11定义了WLAN协议中物理层与数据链路层的一部分(MAC)层。IEEE 802.11这个编号有时指众多标准的统称,有时也专指无线局域网的一种通信方式。MAC层中物理地址与以太网相同,都使用MAC地址,介质访问控制使用CSMA/CA方式。

1. CSMA/CA工作过程

首先检测信道是否有使用,如果检测出信道空闲,则等待一段时间后,才送出数据;接收端如果正确收到此帧,则经过一段时间间隔后,向发送端发送确认帧ACK;发送端收到ACK帧,确定数据正确传输。如果在规定的时间内没有收到确认,表明出现冲突,发送失败,执行退避算法,重发此帧。

2. 无线局域网设备

无线局域网可独立存在,也可与有线局域网共同存在并进行互联。在WLAN中最常见的组件如下:笔记本电脑和工作站或无线移动终端、无线网卡、无线接入点(AP)、天线等。

1) 无线网卡

无线网卡作为无线网络的接口,实现与无线网络的连接,作用类似于有线网络中的以太网网卡。

2) 无线接入点

AP为Access Point简称,一般翻译为"无线接入点"或"桥接器"。接入点的作用相当于局域网集线器。它在无线局域网和有线网络之间接收、缓冲存储和传输数据,以支持一组无线用户设备。接入点通常是通过标准以太网线连接到有线网络上，并通过天线与无线设备进行通信。在有多个接入点时，用户可以在接入点之间漫游切换。目前常用的AP是无线路由器。

3. 无线局域网组网方式

无线局域网配置方式通常有两种：对等模式和基础结构模式，如图6-46和图6-47所示。

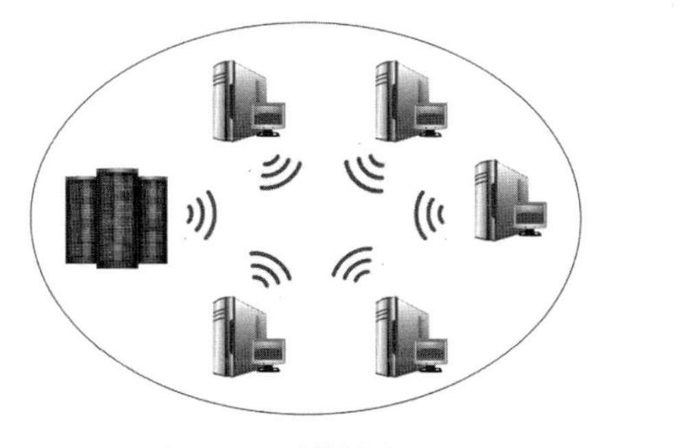

图6-46 对等模式组网

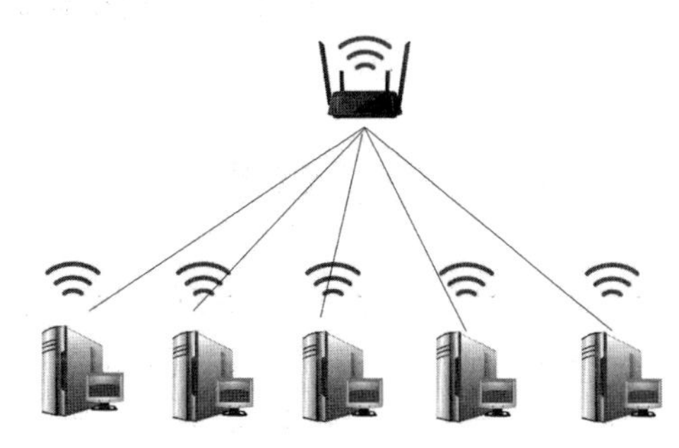

图6-47 基础结构模式组网

6.5 因　特　网

6.5.1 因特网的核心特征

因特网是所有可被访问和利用的信息资源的集合。因特网发展到今天，已经成为一个覆盖五大洲的开放型全球计算机网络系统，拥有许多服务商。普通用户只需要通过手机等移动设备或者一台连接调制解调器的个人计算机便可进入因特网。

因特网是一个基于TCP/IP协议簇的网络。因特网拥有规模庞大的用户集团，用户既是网络资源的使用者，也是网络发展的建设者。

因特网采用数据报服务。数据报服务可靠通信应由用户主机来保证，不需要建立连接，每个分组都有终点的完整地址，每个分组独立选择路由进行转发，当节点出故障时出故障的节点可能会丢失分组，一些路由可能会发生变化，到达终点时分组的顺序不一定按发送顺序，端到端差错处理和流量控制由用户主机负责。

6.5.2 因特网架构

因特网架构可以分为五层。

第一层是全球性因特网骨干网网络服务提供商(Network Services Provider，NSP)。NSP是一种业务实体，是向ISP提供骨干服务的提供商。通过允许访问其骨干网络或访问其网络接入点(NAP)来提供或销售诸如网络接入和带宽之类的服务,因此也意味着接入互联网。

第二层是全国性的骨干网,我国主要骨干网络有中国电信网(CHINANET)、中国科技网(CSTNET)、中国教育和科研计算机网(CERNET)、中国国际经济贸易互联网(CIETNET)等。

第三层是地区性的ISP,指在某一地区范围内,通过一个或多个点提供服务的互联网服务提供商(ISP)。

第四层是众多为个人或中、小型企业提供互联网服务的ISP。

第五层是最终用户。

6.5.3 TCP/IP 协议簇

TCP/IP协议簇是Internet的基础,也是当今最流行的组网形式。TCP/IP是一组协议的代名词,包括许多别的协议,组成了TCP/IP协议簇。其中比较重要的有SLIP、PPP、IP、ICMP、ARP、TCP、UDP、FTP、DNS、SMTP等。TCP/IP采用了4层的层级结构,其核心思想是把千差万别的物理网络建成一个虚拟的"逻辑网络",屏蔽或隔离所有物理网络的硬件差异。

TCP/IP标准具有开放性,其独立于特定的计算机硬件及操作系统,可以免费使用。统一分配网络地址,使得整个TCP/IP设备在网中都具有唯一的IP地址。实现了高层协议的标准化,能为用户提供多种可靠的服务。

1. SLIP

SLIP提供在串行通信线路上封装IP分组的简单方法,使远程用户通过电话线和Modem能方便地接入TCP/IP网络。SLIP是一种简单的组帧方式,但使用时还存在一些问题。首先,SLIP不支持在连接过程中的动态IP地址分配,通信双方必须事先告知对方IP地址,这给没有固定IP地址的个人用户上互联网带来了很大的不便。其次,SLIP帧中无校验字段,因此链路层上无法检测出差错,必须由上层实体或具有纠错能力Modem来解决传输差错问题。

2. PPP

为了解决SLIP存在的问题,在串行通信应用中又开发了PPP。PPP是一种有效的点对点通信协议,支持IP的NCP提供了在建立链接时动态分配IP地址的功能,解决了个人用户上Internet的问题。

3. IP

互联网协议(Internet Protocol,IP),将多个网络连成一个互联网,可以把高层的数据以多个数据包的形式通过互联网分发出去。IP的基本任务是通过互联网传送数据包,各个IP数据包之间是相互独立的。

4. ICMP

从 IP 的功能可以知道,IP 提供的是一种不可靠的无连接报文分组传送服务。若路由器或主机发生故障时网络阻塞,就需要通知发送主机采取相应措施。为了使互联网能报告差错,或提供有关意外情况的信息,在 IP 层加入了一类特殊用途的报文机制,即互联网控制报文协议(ICMP)。分组接收方利用 ICMP 来通知 IP 模块发送方,进行必需的修改。ICMP 通常是由发现报文有问题的站产生的,例如,可由目的主机或中继路由器来发现问题并产生的 ICMP。如果一个分组不能传送,ICMP 便可以被用来警告分组源,说明有网络,主机或端口不可达。ICMP 也可以用来报告网络阻塞。

5. ARP

在 TCP/IP 网络环境下,每个主机都分配了一个 32 位的 IP 地址,这种互联网地址是在网际范围标识主机的一种逻辑地址。为了让报文在物理网上传送,必须知道彼此的物理地址。这样就存在把互联网地址变换成物理地址的转换问题。这就需要在网络层有一组服务将 IP 地址转换为相应物理网络地址,这组协议即 ARP。

6. TCP

TCP 即传输控制协议,它提供的是一种可靠的数据流服务。当传送受差错干扰的数据,或出现网络故障,或网络负荷太重而使网际基本传输系统不能正常工作时,就需要通过其他的协议来保证通信的可靠。TCP 就是这样的协议。TCP 采用"带重传的肯定确认"技术来实现传输的可靠性。并使用"滑动窗口"的流量控制机制来提高网络的吞吐量。TCP 通信建立实现了一种"虚电路"的概念。双方通信之前,先建立一条链接然后双方就可以在其上发送数据流。这种数据交换方式能提高效率,但事先建立连接和事后拆除连接需要开销。

7. UDP

UDP 即用户数据包协议,它是对 IP 协议组的扩充,它增加了一种机制,发送方可以区分一台计算机上的多个接收者。每个 UDP 报文除了包含数据外,还有报文的目的端口的编号和报文源端口的编号,从而使 UDP 软件可以把报文递送给正确的接收者,然后接收者要发出一个应答。由于 UDP 的这种扩充,使得在两个用户进程之间递送数据包成为可能。我们频繁使用的 OICQ 软件正是基于 UDP 和这种机制。

8. FTP

FTP 即文件传输协议,它是网际提供的用于访问远程机器的协议,它使用户可以在本地机与远程机之间进行有关文件的操作。FTP 工作时建立两条 TCP 连接,分别用于传送文件和用于传送控制。FTP 采用客户机/服务器模式,包含客户机 FTP 和服务器 FTP。客户机 FTP 启动传送过程,而服务器 FTP 对其做出应答。

9. DNS 协议

DNS 协议即域名服务协议，它提供域名到 IP 地址的转换，允许对域名资源进行分散管理。DNS 最初设计的目的是使邮件发送方知道邮件接收主机及邮件发送主机的 IP 地址，后来发展成可服务于其他许多目标的协议。

10. SMTP

SMTP 即简单邮件传送协议。互联网标准中的电子邮件是一个简单的基于文本的协议，用于可靠、有效地数据传输。

6.5.4 因特网宽带接入方式

宽带接入网是指能同时承载语音、图像、数据、视频等宽带业务需求的接入网络，如图 6-48 所示。

1. 有线接入

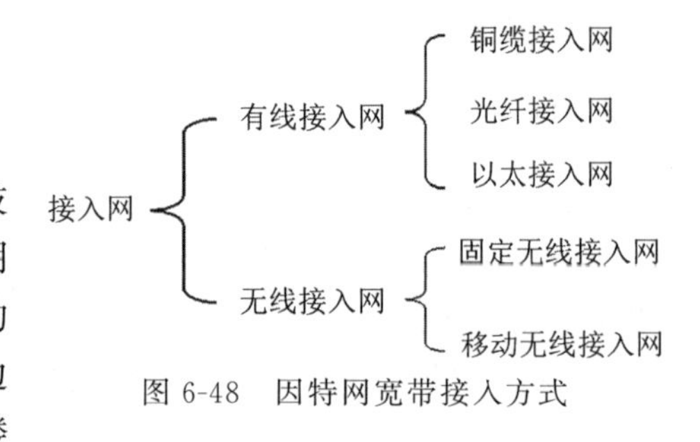

图 6-48 因特网宽带接入方式

1）光纤接入网

光纤接入网（OAN）就是采用光纤传输技术的接入网，泛指本地交换机或远端模块与用户之间采用光纤通信或部分采用光纤通信的系统。光纤接入网有多种方式，有光纤到路边（Fiber To The Curb，FTTC），光纤到大楼（Fiber To The Building，FTTB），以及光纤到户（Fiber To The Home，FTTH）等几种形式，它们统称为 FTTx。

2）铜缆接入技术

xDSL（Digital Subscriber Line，用户数字环路）包括 HDSL（High bit-rate DSL）、SDSL（Symmetrical DSL）、VDSL（Very high bit-rate DSL）、ADSL（Asymmetrical DSL）、RADSL（Rate-Adapted DSL）等，主要区别在于信号传递距离、上行和下行速率的不同。它是以铜质电话线为传输介质的传输技术组合，直接将数字信号调制在电话线上（并没有经过模/数转换），所以可以获得比普通调制解调器高得多的带宽和速率。

ADSL（Asymmetrical Digital Subscriber Line，非对称用户数字线）是国内外常用的接入技术。它利用用户现有的电话线路，实现高速的 Internet 接入能力。ADSL 技术上行传输速率为 640kb/s，下行（至用户）传输速率可达到 6.144Mb/s，传输距离可达 6km，用户端需要一部 ADSL 调制解调器，相应地，ISP 端也要支持 ADSL 技术。

3）局域网接入方式

用户计算机在局域网中通过交换机连接路由器上网的方式为局域网接入方式。交换机的每个接口可连接一个用户计算机。在交换层，交换机通过以太网与汇聚层的路由器连接。汇聚层为路由器（或路由交换机），路由器可提供的以太网接口可以连接多台交换机，路由器再通过以太网或光接口与IP核心网络连接。

2. 无线接入

多元的用户需求和增长的用户规模快速地促进了无线宽带业务的发展，用户终端(可以是固定的或移动的)通过无线的方式，以高带宽高速率接入通信系统。主流应用主要有：卫星通信接入、移动设备(手机、平板等)无线网络接入和无线局域网。

1) 卫星接入方式

利用卫星通信方式，为全球用户提供大跨度、大范围、远距离的漫游和机动灵活的移动通信服务的一种技术。由于卫星通信具有通信距离远、费用与通信距离无关、覆盖面积大、不受地理条件限制、通信频带宽、传输容量大的特点，成为现代通信的重要组成部分。

2) 无线局域网

WLAN利用射频(Radio Frequency，RF)技术，使用电磁波，取代旧式碍手碍脚的双绞铜线所构成的局域网络，在空中进行通信连接，使得无线局域网络能利用简单的存取架构让用户通过它达到“信息随身化、便利走天下”的理想境界。基于IEEE 802.11标准的无线局域网允许在局域网络环境中使用2.4GHz或5GHz射频波段进行无线连接，已广泛应用于家庭、企业、区域到Internet接入热点。该技术即Wi-Fi，是一种允许电子设备连接到一个WLAN的技术，它允许任何在WLAN范围内的设备可以连接上网络。

3) 蓝牙技术

蓝牙(Bluetooth)是一种全球通用的无线技术标准，可实现固定设备、移动设备和楼宇个人局域网之间的短距离数据交换(使用2.4～2.485GHz的ISM波段的UHF无线电波)，如常见的蓝牙耳机、蓝牙音箱、蓝牙键盘等。2016年的蓝牙5.0技术在低功耗模式下具备传输速率上限2Mb/s和理论可达300m的性能。随着蓝牙5.0技术的出现和蓝牙Mesh技术的成熟，大大降低了设备之间长距离、多设备通信的门槛。蓝牙Mesh网络支持多对多设备通信，能够让多个甚至成千上万个蓝牙设备在稳定、安全的环境下进行数据交互。蓝牙Mesh网络可在未来新兴的物联网市场中发挥重要作用，如楼宇自动化、无线传感器和物资追踪等，尤其适合提升大规模网络覆盖的通信效能，为工业级设备网带来出色的互通性。

3. 无线移动通信技术

无线通信(Wireless Communication)是利用电磁波信号可以在自由空间中传播的特性进行信息交换的一种通信方式。在移动中实现的无线通信又通称为移动通信，人们把二者合称为无线移动通信。

在经历了第一代、第二代、第三代移动通信的发展后，目前多数移动通信使用第四代移动通信(4G)技术，它可以在不同的固定、无线平台和跨越不同频带的网络中提供无线服务，可以在任何地方用宽带接入互联网，能够提供定位定时、数据采集、远程控制等综合功能。

我国开始进入5G推广应用时期，第五代移动通信技术的性能目标是高数据速率、减少延迟、节省能源、降低成本、提高系统容量和大规模设备连接，峰值速率达到Gb/s的标准，以满足高清视频、虚拟现实等大数据量传输；空中接口时延水平需要在1ms左右，满足自动驾驶、远程医疗等实时应用；超大网络容量，提供千亿设备的连接能力，满足物联网通信；频谱效率要比LTE提升10倍以上；连续广域覆盖和高移动性下，用户体验速率达到100Mb/s；流量密度和连接数密度大幅度提高；系统协同化，智能化水平提升，表现为多用户、多点、多天线、多摄取的协同组网，以及网络间灵活地自动调整。

6.5.5 因特网基本应用

万维网(World Wide Web，WWW)简称Web，是Internet应用最广泛的网络服务项目，它将世界各地的信息资源以特有的含有“链接”的超文本形式组织成一个巨大的信息网络。

WWW是以超文本标注语言(Hypertext Markup Language，HTML)与超文本传输协议(Hypertext Transfer Protocol，HTTP)为基础，能够向Internet提供面向服务的、体验良好的信息浏览系统。

1. 互联网应用技术发展的三个阶段

1) 基本的网络服务

例如，Telnet、E-mail、FTP、BBS、Usenet等。

2) 基于Web的网络服务

例如，Web、电子商务、电子政务、远程教育、远程医疗。

3) 新的网络服务

例如，搜索引擎、网络电话、网络电视、网络视频、博客、播客、即时通信、网络游戏、网络广告、网络出版、网络存储、网络计算。

2. 计算机网络、广播电视网与电信网的三网融合

电信网主要是电话交换网，用于模拟的语音信息传输；广播电视网用于模拟图像、语音信息的传输；计算机网络主要用来传输计算机的数字信号。

6.6 物 联 网

6.6.1 物联网定义及特征

对于物联网(The Internet of Things，IOT)现在较为普遍的理解是，物联网是将各种信息传感设备，如射频识别(RFID)装置、红外感应器、全球定位系统、激光扫描器等种种装置与互联网结合起来而形成的一个巨大网络。通过装置在各类物体上的电子标签(RFID)、传感器、二维码等经过接口与无线网络相连，从而给物体赋予智能，可以实现人与物体的沟通和对话，也可以实现物体与物体之间的沟通和对话。

早在1995年，比尔·盖茨在《未来之路》一书中就已经提及物联网的概念。但是，“物

联网”概念的真正提出是在1999年，由EPCglobal的Auto-ID中心提出，被定义为：把所有物品通过射频识别等信息传感设备与互联网连接起来，实现智能化识别和管理。

2005年，国际电信联盟(ITU)正式称“物联网”为“The Internet of Things”，并发表了年终报告《ITU互联网报告2005：物联网》。报告指出，无所不在的“物联网”通信时代即将来临，世界上所有的物体从轮胎到牙刷、从房屋到纸巾都可以通过因特网主动进行交换；并描绘出“物联网”时代的图景：当司机出现操作失误时汽车会自动报警，公文包会提醒主人忘带了什么东西，衣服会“告诉”洗衣机对颜色和水温的要求等。

我国1999年开始传感网研究，2009年8月7日，温家宝总理在无锡考察时提出要尽快建立中国的传感信息中心，即“感知中国”中心。

EPOSS在*Internet of Things in 2020*报告中分析预测，未来物联网的发展将经历四个阶段：2010年之前RFID被广泛应用于物流、零售和制药领域；2010—2015年物体互联；2015—2020年物体进入半智能化；2020年之后物体进入全智能化。

物联网(IOT)的特征如下。

(1) 全面感知。利用RFID、传感器、二维码等能够随时随地采集物体的动态信息。

(2) 传输。通过网络将感知的各种信息进行实时传送。

(3) 智能。利用计算机技术，及时地对海量的数据进行信息控制，真正达到了人与物的沟通、物与物的沟通。

6.6.2 物联网的工作流程

物联网通俗地说就是“物物相连的互联网”。这里有两层意思：第一，物联网的核心和基础仍然是互联网，是在互联网基础上延伸和扩展的网络；第二，其用户端延伸和扩展到了任何物品与物品之间进行信息交换和通信。

1. “物”

这里的“物”要满足以下条件才能够被纳入“物联网”的范围。

(1) 要有相应信息的接收器。

(2) 要有数据传输通路。

(3) 要有一定的存储功能。

(4) 要有CPU。

(5) 要有操作系统。

(6) 要有专门的应用程序。

(7) 要有数据发送器。

(8) 遵循物联网的通信协议。

(9) 在世界网络中有可被识别的唯一编号。

2. 物联网的工作流程

这里以SuperCola Inc.生产的可乐为实例来说明物联网的工作流程。

1）给产品加上射频识别标签

SuperCola Inc.给它生产的每一罐可乐加上一个射频识别（RFID）标签，标签很便宜，每个大约5美分，它含有一个独一无二的产品电子代码（EPC），存储在标签的微型计算机里，这个微型计算机只有400μm见方，比一粒沙还小，标签带一个微型的射频天线。

2）给包装箱加上识别标签

有了这些标签，公司可以用全自动、成本效益高的方式，对可乐罐进行识别、计数和跟踪，可乐罐装箱（箱子本身也有自己的RFID标签）后，装进带标签的货盘。

3）解读器对标签进行识读

可乐货盘出厂时，装货站门楣上的RFID解读器发出的射频波射向智能标签，启动这些标签同时供其电源。标签“苏醒”过来，开始发射各自的EPC，解读器每次只让一个标签“发言”。它快速地轮流开关这些标签，直到阅读完所有标签为止。

4）Savant软件

解读器与运行Savant软件的计算机系统相连接，它将收集的EPC传给Savant，随后Savant软件进入工作状态。系统通过因特网向对象名解析服务（ONS）数据库发出询问，而该数据库就像倒序式电话查号服务方式，根据收到的号码提供对应的名称。

5）ONS对象名解析服务

ONS服务器将EPC号码（即RFID标签上存储的唯一数据）与存有大量关于该产品信息的服务器的地址相匹配，世界各地的Savant系统都可以读取并增加这些数据。

6）PML实体标识语言

第二台服务器采用PML（实体标记语言），存储有关该厂产品的完整数据。它辨认出收到的EPC属于SuperCola Inc.生产的罐装Cherry Hydro。由于该系统知道发出询问的解读器所在，因此它现在也知道哪个工厂生产了这罐可乐。如果发生缺陷或不合格事件，有了这个信息就可以很容易地找到问题的来源，便于回收有问题的产品。物联网的工作流程如图6-49所示。

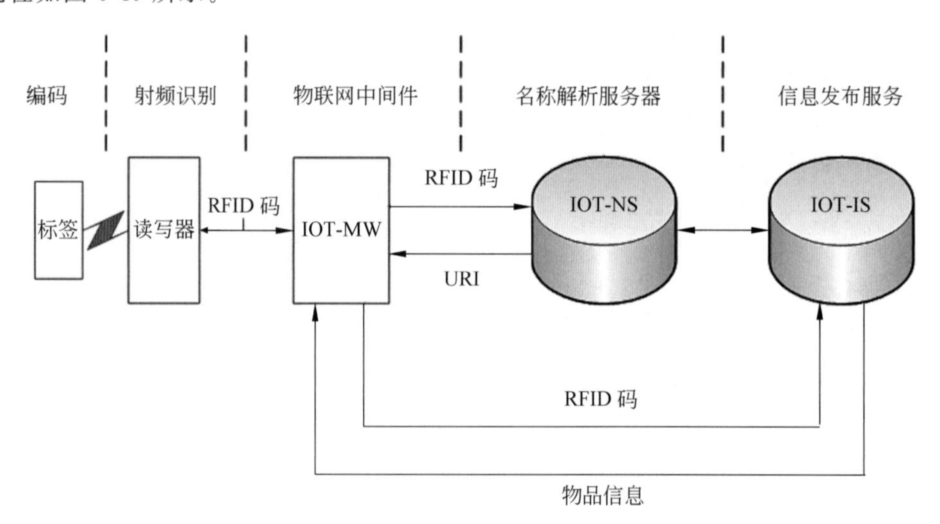

图6-49　物联网的工作流程

6.6.3 物联网的应用

物联网的用途广泛，遍及智能交通、智能电网、智能医疗、环境监控、环境保护、政府政务、公共安全、平安家居、智能消防、工业检测、病老护理、个人健康等多个领域，慢慢渗透到人们的生活中。

物联网给我们的衣、食、住、行都带来了变化。“衣”的方面，加入了物联网技术传感器的衣服，穿上之后可随时知道自己的身体状况；有些衣服加入了感温装置，可以根据主人的需要自动进行温度调节；有些衣服植入了芯片，以防止日益泛滥的名牌仿制；穿着带有RFID标签的睡衣的儿童如果离开父母超过了一定的距离，警告器就会启动，家长们不再担心孩子在熟睡中遭到绑架。“食”的方面，在超市购买蔬菜，只要在查询系统内输入它的商标名和编号，就可以查询到蔬菜的产地、加工地、成分等内容，甚至还能查到蔬菜的整个物流过程。“住”的方面，在物联网时代，有了智能家居，家电产品实现了高度的数字化和联网化，当你身在千里之外，发条短信就能让在家“待命”的电饭锅开始煮饭；家中开关只需一个遥控板就可全部控制，再也不用冬天冒寒下床关灯；回家前发条短信，浴缸里就能自动放好洗澡水；无须担心家里会漏气或漏水，因为手机短信会及时自动报警。“行”的方面，例如，共享单车是非常典型的物联网应用，物联网时代的智能城市交通系统将整个城市内的车辆和道路信息实时收集起来，并通过超级计算中心动态地计算出最优的交通指挥方案和车行路线。

目前，物联网的发展正处于应用阶段，随着大数据云计算、传感器、智能芯片、智能系统模块等物联网元素的不断进化，物联网缔造的无人驾驶、智慧城市、智能家居、VR、智能医疗等应用，像水和空气一样将成为日常生活的有机组成部分，融入人们的生活、工作、社交、娱乐、消费、休闲等各种场景。

6.6.4 云计算与物联网

云计算与物联网的关系是物在前端，云在后端。首先，物联网通过传感器采集到海量数据，然后云计算对海量数据进行智能处理和分析，两者是相辅相成的关系，两者结合、优势互补，具有十分重要的价值。一方面，物联网的发展需要云计算强大的处理和存储能力作为支撑；另一方面，物联网将成为云计算最大的用户，将为云计算取得更大的商业成功奠定基石。

云计算是真正实现物联网应用的核心技术，人类运用云计算的模式，能够进行物联网中不同业务的实时动态的智能分析和管理决策。同时，在为物联网提供便捷和按需应用时，云计算做出了重大贡献。而若没有这个工具的话，那么物联网所产生的海量数据信息，便将无法顺利进行传输、处理，甚至是应用。

云计算是一种新兴的商业计算模型，它是基于互联网相关服务的增加、使用和交付模式（可理解为商业计算模型），它将计算任务分布在大量计算机构成的资源池上，使各种应用系统能够根据需要获取计算能力、存储空间和各种软件服务。

通常，它的服务类型分为三类，即基础设施即服务(IaaS)、平台即服务(PaaS)和软件即服务(SaaS)。

1. 基础设施即服务

基础设施即服务是主要的服务类别之一，它向云计算提供商的个人或组织提供虚拟化计算资源，如虚拟机、存储、网络和操作系统。

2. 平台即服务

平台即服务是一种服务类别，为开发人员提供通过全球互联网构建应用程序和服务的平台。PaaS 为开发、测试和管理软件应用程序提供按需开发环境。

3. 软件即服务

软件即服务也是其服务的一类，通过互联网提供按需软件付费应用程序，云计算提供商托管和管理软件应用程序，并允许其用户连接到应用程序并通过全球互联网访问应用程序。

它可按使用量进行付费，提供可用的、便捷的、按需的网络访问，进入可配置的计算资源共享池(资源包括网络、服务器、存储、应用软件、服务)，这些资源能够被快速提供，只需投入很少的管理工作，或与服务供应商进行很少的交互。

国内主要云平台有阿里云 www.aliyun.com，腾讯云 https://www.qcloud.com，百度云 ttp://yun.baidu.com 等。

6.6.5 人工智能与物联网

人工智能是研究、开发用于模拟、延伸和扩展人的智能的理论、方法、技术及应用系统的一门新的技术科学。

AI 是计算机学科的一个分支，20 世纪 70 年代以来被称为世界三大尖端技术之一(空间技术、能源技术、人工智能)，也被认为是 21 世纪三大尖端技术(基因工程、纳米科学、人工智能)之一。

它试图了解人类智能的实质，通过对人的意识、思维的信息过程的模拟，生产出一种新的能以人类智能相似的方式做出反应的智能机器，该领域的研究包括机器人、语言识别、图像识别、自然语言处理和专家系统等。

AI 逐步形成基础资源＋技术＋应用三层架构。基础资源层主要是计算平台和数据中心，属于计算智能；技术层通过机器学习建模开发，面向不同领域的算法和技术，包含感知智能和认知智能；应用层主要实现人工智能在不同场景下的应用人工智能系统的技术框架，如图 6-50 所示。

人工智能是能够感知、推理、行动和适应的程序；机器学习能够随着数据量的增加，不断改进性能的算法；深度学习是机器学习的一个子集利用多层神经网络从大量数据中进行学习。

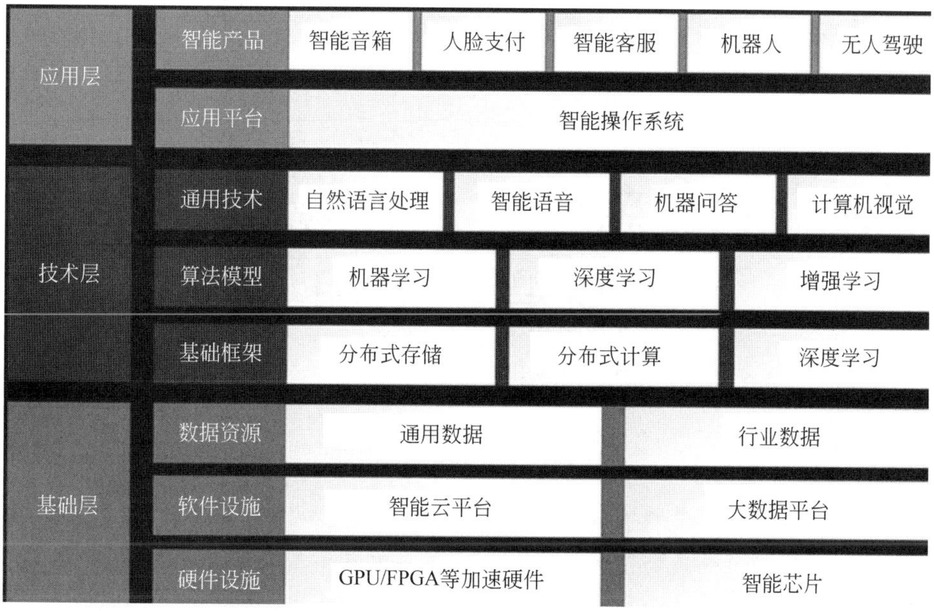

应用层	智能产品	智能音箱	人脸支付	智能客服	机器人	无人驾驶
	应用平台	智能操作系统				
技术层	通用技术	自然语言处理	智能语音	机器问答	计算机视觉	
	算法模型	机器学习	深度学习	增强学习		
	基础框架	分布式存储	分布式计算	深度学习		
基础层	数据资源	通用数据	行业数据			
	软件设施	智能云平台	大数据平台			
	硬件设施	GPU/FPGA等加速硬件	智能芯片			

图 6-50　AI 三层框架

人工智能为物联网提供强有力的数据扩展。物联网可以说成是互联设备间数据的收集及共享，而人工智能是将数据提取出来后做出分析和总结，促使互联设备间更好地携同工作。人工智能让物联网更加智能化。物联网应用中，人工智能技术在某种程度上可以帮助互联设备应对突发情况。当设备检测到异常情况时，人工智能技术会为它做出如何采取措施的进一步选择，这样就大大提高了处理突发事件的准确度。人工智能有助于物联网提高运营效率。人工智能通过分析、总结数据信息，从而解读企业服务生产的发展趋势并对未来事件做出预测。例如，利用人工智能监测工厂设备零件的使用情况，从数据分析中发现可能出现问题的概率，并做出预警提醒，这样一来，会从很大程度上减少故障影响，提高运营效率。

第7章

伦理思维——网络安全与信息伦理

在全球信息化的背景下,信息已成为一种重要的战略资源。信息的应用涵盖国防、政治、经济、科技、文化等各个领域,在社会生产和生活中的作用愈来愈显著。随着 Internet 在全球的普及和发展,计算机网络成为信息的主要载体之一。计算机网络的全球互联趋势愈来愈明显,信息网络技术的应用愈加广泛,应用层次逐步深入,应用范围不断扩展。基于网络的应用层出不穷、国家发展和社会运转,以及人类的各项活动对计算机网络的依赖性越来越强。但与此同时,网络安全问题愈发突出,受到越来越广泛的关注。计算机和网络系统不断受到侵害,侵害形式日益多样化,侵害手段和技术日趋先进和复杂化,令人防不胜防。

本章将学习恶意代码生存技术及其原理;常见的病毒检测技术原理;木马和普通病毒有哪些主要区别;木马的三线程技术原理;蠕虫具有哪些技术特性;网络安全管理体系组成;信息伦理结构等内容。

7.1 导　　学

本章结构导图如图 7-0 所示。

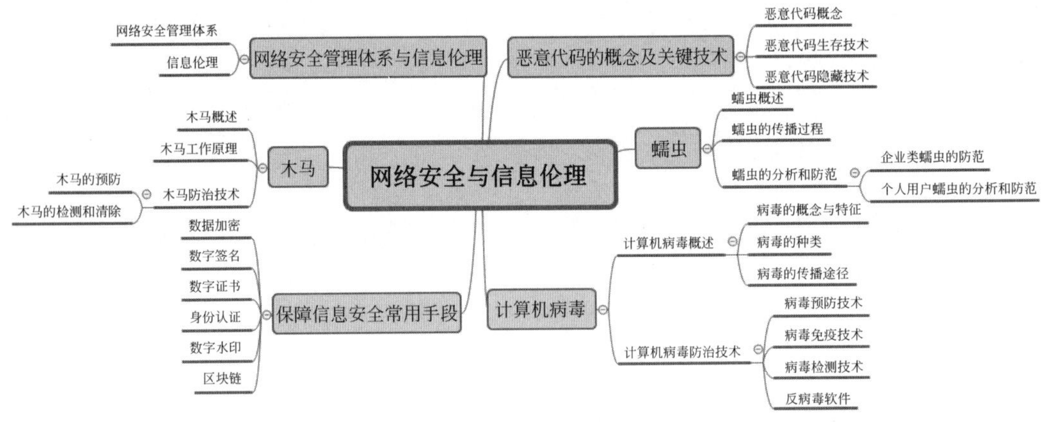

图 7-0　第 7 章结构导图

在 Internet 安全事件中，恶意代码造成的经济损失占有最大的比例。而且，恶意代码还有可能使得国家的安全面临重大威胁。据报道，1991 年“海湾战争”，美国在伊拉克从第三方国家购买的打印机中植入了可远程控制的恶意代码，在战争打响前，使得伊拉克整个计算机网络管理的雷达预警系统全部瘫痪。这是美国第一次在公开实战中使用恶意代码攻击技术取得的重大军事利益。

恶意代码攻击已经成为信息战、网络战最重要的手段之一。恶意代码无论是从经济上、政治上，还是军事上，都成为安全领域面临的主要问题之一。国际上一些发达国家，如德国、日本等，在恶意代码的研究上投入大量的资金和人力，并取得了阶段性的研究成果。恶意代码的机理研究成为解决恶意代码问题的必要途径，只有掌握当前恶意代码的基本实现机理，加强对未来恶意代码趋势的研究，才能在恶意代码方面取得先决之机。一方面，计算机网络提供了丰富的资源以便用户共享；另一方面，资源共享度的提高也增加了网络受威胁和攻击的可能性。事实上，资源共享和网络安全是一对矛盾，随着资源共享的加强，网络安全问题也日益突出。计算机网络的安全已成为当今信息化建设的核心问题之一。

7.2 恶意代码的概念及关键技术

7.2.1 恶意代码概念

早期恶意代码的主要形式是计算机病毒。20 世纪 90 年代末，恶意代码的定义随着计算机网络技术的发展而逐渐丰富。Grimes 将恶意代码定义为：经过存储介质和计算机网络进行传播，从一台计算机系统到另外一台计算机系统，未经授权而破坏计算机系统安全性和完整性的程序或代码。由此定义，恶意代码最显著的两个特点是：非授权性和破坏性。

恶意代码包括传统的计算机病毒、蠕虫、木马、逻辑炸弹、脚本病毒、用户级 RootKit、核心级 RootKit 等。几种主要恶意代码类型如表 7-1 所示。

表 7-1 常见恶意代码

恶意代码类型	定　　义	特　　点
计算机病毒	人为编制的、能够对计算机正常程序的执行或数据文件造成破坏，并且能够自我复制的一组指令程序代码	潜伏、寄宿、传染
木马	有隐藏性的、可与远程计算机建立连接，使远程计算机能够通过网络控制本地计算机的恶意程序	隐藏、信息窃取、控制
蠕虫	通过计算机网络自我复制、消耗系统资源和网络资源的程序	独立、复制、扩散
逻辑炸弹	嵌入计算机系统的、有特定触发条件，试图进行破坏的计算机程序	潜伏、破坏、条件触发

续表

恶意代码类型	定义	特点
脚本病毒	能够从主机传送到客户计算机上执行破坏功能的代码	移动、漏洞
用户级 RootKit	通过替代或者修改应用程序进入系统,从而实现隐藏和创建后门的程序	隐蔽、潜伏
核心级 RootKit	嵌入操作系统内核进行隐藏和创建后门的程序	隐蔽、潜伏

恶意代码大致可以分为两类：依赖于宿主程序的和独立于宿主程序的。前者本质上来说是不能独立于应用程序或系统程序的程序段,例如病毒、逻辑炸弹和后门。后者是可以被操作系统调度和执行的自包含程序,例如蠕虫和僵尸(Zombie)程序。

也可以按其是否进行复制而将其分成两类：不进行复制的和进行复制的。前者是在宿主程序中被调用来执行某一特定功能时被激活的程序段,如逻辑炸弹、后门和僵尸程序。后者是指一个程序段或一个独立的程序,当它被执行时,可能会对自身进行复制,而且这些复制品将会在该系统或其他系统中被激活,如病毒和蠕虫。

恶意代码发展至今,体现出以下 3 个主要特征。

(1) 恶意代码日趋复杂和完善。从非常简单的病毒发展到复杂的操作系统内核病毒和主动式传播和破坏性极强的蠕虫。恶意代码的快速传播机制和生存性技术得到了极大的发展和提高。

(2) 恶意代码编制方法和发布速度更快。恶意代码刚出现时发展缓慢,但随着计算机网络的迅猛发展和普及,Internet 成为恶意代码发布并快速蔓延的平台。

(3) 从病毒到电子邮件蠕虫,再到利用系统漏洞主动攻击的恶意代码。恶意代码早期的攻击行为是由病毒和受感染的可执行文件引起的。然而最近几年,利用系统和网络漏洞及脆弱性进行传播和感染的恶意代码急剧增加,开创了恶意代码发展的新时期。

随着网络的日益普及,恶意代码具有了如下的发展趋势。

(1) 传播方式不再以存储介质为主要的传播载体,网络成为计算机病毒传播的主要载体。

(2) 传统病毒日益减少,网络蠕虫成为最主要和破坏力最大的恶意代码类型。

(3) 传统病毒与木马技术相结合,出现带有明显病毒特征的木马或者带木马特征的病毒。

可以看出,网络的发展在一定程度上促使恶意代码的发展,而日新月异的技术,给恶意代码提供了更大的存在空间。恶意代码的传播和攻击方式的变化,也促使我们不断调整防范恶意代码的策略,提升和完善计算机反恶意代码技术,以对抗恶意代码的危害。

7.2.2 恶意代码生存技术

功能强大的恶意代码,首先必须具有良好的隐蔽性和生存性,不能轻易被安全软件或用户发现。恶意代码生存技术主要包括四个方面：反跟踪技术、加密技术、模糊变换技术和自动生产技术。

1. 反跟踪技术

反跟踪技术可以提高恶意代码的伪装能力和防破译能力，增加检测与清除的难度。当前常用的反跟踪技术有两类：反动态跟踪技术和反静态跟踪技术。

反动态跟踪技术主要包括以下4个方面内容。

(1) 禁止跟踪中断。针对调试分析工具运行系统的单步中断和断点中断服务程序，恶意代码通过修改中断服务程序的入口地址阻止调试工具对其代码进行跟踪，达到反跟踪的目的。

(2) 封锁键盘输入和屏幕显示，破坏各种跟踪调试工具运行的环境。

(3) 检测跟踪法。检测跟踪调试和正常运行的环境、中断入口和时间上的差异，根据这些差异采取必要措施，实现反跟踪目的。例如，通过检查操作系统的API函数试图打开调试器的驱动程序句柄，检测调试器是否激活，确定其代码是否继续运行。

(4) 其他反跟踪技术，如指令流队列法和逆指令流法等。

反静态跟踪技术主要包括以下两个方面的内容。

(1) 对程序代码分块加密执行。为了防止程序代码通过反汇编被静态分析，恶意程序代码以分块密文的形式装入内存，执行时由解密程序译码，某一段代码执行完毕后立刻清除，保证任何时刻分析工具不能从内存中得到完整的执行代码。

(2) 伪指令法。伪指令法指在恶意程序的指令流中插入"废指令"，既达到变形的效果，又使得静态反汇编无法得到全部正常的指令，不能有效地进行静态分析。伪指令法广泛应用于宏病毒和脚本恶意代码中。

2. 加密技术

加密技术是恶意代码保护自身的重要手段。加密技术和反跟踪技术的配合使用，使得分析者无法正常调用和阅读恶意代码，从而无法抽取恶意代码的特征串，也无法知道恶意代码的工作机理。从加密的内容上划分，分为信息加密、数据加密和程序代码加密三种手段。绝大多数恶意代码对程序体自身加密，另有少数恶意代码还对被感染文件加密。

3. 模糊变换技术

利用模糊变换技术，恶意代码每次感染一个对象时，嵌入宿主的代码都不相同。这使得同一种恶意代码具有多个不同版本，几乎没有稳定版本，增加了基于特征扫描的检测工具识别的难度。

当前，模糊变换技术主要包括以下5种。

(1) 指令替换技术。模糊变换器对恶意程序的二进制代码进行反汇编，解码每一条指令，计算指令长度，并对指令进行同义替换。例如，JMP指令和CALL指令进行变换。

(2) 指令压缩技术。模糊变换器检测恶意代码反汇编后的全部指令，对可进行压缩的一段指令进行同义压缩。压缩技术通过对跳转指令重定位而改变病毒体代码的长度。

(3) 指令扩展技术。扩展技术把每一条汇编指令进行同义扩展。扩展变换的空间远比压缩变换大得多，有的指令甚至有几十种、上百种扩展变换。扩展技术同样通过对跳转指令重定位而改变病毒体代码的长度。

(4) 伪指令技术。伪指令技术主要是在恶意代码中插入无效指令,如空指令,来增加分析和跟踪的难度。

(5) 重编译技术。恶意代码中携带源码和编译器,或者使用操作系统提供的编译器进行重编译。这种技术既实现了变形的目的,又为跨平台打下了基础。尤其是各种UNIX/Linux 系统,系统默认配置有 C 编译器,为恶意代码的重编译提供了便利。宏病毒和脚本恶意代码是典型的采用重编译技术的恶意代码。

4. 自动生产技术

恶意代码的自动生产技术是针对人工分析技术的。“计算机病毒生产器”的发明,使得对计算机病毒一无所知的普通用户,也能组合出功能各异的计算机病毒。“多态发生器”可以将普通病毒编译成复杂多变的多态性病毒。多态变换引擎可以使程序代码本身发生变换,并保持原有功能。

7.2.3 恶意代码隐藏技术

隐藏通常包括本地隐藏和网络隐藏。本地隐藏主要有文件隐藏、进程隐藏、网络连接隐藏、编译器隐藏、RootKit 隐藏等;网络隐藏包括通信内容隐藏和传输通道隐藏。

1. 本地隐藏

本地隐藏是指为了防止本地系统管理员的察觉而采取的隐藏手段。本地系统管理员通常通过查看进程列表、查看目录、查看内核模块、查看网络连接状态等管理命令来判断是否被恶意代码所侵害。本地隐藏主要有以下 5 种手段。

(1) 文件隐藏。最简单的方法就是将恶意代码文件名更改为系统合法程序的文件名,或者将恶意代码文件附着在合法程序文件中。稍复杂的方法是修改与文件系统操作相关的命令,使得显示文件系统信息时将恶意代码的信息隐藏起来。更进一步,可以对磁盘进行低级操作,将一些扇区标记为坏块,将恶意代码隐藏于此。恶意代码还可以将文件存储在引导区中,避免被用户发现。

(2) 进程隐藏。通过附着或替换系统进程,恶意代码以合法服务的身份运行,达到隐藏的目的。

(3) 网络连接隐藏。恶意代码可以借用现有熟知服务的端口来隐藏网络连接。如使用 HTTP 的 80 端口,将自己的数据包设置特殊标记,未标记的 WWW 服务数据包仍然交给 HTTP。这种技术可以在通信时隐藏恶意代码的网络连接。

(4) 编译器隐藏。使用该方法可以试试原始分发攻击,恶意代码的植入者是编译器开发人员。首先修改编译器的源代码,植入恶意代码,包括针对特定程序的恶意代码和针对编译器的恶意代码;然后用干净的编译器对植入恶意代码的编译器代码进行编译,得到被感染的编译器;最后用被感染的编译器编译用户的源程序,无论用户如何修改源程序,编译后的目标代码都包含恶意代码。

(5) RootKit 隐藏。Windows 操作系统中的 RootKit 分为两类：用户模式和内核模式。用户模式下的 RootKit 最显著的特点是驻留在用户模式下，需要特权小，用途多样，它通过修改可能发现自己的进程而达到隐藏自己的目的。内核模式下的 RootKit 比用户模式下的 RootKit 隐藏性更好，它直接修改更底层的系统功能，如系统服务调用表，用自己的系统服务函数代替原来的函数，或者修改一些系统内部的数据结构(如活动进程链表)，从而可以更加可靠地隐藏自己。

2. 网络隐藏

当前，人们的网络安全意识有了较大的增强，网络中普遍采用防火墙、入侵检测层安全机制，恶意代码需要更加隐蔽的通信模式，以逃避这些安全措施的检测。

对传输的内容进行加密可以隐藏通信的内容，但是这种方法不能隐藏通信状态。传输信道的隐藏具有更大的意义，对传输信道的隐藏主要采用隐蔽通道技术，即违反系统安全策略传输信息的通道。

隐蔽通道分成两种类型：存储隐蔽通道和时间隐蔽通道。存储隐蔽通道是一个进程能够直接或间接访问某存储空间，而该存储空间又能被另一进程所访问，这两个进程间形成的通道称为存储隐蔽通道。时间隐蔽通道是一个进程对系统性能产生的影响可以被另外一个进程观察到并且可以利用一个时间基准进行测量，这样形成的信息传递通道称为时间隐蔽通道。

研究表明，隐蔽通道既可以定义在操作系统内部，又适用于网络。发送进程和接收进程共享一个客体，即网络数据包。发送进程可以对客体进行形式变换，以便进行信息隐藏。接收进程能够检测到客体的变化，将隐藏的信息读出。对数据内容的修改对应于存储隐蔽通道，对数据包顺序进行变换或者改变数据包的发送响应时间则可以对应于时间隐蔽通道。TCP/IP 协议簇中，许多冗余信息可以用于建立隐蔽通道，攻击者可以利用这些隐蔽通道绕过一些安全机制来秘密地传输数据。

7.3 计算机病毒

计算机病毒一直是计算机用户和安全专家的心腹大患。几乎所有的人都听说过“计算机病毒”这个名词，使用过计算机的人大多数也都“领教”过计算机病毒的危害。随着 Internet 的广泛应用和各种计算机网络及相关技术的发展，计算机病毒越来越高级，种类也越来越多，对计算机网络系统的安全构成严重的威胁。对网络管理员来说，防御计算机病毒有时是比其他管理更困难的任务。对人们来说，了解和预防计算机病毒的威胁显得格外重要，任何网络系统安全的讨论都要考虑到计算机病毒的因素。

虽然计算机反病毒技术不断更新和发展，但是仍然不能改变被动滞后的局面，计算机用户必须不断应付计算机病毒的出现。

随着网络的日益普及，计算机病毒具有了如下的发展趋势。

(1) 病毒传播方式不再以存储介质为主要的传播载体，网络成为计算机病毒传播的主要载体。

(2) 传统病毒日益减少，网络蠕虫成为最主要和破坏力最大的病毒类型。

(3) 病毒与木马技术相结合，出现带有明显病毒特征的木马或者带有木马特征的病毒。

可以看出，网络的发展在一定程度上促使病毒的发展，而日新月异的技术，给病毒提供了更大的存在空间。计算机病毒的传播和攻击方式的变化，也促使我们不断调整防范计算机病毒的策略，提升和完善计算机反病毒技术，以对抗计算机病毒的危害。

本节介绍传统的计算机病毒。

7.3.1 计算机病毒概述

1. 病毒的概念与特征

计算机病毒是一种人为编制的、能够对计算机正常程序的执行或数据文件造成破坏，并且能够自我复制的一组指令程序代码。

生物病毒是一种微小的基因代码段(DNA 或 RNA)，它能掌管活细胞机构并采用欺骗性手段生成成千上万的原病毒的复制品。和生物病毒一样，计算机病毒执行使自身能完美复制的程序代码。通过寄居在宿主程序上，计算机病毒可以暂时控制该计算机的操作系统盘。没有感染病毒的软件一经在受染机器上使用，就会在新程序中产生病毒的新拷贝。因此，通过可信任用户在不同计算机间使用磁盘或借助于网络向他人发送文件，病毒是可以从一台计算机传到另一台计算机的。在网络环境下，访问其他计算机的某个应用或系统服务的功能，给病毒的传播提供了一个完美的条件。

病毒程序可以执行其他程序所能执行的一切功能，唯一不同的是它必须将自身附着在其他程序(宿主程序)上，当运行该宿主程序时，病毒也跟着悄悄地执行了。

计算机病毒具有以下特征。

1) 破坏性

病毒一旦被触发而发作就会对系统和应用程序产生不同的影响，造成系统或数据的损伤甚至毁灭。病毒都是可执行程序，而且又必然要运行，因此所有的病毒都会降低计算机系统的工作效率，占用系统资源，其侵占程度取决于病毒程序自身。病毒的破坏程度主要取决于病毒设计者的目的，如果病毒设计者的目的在于彻底破坏系统及其数据，那么这种病毒对于计算机系统进行攻击造成的后果是难以想象的，它可以毁掉系统的部分或全部数据并使之无法恢复。虽然不是所有的病毒都对系统产生极其恶劣的破坏作用，但有时几种本没有多大破坏作用的病毒交叉感染，也会导致系统崩溃等重大恶果。

2) 传染性

计算机病毒的传染性也叫作自我复制或传播性。病毒通过各种渠道从已被感染的计算机扩散到未被感染的计算机。病毒程序一旦进入计算机并得以执行，就会寻找符合感染条件的目标，将其感染，达到自我繁殖的目的。所谓“感染”，就是病毒将自身嵌入到合法程序的指令序列中，致使执行合法程序的操作会招致病毒程序的共同执行或以病毒程序的执行取而代之。因此,只要一台计算机染上病毒,如不及时处理,那么病毒会在这台机器上迅速扩散,其中的大量文件(一般是可执行文件)就会被感染。而被感染的文件又成了新的传染源,再与其他机器进行数据交换或通过网络接触,病毒会继续传染。病毒通过各种可能的渠道,如可移动存储介质、计算机网络去传染其他计算机。往往曾在一台染毒的计算机上用过的盘已感染上了病毒,与这台机器联网的其他计算机也许也被染上病毒了。传染性是病毒的基本特征。

3) 隐蔽性

病毒一般是具有很高编程技巧的、短小精悍的一段代码,通常附着在正常程序代码中,如果不经过代码分析,病毒程序与正常程序是不容易区别开来的。这是病毒程序的隐蔽性。在没有防护措施的情况下,病毒程序取得系统控制权后,可以在很短的时间里传染大量其他程序,而且计算机系统通常仍能正常运行,用户不会感到任何异常,好像计算机内不曾发生过什么。这是病毒传染的隐蔽性。正是由于这种隐蔽性,才使得计算机病毒在用户没有察觉的情况下扩散到众多计算机中。大部分病毒代码之所以设计得如此短小精致,也是为了便于隐藏。

4) 潜伏性

病毒进入系统之后一般不会马上发作,可以在几周或者几个月甚至几年内隐藏在合法程序中,默默地进行传染扩散而不被人发现。潜伏性越好,在系统中的存在时间就会越长,传染范围也就会越大。病毒的内部有一种触发机制,不满足触发条件时,病毒除了传染外不做什么破坏。一旦触发条件得到满足,病毒便开始表现,有的只是在屏幕上显示信息、图形或特殊标志,有的则执行破坏系统的操作,如格式化磁盘、删除文件、加密数据、封锁键盘、毁坏系统等。触发条件可能是预定时间或日期、特定数据出现、特定事件发生等。

5) 多态性

病毒试图在每一次感染时改变它的形态,使对它的检测变得更困难。一个多态病毒还是原来的病毒,但不能通过扫描特征字符串来发现。病毒代码的主要部分相同,但表达方式发生了变化,也就是同一程序由不同的字节序列表示。

6) 不可预见性

计算机病毒制作技术不断提高,种类不断翻新,而相比之下,反病毒技术通常落后于病毒制作技术。新型操作系统、工具软件的应用,为病毒制作者提供了便利。对未来病毒的类型、特点及其破坏性,很难预测。

在其生命周期中,病毒一般会经历如下 4 个阶段。

1) 潜伏阶段

这一阶段的病毒处于休眠状态,这些病毒最终会被某些条件(如日期、某特定程序或特定文件的出现或内存的容量超过一定范围)所激活。并不是所有的病毒都会经历此阶段。

2) 传染阶段

病毒程序将自身复制到其他程序或磁盘的某个区域上,每个被感染的程序又因此包含病毒的复制品,从而也就进入了传染阶段。

3) 触发阶段

病毒在被激活后,会执行某一特定功能从而达到某种既定的目的。和处于潜伏期的病毒一样，触发阶段病毒的触发条件是一些系统事件，包括病毒复制自身的次数。

4）发作阶段

病毒在触发条件成熟时，即可在系统中发作。由病毒发作体现出来的破坏程度是不同的：有些是无害的，如在屏幕上显示一些干扰信息；有些则会给系统带来巨大的危害，如破坏程序以及文件中的数据。

2. 病毒的种类

（1）按破坏程度的强弱不同，计算机病毒可以分为良性病毒和恶性病毒。

良性病毒是指那些只是为了表现自身，并不彻底破坏系统和数据，但会占用大量CPU时间，增加系统开销，降低系统工作效率的一类计算机病毒。该类病毒制作者的目的不是为了破坏系统和数据，而是为了让使用染有病毒的计算机用户通过显示器看到或体会到病毒设计者的编程技术。

恶性病毒是指那些一旦发作，就会破坏系统或数据，造成计算机系统瘫痪的一类计算机病毒。该类病毒危害极大，有些病毒发作后可能给用户造成不可挽回的损失。该类病毒表现为封锁、干扰、中断输入输出、删除数据、破坏系统，使用户无法正常工作，严重时使计算机系统瘫痪。

（2）按传染方式的不同，计算机病毒可分为文件型病毒和引导型病毒。

文件型病毒一般只传染磁盘上的可执行文件（如.com、.exe文件）。在用户运行染毒的可执行文件时，病毒首先被执行，然后病毒驻留内存伺机传染其他文件或直接传染其他文件。这类病毒的特点是附着于正常程序文件中，成为程序文件的一个外壳或附件。这是一种较为常见的传染方式。当该病毒完成了它的工作后，其正常程序才被运行，使人看起来仿佛一切都很正常。

引导型病毒是寄生在磁盘引导区或主引导区的计算机病毒。该类病毒感染的主要方式就是发生在计算机通过已被感染的引导盘引导时。引导型病毒利用系统引导时不对主引导区内容的正确性进行判别的缺点，在引导系统时侵入系统，驻留内存，监视系统运行。此时，如果计算机从被感染的盘引导，病毒就会感染到硬盘，并把病毒代码调入内存。

（3）按连接方式的不同，计算机病毒可分为源码型病毒、嵌入型病毒、操作系统型病毒和外壳型病毒。

源码型病毒较为少见，也难以编写。它要攻击高级语言编写的源程序，在源程序编译之前插入其中，并随源程序一起编译、连接成可执行的文件，这样刚刚生成的可执行文件便已经带毒了。

嵌入型病毒可用自身替代正常程序中的部分模块，因此，它只攻击某些特定程序，针对性强。一般情况下也难以被发现，清除起来也较困难。

操作系统型病毒可用其自身部分加入或替代或操作系统的部分功能。因其直接感染操作系统，因此病毒的危害性也较大，可能导致整个系统瘫痪。

外壳型病毒将自身附着在正常程序的开头或结尾，相当于给正常程序加了一个外壳。大部分的文件型病毒都属于这一类。

除了上述几种基本分类方法，还有隐蔽型病毒、多态型病毒、变形病毒等概念。隐蔽型病毒的目的就是为了躲避反病毒软件的检测；多态型病毒每次感染时，放入宿主程序的代码互不相同，不断变化，因此采用特征代码法的检测工具是不能识别它们的；变形病毒像多态型病毒一样，它在每次感染时都会发生变异，但不同之处在于，它在每次感染的时候会将自己的代码完全重写一遍，增加了检测的困难，并且其行为也可能发生变化。

3. 病毒的传播途径

病毒传播侵入系统并继续进行传播的途径主要有网络、可移动存储设备和通信系统三种。

1）网络

计算机网络的发展和普及一方面为现代信息的传输和共享提供了极大的方便，另一方面也成了计算机病毒迅速扩散的“高速公路”。在网络上，带有病毒的文件、邮件被下载或接收后被打开或运行，病毒就会扩散到系统中相关的计算机上。鉴于服务器在网络中的核心地位，如果服务器的关键文件被感染，通过服务器的病毒扩散将极为迅速，病毒将会对系统造成巨大的破坏。在信息国际化的同时，病毒也国际化，计算机网络将是今后计算机病毒传播的主要途径。

2）可移动存储设备

计算机病毒可通过可移动的存储设备（如磁带、光盘、优盘等）进行传播。在这些可移动的存储设备中，优盘是应用最广泛且移动最频繁的存储介质，将带有病毒的优盘在网络中的计算机上进行使用，其所携带的病毒就很容易被扩散到网络上。大量的计算机病毒都是从这类途径传播的。

3）通信系统

通过点对点通信系统和无线通信信道也可以传播计算机病毒。目前出现的手机病毒就是利用无线通信信道传播的。虽然目前这种传播途径还不十分广泛，但以后很可能成为仅次于计算机网络的第二大病毒扩散渠道。

7.3.2 计算机病毒防治技术

病毒的防治技术分为“防”和“治”两部分。“防”毒技术包括预防技术和免疫技术；“治”毒技术包括检测技术和清除技术。

1. 病毒预防技术

病毒预防是指在病毒尚未入侵或刚刚入侵还未发作时，就进行拦截阻击或立即报警。要做到这一点，首先要清楚病毒的传播途径和寄生场所，然后对可能的传播途径严加防守，对可能的寄生场所实时监控，达到封锁病毒入口杜绝病毒载体的目的。不管是传播途径的防守还是寄生场所的监控，都需要一定的检测技术手段来识别病毒。

1）病毒的传播途径及其预防措施

第一，不可移动的计算机硬件设备，包括 ROM 芯片、专用 ASIC 芯片和硬盘等。目前的个人计算机主板上分离元器件和小芯片很少，主要靠几块大芯片，除 CPU 外其余的大芯片都是 ASIC 芯片。这种芯片带有加密功能,除了知道密码的设计者外,写在芯片中的指令代码没人能够知道。如果将隐藏有病毒代码的芯片安装在敌对方的计算机中,通过某种控制信号激活病毒,就可以对敌手实施出乎意料的、措手不及的打击。这种新一代的电子战、信息战的手段已经不是幻想。在 1991 年的海湾战争中,美军对伊拉克部队的计算机防御系统实施病毒攻击,成功地使该系统一半以上的计算机染上病毒,遭受破坏。这种传播途径的病毒很难遇到,目前尚没有较好的发现手段对付。

具体预防措施如下。

(1) 对于新购置的计算机系统用检测病毒软件或其他病毒检测手段(包括人工检测方法)检查已知病毒和未知病毒,并经过实验,证实没有病毒感染和破坏迹象后再实际使用。

(2) 对于新购置的硬盘可以进行病毒检测,为了更保险起见也可以进行低级格式化。

第二,可移动的存储介质设备,包括磁带、光盘以及可移动式硬盘。移动存储设备已经成为计算机病毒寄生的"温床",大多数计算机都是从这类途径感染病毒的。

具体预防措施包括以下几项。

(1) 在保证硬盘无病毒的情况下,尽量用硬盘启动计算机。

(2) 建立封闭的使用环境,即做到专机、专人、专盘和专用。如果通过移动存储设备与外界交互,不管是自己的设备在别人机器上用过,还是别人的设备在自己的机器上使用,都要进行病毒检测。

(3) 任何情况下,保留一张写保护的、无病毒的并带有各种基本系统命令的系统启动盘。一旦系统出现故障,不管是因为染毒或是其他原因,就可用于恢复系统。

第三,计算机网络,包括局域网、城域网、广域网,特别是 Internet,各种网络应用(如 E-mail、FTP、Web 等)使得网络途径更为多样和便捷。计算机网络是病毒目前传播最快、最广的途径,由此造成的危害蔓延最快、数量最大。

具体预防措施包括以下几项。

(1) 采取各种措施保证网络服务器上的系统、应用程序和用户数据没有染毒,如坚持用硬盘引导启动系统,经常对服务器进行病毒检查等。

(2) 将网络服务器的整个文件系统划分成多卷文件系统,各卷分别为系统、应用程序和用户数据所独占,即划分为系统卷、应用程序卷和用户数据卷。这样各卷的损伤和恢复是相互独立的,十分有利于网络服务器的稳定运行和用户数据的安全保障。

(3) 除网络系统管理员外,系统卷和应用程序卷对其他用户设置的权限不要大于只读,以防止一般用户的写操作带进病毒。

(4) 系统管理员要对网络内的共享区域,如电子邮件系统、共享存储区和用户数据卷进行病毒扫描监控,发现异常及时处理,防止在网上扩散。

(5) 在应用程序卷中提供最新的病毒防治软件,为用户下载使用。

(6) 严格管理系统管理员的口令,为了防止泄漏应定期或不定期地进行更换,以防非法入侵带来病毒感染。

(7) 由于不能保证网络,特别是 Internet 上的在线计算机百分之百地不受病毒感染,所以,一旦某台计算机出现染毒迹象,应立即隔离并进行排毒处理,防止它通过网络传染给其他计算机。同时,密切观察网络及网络上的计算机状况,以确定是否已被病毒感染。如果网络已被感染,应马上采取进一步的隔离和排毒措施,尽可能地阻止传播。减小传播范围。

第四,点对点通信系统,指两台计算机之间通过串行/并行接口,或者使用调制解调器经过电话网进行数据交换。具体预防措施为,通信之前对两台计算机进行病毒检查,确保没有病毒感染。

第五,无线通信网,作为未来网络的发展方向,无线通信网会越来越普及,同时也将会成为与计算机网络并驾齐驱的病毒传播途径。具体预防措施可参照计算机网络的预防措施。

2)病毒的寄生场所及其预防措施

第一,计算机文件。包括可执行的程序文件、含有宏命令的数据文件,是文件型病毒寄生的地方。

具体预防措施为包括以下几项:

(1) 检查.com 和.exe 可执行文件的内容、长度、属性等,判断是否感染了病毒。重点检查可执行文件的头部(前 20 字节左右),因为病毒主要改写文件的起始部分。

(2) 对于新购置的计算机软件要进行病毒检测。

(3) 定期与不定期地进行文件的备份。备份既可通过比较发现病毒,又可用作灾难恢复。

(4) 为了预防宏病毒,将含有宏命令的模板文件,如常用 Word 模板文件改为只读属性,可预防 Word 系统被感染。将自动执行宏功能禁止掉,这样即使有宏病毒存在,但无法激活,能起到防止病毒发作的效果。

第二,内存空间。病毒在传染或执行时,必然要占用一定的内存空间,并驻留在内存中,等待时机再进行传染或攻击。具体预防措施为,采用一些内存检测工具,检查内存的大小和内存中的数据来判断是否有病毒进入。

第三,文件分配表(FAT)。病毒隐藏在磁盘上时,一般要对存放的位置做出"坏簇"标识反映在 FAT 表中。具体预防措施为,检查 FAT 表有无意外坏簇来判断是否感染了病毒。

第四,中断向量。病毒程序一般采用中断的方式来执行,即修改中断变量,使系统在适当的时候转向执行病毒程序,在病毒程序完成传染或破坏目的后,再转回执行原来的中断处理程序。具体的预防措施为,检查中断向量有无变化来确定是否感染了病毒。

2. 病毒免疫技术

病毒具有传染性。一般情况下,病毒程序在传染完一个对象后,都要给被传染对象加上感染标记。传染条件的判断就是检测被攻击对象是否存在这种标记,若存在这种标记,则病毒程序不对该对象进行传染;若不存在这种标记,病毒程序就对该对象实施传染。

最初的病毒免疫技术就是利用病毒传染这一机理,给正常对象加上这种标记后,使之具有免疫力,从而不受病毒的传染。因此,当感染标记用作免疫时,也叫作免疫标记。

然而,有些病毒在传染时不判断是否存在感染标记,病毒只要找到一个可传染对象就进行一次传染。就像黑色星期五病毒那样,一个文件可能被该病毒反复传染多次,滚雪球一样越滚越大。

目前,常用的病毒免疫方法有以下两种。

1) 针对某一种病毒进行的免疫方法

这种方法为受保护对象加上特定病毒的免疫标记,特定病毒发现了自己的免疫标记,就不再对它进行感染。

这种方法对防止某一种特定病毒的传染行之有效,但也存在一些缺点,主要有以下几点。

(1) 对于不设有感染标记的病毒不能达到免疫的目的。

(2) 当病毒的变种不再使用感染标记时,或出现新病毒时,现有免疫标记就会失效。

(3) 一些病毒的感染标记不容易仿制。

(4) 由于病毒的种类较多,又由于技术上的原因,不可能对一个对象加上各种病毒的免疫标记,这就使得该对象不能对所有的病毒具有免疫作用。

(5) 这种方法能阻止传染,却不能阻止病毒的破坏行为,仍然放任病毒驻留在内存中。

目前使用这种免疫方法的商业防治病毒软件已不多见了。

2) 基于自我完整性检查的免疫方法

这种方法的工作原理是,为可执行程序增加一个免疫外壳,同时在免疫外壳中记录有关用于恢复自身的信息。执行具有这种免疫功能的程序时,免疫外壳首先得到运行,检查自身的程序大小、校验和、生成日期和时间等情况,没有发现异常后,再转去执行受保护的程序。若不论什么原因使这些程序本身的特性受到改变或破坏,免疫外壳都可以检查出来,并发生告警,由用户选择应采取的措施,包括自毁、重新引导启动计算机、自我恢复后继续运行。这种免疫方法是一种通用的自我完整性检验方法,它不只是针对病毒,由于其他原因造成的文件变化同样能够检查出来,在大多数情况下,免疫外壳程序都能使文件自身得到复原。但是,这种方法适用于文件而不适用于引导扇区。

这种免疫方法也有其缺点和不足,归纳如下。

(1) 给受保护的文件增加免疫外壳需要额外的存储空间。

(2) 现在使用的一些校验码算法不能满足检测病毒的需要,被某些种类的病毒感染的文件不能被检查出来。

(3) 无法对付覆盖式的文件型病毒。

(4) 有些类型的文件不能使用外加免疫外壳的防护方法,这样会使那些文件不能正常执行。

(5) 当某些尚不能被病毒检测软件检查出来的病毒感染了一个文件,而该文件又被免疫外壳包在里面时,这个病毒就像穿了“保护盔甲”,使查毒软件查不到它,而它却能在得到运行机会时继续传染扩散。

3. 病毒检测技术

理想的解决病毒攻击的方法是对病毒进行预防,即在第一时间阻止病毒进入系统。

尽管预防可以降低病毒攻击成功的概率，但一般说来，上面的目标是不可能实现的。因此，实际应用中主要采取检测、鉴别和清除的方法。

(1) 检测。一旦系统被感染，就立即断定病毒的存在并对其进行定位。

(2) 鉴别。对病毒进行检测后，辨别该病毒的类型。

(3) 清除。在确定病毒的类型后，从受染文件中删除所有的病毒并恢复程序的正常状态。

病毒检测就是采用各种检测方法将病毒识别出来。识别病毒包括对已知病毒的识别和对未知病毒的识别。目前，对已知病毒的识别主要采用特征判定技术，即静态判定技术；对未知病毒的识别除了特征判定技术外，还有行为判定技术，即动态判定技术。

1) 特征判定技术

特征判定技术是根据病毒程序的特征，如感染标记、特征程序段内容、文件长度变化、文件校验和变化等，对病毒进行分类处理，而后在程序运行中凡有类似的特征点出现，则认定是病毒。

特征判定技术主要有以下几种方法。

(1) 比较法。比较法的工作原理是，将有可能的感染对象(引导扇区或计算机文件)与其原始备份进行比较，如果发现不一致则说明有染毒的可能性。这种比较法不需要专门的查毒程序，不仅能够发现已知病毒，还能够发现未知病毒。保留好干净的原始备份对于比较法非常重要；否则比较就失去了意义，比较法也就不起作用了。

比较法的优点是简单易行，不需要专用查毒软件，但缺点是无法确认发现的异常是否真是病毒，即使是病毒也不能识别病毒的种类和名称。

(2) 扫描法。扫描法的工作原理是，用每一种病毒代码中含有的特定字符或字符串对被检测的对象进行扫描，如果在被检测对象内部发现某一种特定字符或字符串，则表明发现了包含该字符或字符串的病毒。感染标记本质上就是一种识别病毒的特定字符。

实现这种扫描的软件叫作特征扫描器。根据扫描法的工作原理，特征扫描器由病毒特征码库和扫描引擎两部分组成。病毒特征码库包含经过特别选定的各种病毒的反映其特征的字符或字符串。扫描引擎利用病毒特征码库对检测对象进行匹配性扫描，一旦有匹配便发出告警。显然，病毒特征码库中的病毒特征码越多，扫描引擎能识别的病毒也就越多。病毒特征码的选择非常重要，一定要具有代表性，也就是说，在不同环境下，使用所选的特征码都能够正确地检查出它所代表的病毒。如果病毒特征码选择得不准确，就会带来误报(发现的不是病毒)或漏报(真正的病毒没有发现)。

特征扫描器的优点是能够准确地查出病毒并确定病毒的种类和名称，为消除病毒提供了确切的信息，但其缺点是只能查出载入病毒特征码库中的已知病毒。特征扫描器是目前最流行的病毒防治软件。随着新病毒的不断发现，病毒特征码库必须不断丰富和更新。现在绝大多数的商业病毒防治软件商，提供每周甚至每天一次的病毒特征码库的在线更新。

(3) 校验和法。校验和法的工作原理是，计算正常文件的校验和，将该校验和写入文件中或写入别的文件中保存。在文件使用过程中，定期地或每次使用文件前，检查文件当前内容算出的校验和与原来保存的校验和是否一致，如果不一致便发出染毒报警。

这种方法既能发现已知病毒，也能发现未知病毒，但是它不能识别病毒种类，不能报出病毒名称。而且文件内容的改变有可能是正常程序引起的，如软件版本更新、变更口令以及修改运行参数等，所以，校验和法常常有虚假报警；此方法还会影响文件的运行速度。另外，校验和法对某些隐蔽性极好的病毒无效。这种病毒进驻内存后，会自动剥去染毒程序中的病毒代码，使校验和法受骗，对一个有毒文件算出正常校验和。因此，校验和法的优点是方法简单、能发现未知病毒、被查文件的细微变化也能发现；其缺点是必须预先记录正常态的校验和、会有虚假报警、不能识别病毒名称、不能对付某些隐蔽性极好的病毒。

(4) 分析法。分析法是针对未知的新病毒采用的技术。工作过程如下。

① 确认被检查的磁盘引导扇区或计算机文件中是否含有病毒。

② 确认病毒的类型和种类，判断它是否是一种新病毒。

③ 分析病毒程序的大致结构，提取识别用的特征字符或字符串，用于添加到病毒特征码库中。

④ 分析病毒程序的详细结构，为制订相应的反病毒措施提供方案。

分析法对使用者的要求很高，不但要具有较全面的计算机及操作系统的知识，还要具备专业的病毒方面的知识。一般使用分析法的人不是普通用户，而是反病毒技术人员。使用分析法需要专门的分析工具程序和专门的实验用计算机。即使是很熟练的反病毒技术人员，使用功能完善的分析软件，也不能保证在短时间内将病毒程序完全分析清楚，病毒有可能在分析阶段继续传染甚至发作，毁坏整个硬盘内的数据，因此，分析工作一定要在专用的实验机上进行。很多病毒采用了自加密和抗跟踪等技术，使得分析病毒的工作经常是冗长和枯燥的，特别是某些文件型病毒的程序代码长达10KB以上，并与系统牵扯的层次很深，使详细的剖析工作变得十分复杂。

2) 行为判定技术

识别病毒要以病毒的机理为基础，不仅识别现有病毒，而且以现有病毒的机理设计出对一类病毒(包括基于已知病毒机理的未来新病毒或变种病毒)的识别方法，其关键是对病毒行为的判断。行为判定技术就是要解决如何有效辨别病毒行为与正常程序行为，其难点在于如何快速、准确、有效地判断病毒行为。如果处理不当，就会带来虚假报警。

行为监测法是常用的行为判定技术，其工作原理是利用病毒的特有行为特征进行检测，一旦发现病毒行为则立即警报。经过对病毒多年的观察和研究，人们发现病毒的一些行为是病毒的共同行为，而且比较特殊。在正常程序中，这些行为比较罕见。

病毒的典型行为特征列举如下。

(1) 占用INT 13H。引导型病毒攻击引导扇区后，一般都会占用INT 13H功能，在其中放置病毒所需的代码，因为其他系统功能还未设置好，无法利用。

(2) 向.com和.exe可执行文件做写入动作。写入.com和.exe文件是文件型病毒的主要感染途径之一。

(3) 病毒程序与宿主程序的切换。染毒程序运行时，先运行病毒，而后执行宿主程序。在两者切换时，有许多特征行为。

行为监测法的长处在于可以相当准确地预报未知的多数病毒，但也有其短处，即可能虚假报警和不能识别病毒名称，而且实现起来有一定难度。

不管采用哪种判定技术，一旦病毒被识别出来，就可以采取相应措施，阻止病毒的下列行为：进入系统内存、对磁盘操作尤其是写操作、进行网络通信与外界交换信息。一方面防止外界病毒向机内传染，另一方面抑制机内病毒向外传播。

4. 反病毒软件

病毒和反病毒技术都在不断发展。早期的病毒是一些相对简单的代码段，可以用相应的较简单的反病毒软件来检测和清除。随着病毒技术的发展，病毒和反病毒软件都变得越来越复杂化和经验化。

大体来说，反病毒软件的发展分为以下四代。

第一代：简单的扫描。

第二代：启发式的扫描。

第三代：主动设置陷阱。

第四代：全面的预防措施。

第一代扫描软件要求知道病毒的特征以鉴别之。病毒虽然可能含有"通配符"，但就其本质而言，所有的副本都具有相同的结构和排列方式。那些基于病毒具体特征的扫描软件只能检测已知的病毒。另一种类型的第一代扫描软件包含文件长度的记录，通过比较文件长度的变化来确定病毒的种类。

第二代扫描软件不依赖于病毒的具体特征，而是利用自行发现的规律来寻找可能存在的病毒感染。例如，一种扫描软件可以用来寻找多态型病毒中用到的加密圈的起点，并发现加密密钥。一旦该密钥被发现，扫描软件就能对病毒进行解密，从而鉴别该病毒的种类，然后就可以清除这种病毒并将该程序送回到服务器。

第二代扫描软件的另一种方法是进行完整的检查。"校验和"可以附加在文件上。如果文件感染了某种病毒，但"校验和"没有改变，则可以用完整性检查的方法来找出变化。为了对付一种在感染文件时能改变"校验和"的病毒，必须使用散列函数来进行加密。还必须将加密密钥和程序代码分开存储以防止病毒产生新的散列代码并进行加密。通过使用散列函数（而不是一个简单的"校验和"），可以防止病毒调整程序产生同前面一样的散列代码。

第三代反病毒软件是存储器驻留型的，它可以通过受染文件中的病毒的行为（而非其特征）来鉴别病毒。这种程序的优点是不需要知道大量的病毒的特征以及启发式的论据，它只需要鉴别一小部分的行为，该行为表明了某一正试图进入系统的传染行为。

第四代产品是一组含有许多和反病毒技术联系在一起的包，它包括扫描软件和主动设置陷阱。此外，该包还包括一种访问控制功能，这就限制了病毒入侵系统的能力和病毒为了进行传播更新文件的能力。

反病毒的技术还在不断发展。利用第四代检测包，可以运用一些综合的防御策略，拓宽防御范围，以适应多功能计算机上的安全需要。

7.4 木　　马

7.4.1 木马概述

1. 木马的概念

木马的全称是“特洛伊木马”。在神话传说中，希腊士兵藏在木马中进入了特洛伊城，从内部攻破并占领了特洛伊城。在计算机领域中，木马是有隐藏性的，可与远程计算机建立连接，使远程计算机能够通过网络控制本地计算机的恶意程序。因此，木马是可被用来进行恶意行为的程序，但这些恶意行为一般不是直接对计算机系统的软硬件产生危害的行为，而是以控制为主的行为。某种意义上，木马就是增加了恶意功能，而且具有隐蔽性的远程控制软件，通常悄悄地在寄宿主机上运行，在用户毫无察觉的情况下让攻击者获得了远程访问和控制系统的权限。

谈到木马，人们就会想到病毒，但它与传统病毒不同。首先，木马通常不像传统病毒那样感染文件。木马一般是以寻找后门、窃取密码和重要文件为主，还可以对计算机进行跟踪监视、控制、查看、修改资料等操作，具有很强的隐蔽性、突发性和攻击性。其次，木马也不像病毒那样重视复制自身。

2. 木马的危害

大多数网络用户对木马也并不陌生。木马主要以网络为依托进行传播，偷取用户隐私资料是其主要目的，且这些木马多具有引诱性与欺骗性。

木马也是一种后门程序，它会在用户的计算机系统里打开一个“后门”，黑客就会从这个被打开的特定“后门”进入系统，然后就可以随心所欲地操控用户的计算机了。如果要问黑客通过木马进入到计算机里后能够做什么，可以这样回答：用户能够在自己的计算机上做什么，他就同样能做什么。它可以读、写、存、删除文件，可以得到用户的隐私、密码，甚至用户在计算机上鼠标的每一下移动，他都能尽收眼底。而且还能够控制用户的鼠标和键盘去做他想做的任何事，比如打开用户珍藏的好友照片，然后当面将它永久删除。也就是说，用户的一台计算机一旦感染上木马，它就变成了一台傀儡机，对方可以在用户的计算机上上传下载文件，偷窥文件，偷取各种密码和口令信息等。感染了木马的系统用户的一切秘密都将暴露在别人面前，隐私将不复存在。

木马控制者既可以随心所欲地查看已被入侵的机器，也可以用广播方式发布命令，指示所有在它控制下的木马一起行动，或者向更广泛的范围传播，或者做其他危险的事情。实际上，只要用一个预先定义好的关键词，就可以让所有被入侵的机器格式化自己的硬盘，或者向另一台主机发起攻击。攻击者经常会用木马侵占大量的机器，然后针对某一要害主机发起分布式拒绝服务（DDoS）攻击。

7.4.2 木马工作原理

与传统的文件型病毒寄生于正常可执行程序体内，通过寄主程序的执行而执行的方式不同，大多数木马程序都有一个独立的可执行文件。木马通常不容易被发现，因为它一般是以一个正常应用的身份在系统中运行的。

1. 木马工作模式

木马程序一般采用客户机/服务器工作模式，包括客户机(Client)部分和服务器(Server)部分。客户机也叫控制端，运行在木马控制者的计算机中；服务器运行在被入侵计算机中，打开一个端口以监听并响应客户机的请求。

典型地，攻击者利用一种称为绑定程序的工具将木马服务器绑定到某个合法软件或者邮件上，诱使用户运行合法软件。只要用户一运行该软件，特洛伊木马的服务器就在用户毫无知觉的情况下完成了安装过程。通常，特洛伊木马的服务器都是可以定制的，攻击者可以定制的项目一般包括：服务器运行的 IP 端口号、程序启动时机、如何发出调用、如何隐身、是否加密等。另外，攻击者还可以设置登录服务器的密码，确定通信方式。木马控制者通过客户机与被入侵计算机的服务器建立远程连接。一旦连接建立，木马控制者就可以通过对被入侵计算机发送指令来控制它。

不管特洛伊木马的服务器和控制端如何建立联系，有一点是不变的，就是攻击者总是利用控制端向服务器发送命令，达到操控用户机器的目的。

2. 木马的攻击步骤

用木马这种工具控制其他计算机系统，从过程上看大致可分为以下六步。

第一步，配置木马。

一般来说，一个设计成熟的木马都有木马配置程序，从具体的配置内容看，主要是为了实现以下两方面功能：①木马伪装，为了让服务器在侵入的主机上尽可能好地隐藏，木马配置程序会采用多种手段对服务器进行伪装，如修改图标、捆绑文件、定制端口、自我销毁等；②信息反馈，木马配置程序将就信息反馈的方式或地址进行设置，如设置信息反馈的邮件地址、IRC 号、ICQ 号等。

第二步，传播木马。

当前，木马的传播途径主要有两种：一种是通过电子邮件，木马服务器以附件形式附着在邮件上发送出去，收件人只要打开附件就会感染木马。为了安全起见，现在很多公司或用户通过电子邮件给用户发送安全公告时，都不携带附件。另一种是软件下载，一些非正式的网站以提供软件下载的名义，将木马捆绑在软件安装程序上，程序下载后只要一运行这些程序，木马就会自动安装。因此用户从互联网上下载了免费软件以后，在运行之前一定要进行安全检查。对于安全要求较高的计算机，则应禁止安装从互联网上下载的软件。

鉴于木马的危害性，很多人对木马知识还是有一定了解的，这对木马的传播起了一定的抑制作用，因此木马设计者们开发了多种功能来伪装木马，以达到降低用户警觉，欺骗用户的目的。典型的方法有以下几种。

(1) 修改图标。已经有木马可以将木马服务器程序的图标改成 TXT、HTML、ZIP 等各种文件的图标，以达到迷惑用户的目的。

(2) 捆绑文件。这种伪装手段是将木马捆绑到一个安装程序上，当安装程序运行时，木马在用户毫无察觉的情况下，偷偷地进入了系统。被捆绑的文件一般是可执行文件，如 EXE、COM 等文件。

(3) 出错显示。如果打开一个文件，没有任何反应，这很可能就是个木马程序，木马的设计者也意识到了这个缺陷，所以已经有木马提供了一个叫作“出错显示”的功能：当服务器用户打开木马程序时，会弹出一个错误提示框，显示一些诸如“文件已破坏，无法打开”之类的信息，当服务器用户信以为真时，木马却悄悄侵入了系统。

(4) 定制端口。很多老式的木马端口都是固定的，这给判断是否感染了木马带来了方便，只要查一下特定的端口就知道感染了什么木马。因此现在很多新式的木马都加入了定制端口的功能，控制端用户可以在 1024～65 535 中任选一个端口作为木马端口，这样就给判断所感染木马类型带来了麻烦。

(5) 自我销毁。这项功能是为了弥补木马的一个缺陷。例如在 Windows 系统中，服务器用户打开含有木马的文件后，木马会将自己复制到 Windows 的系统文件夹中(C:\Windows 或 C:\Windows\system 目录下)。一般来说，原木马文件和系统文件夹中的木马文件的大小是一样的，那么只要找到原木马文件，然后根据原木马的大小去系统文件夹找相同大小的文件，就能够比较容易地发现木马。木马的自我销毁功能是指安装完木马后，原木马文件将自动销毁，这样服务器用户就很难找到木马的来源，在没有查杀木马的工具帮助下，就很难删除木马了。

(6) 木马更名。老式木马的文件名一般是固定的，那么只要根据文件名查找特定的文件，就可以断定中了什么木马。所以现在有很多木马都允许控制端用户自由定制安装后的木马文件名，这样就很难判断所感染的木马类型了。

第三步，运行木马。

服务器用户运行木马或捆绑木马的程序后，木马就会自动进行安装，并设置好木马的触发条件，条件满足时将自动运行木马的服务器。木马被激活后，进入内存，并开启事先定义的木马端口，准备与控制端建立连接。

第四步，信息收集与反馈。

一般来说，设计成熟的木马都有一个信息反馈机制。信息反馈机制是指木马成功安装后会收集一些服务器所在计算机系统的软硬件信息，并通过 E-Mail，IRC 或 ICQ 的方式告知控制端。

从反馈信息中控制端可以知道服务器的一些软硬件信息，包括使用的操作系统、系统目录、硬盘分区状况、系统口令等。在这些信息中，最重要的是服务器 IP，因为只有得到这个参数，控制端才能与服务器建立连接。

第五步，建立连接。

一个木马连接的建立首先必须满足两个条件：一是服务器已运行在被入侵的计算机

中；二是控制端要在线。在此基础上，控制端可以通过木马端口与服务器建立连接。

对于控制端来说，要与服务器建立连接必须知道服务器所在计算机的木马端口和IP地址。由于木马端口是控制端事先设定的，为已知项，所以最重要的是如何获得服务器的IP地址，方法主要有两种：信息反馈和IP扫描。信息反馈不再赘述，而对于IP扫描，因为服务器的木马端口是处于开放状态的，所以现在服务器只需要扫描此端口开放的主机，并将此主机的IP添加到列表中。这时控制端就可以向服务器发出连接信号，服务器收到信号后立即做出响应。当控制端收到响应的信号后，开启一个随即端口与服务器的木马端口建立连接。至此，一个木马连接真正建立起来。扫描整个IP地址段比较费时费力，一般来说，控制端都是先通过信息反馈获得服务器的IP地址。

第六步，远程控制。

木马连接建立后，控制端端口和木马端口之间将会出现一条通道。控制端程序可藉这条通道与服务器取得联系，并通过服务器对被入侵主机进行远程控制，比如通过按键记录来窃取密码、对服务器上的文件进行操作、修改服务器配置、断开服务器网络连接、控制服务器的鼠标与键盘、监视服务桌面操作、查看服务器进程等。

3. 木马常用技术

现代木马采用了很多先进的技术，以提高自身隐藏能力和生存能力。这些技术包括进程注入技术、三线程技术、端口复用技术、超级管理技术、端口反向连接技术等。

1）进程注入技术

当前操作系统中都有系统服务和网络服务，它们都在系统启动时自动加载。进程注入技术就是将这些与服务相关的可执行代码作为载体，木马将自身嵌入到这些可执行代码中，实现自动隐藏和启动的目的。

这种形式的木马只需安装一次，以后就会被自动加载到可执行文件的进程中，并且会被多个服务加载。只有系统关闭，服务才会结束，因此木马在系统运行时始终保持激活状态。

2）三线程技术

三线程技术就是一个木马进程同时开启了三个线程，其中一个为主线程，负责接收控制端的命令，完成远程控制功能。另外两个是监视线程和守护线程，监视线程负责检查木马是否被删除或被停止自动运行。守护线程则注入其他可执行文件内，与木马进程同步，一旦进程被终止，它就会重新启动木马进程，并向主线程提供必要的数据，这样就可以保持木马运行的可持续性。

3）端口复用技术

端口复用技术是指重复利用系统网络打开的端口，如25、80、135等常用端口，来进行数据传送，这样可以达到欺骗防火墙的目的。端口复用是在保证端口默认服务正常工作的条件下复用，具有很强的隐蔽性和欺骗性。例如，木马"Executor"利用80端口来传送控制信息和数据，实现远程控制的目的。

4）超级管理技术

一些木马还具有攻击反恶意代码软件的能力。为了对抗反恶意代码软件，一些木马采用超级管理技术对反恶意代码软件进行拒绝服务攻击，使反恶意代码软件无法正常工作。例如,国产木马“广外女生”就采用超级管理技术对金山毒霸和天网防火墙进行拒绝服务攻击,以使其无法正常工作。

5) 端口反向连接技术

一般来说,防火墙对外部网络进入内部网络的数据流有严格的过滤策略,但是对内部网到外部网的数据流控制力度相对较小一些。端口反向连接技术就是利用了防火墙的这个特点。端口反向连接,指的是木马的服务器主动连接控制端,从而使得数据流的流向从被侵入方来看是从内到外。国外的“Boint”是最早实现端口反向连接的木马,国内的“灰鸽子”木马则是这项技术的集大成者。

7.4.3 木马防治技术

1. 木马的预防

目前,木马已对计算机用户信息安全构成了极大的威胁,做好木马的防范已经刻不容缓。用户要提高对木马的警惕,尤其是网络游戏玩家、电子商务参与者更应该提高对木马的关注。

网络中比较流行的木马程序,传播速度比较快,影响也比较严重,因此尽管我们掌握了很多木马的检测和清除方法及软件工具,但这些也只是在木马出现后被动的应对措施。这就要求我们平时有对木马的预防意识和措施,做到防患于未然。以下是几种简单实用的木马预防方法和措施。

(1) 不随意打开来历不明的邮件,阻塞可疑邮件。

(2) 不随意下载来历不明的软件。

(3) 及时修补漏洞和关闭可疑的端口。

(4) 尽量少用共享文件夹。

(5) 运行实时监控程序。

(6) 经常升级系统和更新病毒库。

(7) 限制使用不必要并具有传输能力的文件。

2. 木马的检测和清除

鉴于 Windows 操作系统的普及性,以 Windows 系统为例。一般来说,可以通过查看系统端口开放的情况、系统服务的情况、系统任务运行情况、网卡的工作情况、系统日志及运行速度有无异常等对木马进行检测。查看是否有可疑的启动程序、可疑的进程存在,是否修改了 win.ini、system.ini 系统配置文件和注册表。如果存在可疑的程序和进程,就按照特定的方法进行清除。检测到计算机感染木马后,就要根据木马的特征来进行删除。

1) 查看开放端口

当前最为常见的木马基本上都是基于 TCP/UDP 进行客户端与服务器之间的通信。因此,可以通过查看本机上开放的端口,看是否有可疑的程序打开了某个可疑的端口。例如,“冰河”木马使用的监听端口是 7626,Back Orifice 2000 使用的监听端口是 54320 等。

假如查看到有可疑的程序在利用可疑端口进行连接，则很有可能就是感染了木马。

查看端口的方法通常有以下几种。

(1) 使用 Windows 本身自带的 netstat 命令。

(2) 使用 Windows 下的命令工具，如 fport。

(3) 使用图形化界面工具，如 Active Ports。

2) 查看和恢复 win.ini 和 system.ini 系统配置文件

查看 win.ini 和 system.ini 是否有被修改的地方。例如，有的木马通过修改 win.ini 文件中 Windows 节的"load＝file .exe，run＝file.exe"语句进行自动加载，还可能修改 system.ini 中的 boot 节，实现木马加载。例如，木马"妖之吻"将"Shell＝Explorer.exe"(Windows 系统的图形界面命令解释器)修改成"Shell＝yzw.exe"，在计算机每次启动后就自动运行程序 yzw.exe。为了清除这种木马，可以把 system .ini 恢复为原始配置，即将"Shell＝yzw.exe"修改回"Shell＝Explorer.exe"，再删除掉木马文件即可。

3) 查看启动程序并删除可疑的启动程序

如果木马自动加载的文件是直接通过 Windows 菜单自定义添加的，一般都会放在主菜单的"开始"→"程序"→"启动"处。通过这种方式使文件自动加载时，一般都会将其存放在注册表中下述 4 个位置上。

HKEY_CURRENT_USER\software\microsoft\Windows\CurrentVersion\Explorer\Shellfolders

HKEY_CURRENT_USER\software\microsoft\Windows\CurrentVersion\Explorer\UserShellfolders

HKEY_LOCAL_MACHINE\software\microsoft\Windows\CurrentVersion\Explorer\UserShellfolders

HKEY_LOCAL_MACHINE\software\microsoft\Windows\CurrentVersion\Explorer\Shellfolders

检查这几个位置是否有可疑的启动程序，便很容易查到是否感染了木马。如果查出有木马存在，则除了要查出木马文件并删除外，还要将木马自动启动程序删除。

4) 查看系统进程并停止可疑的系统进程

木马隐蔽技术再好，它的本质仍然是一个应用程序，需要进程来执行。可以通过查看系统进程来推断木马是否存在。在 Windows NT/XP 系统下，按 Ctrl＋Alt＋Del 组合键进入任务管理器，就可看到系统正在运行的全部进程。在查看进程中，如果对系统非常熟悉，对每个系统运行的进程知道它是做什么的，那么在木马运行时，就能很容易看出来哪个是木马程序的活动进程了。

在对木马进行清除时，首先要停止木马程序的系统进程。例如，Hack.Rbot 除了将自身复制到一些固定的 Windows 自动启动项中外，还在进程中运行 wuamgrd.exe 程序，修改了注册表，以便自己可随时自启动。在看到有木马程序运行时，需要马上停止系统进程，并进行下一步操作，修改注册表和清除木马文件。

5) 查看和还原注册表

木马一旦被加载，一般都会对注册表进行修改。通常，木马一般在注册表中的以下地方实现加载文件。

HKEY_LOCAL_ MACHINE \software\microsoft\Windows\CurrentVersion\Run

HKEY_LOCAL_ MACHINE \software\microsoft\Windows\CurrentVersion\RunOnce

HKEY_LOCAL_ MACHINE \software\microsoft\Windows\CurrentVersion\RunServices

HKEY_LOCAL_ MACHINE \software\microsoft\Windows\CurrentVersion\RunServicesOnce

HKEY_CURRENT_USER\software\microsoft\Windows\CurrentVersion\Run\RunOnce

HKEY_CURRENT_USER\software\microsoft\Windows\CurrentVersion\RunServices

此外，在注册表中的 HKEY_CLASSES_ROOT\exefile\shell\open\command："%1"% * 处，如果其中的"%1"被修改为木马，那么每启动一次该可执行文件时，木马就会启动一次。

查看注册表，将注册表中木马修改的部分还原。例如，Hack.Rbot 病毒会向注册表的有关目录中添加键值"Microsoft Update"＝"wuamgrd.exe"，以便自己可以随机自启动。这就需要先进入注册表，将键值"Microsoft Update"＝"wuamgrd.exe"删除。注意：可能有些木马会不允许执行.exe 文件，这样就要先将 regedit.exe 改成系统能够运行的形式，比如可以改成 regedit.com。

6）使用杀毒软件和木马查杀工具检测和清除木马

最简单的检测和删除木马的方法是安装木马查杀软件。常用的木马查杀工具，如 KV3000、瑞星、TheCleaner、木马克星、木马终结者等，都可以进行木马的检测和查杀。此外，用户还可使用其他木马查杀工具对木马进行查杀。

多数情况下，由于杀毒软件和查杀工具的升级慢于木马的出现，因此学会手工查杀木马非常必要。手工查杀木马的方法如下。

（1）检查注册表。看 HKEY_LOCAL_MACHINE\SOFTWARE\MICROSOFT\WINDOWS\CurrenVersion 和 HKEY_CURRENTT_USER\Software\Microsoft\Windows\Current Version 下所有以 Run 开头的键值名下有没有可疑的文件名。如果有，就需要删除相应的键值，再删除相应的应用程序。

（2）检查启动组。虽然启动组不是十分隐蔽，但这里的确是自动加载运行的好场所，因此可能有木马在这里隐藏。启动组对应的文件夹为 C:/windows/startmenu/programs/startup，要注意经常对其进行检查，发现木马，及时清除。

（3）win.ini 以及 system.ini 也是木马喜欢隐藏的场所，要注意这些地方。例如，在正常情况下 win.ini 的 Windows 小节下的 load 和 run 后面没有跟什么程序，如果在这里发现了程序，那么很可能就是木马的服务器端，需要尽快对其进行检查并清除。

（4）对于文件 C:/windows/winstart.bat 和 C:/windows/wininit.ini 也要多加检查，木马也很可能隐藏在这里。

(5) 如果是由.exe 文件启动，那么运行该程序，看木马是否被装入内存，端口是否打开。如果是，则说明要么是该文件启动了木马程序，要么是该文件捆绑了木马程序。只能将其删除，再重新安装一个这样的程序。

7.5 蠕　虫

7.5.1 蠕虫概述

蠕虫是一种结合黑客技术和计算机病毒技术，利用系统漏洞和应用软件的漏洞，通过复制自身进行传播的、完全独立的程序代码。蠕虫的传播不需要借助被感染主机中的其他程序。蠕虫的自我复制可以自动创建与自身功能完全相同的副本，并在无人干涉的情况下自动运行。蠕虫是通过系统中存在的漏洞和设置的不安全性进行侵入的。它的自身特性可以使其以极快的速度传播。蠕虫的恶意行为主要体现在消耗系统资源和网络资源上。

"蠕虫"这一生物学名词是在 1982 年第一次被 John F. Shoch 等人引入到计算机领域中的。他们给出了蠕虫的最基本特征：可以自我复制，并且可以从一台计算机移动到另一台计算机。1988 年，一个由美国 CORNELL 大学研究生莫里斯编写的蠕虫病毒蔓延，造成了数千台计算机停机，蠕虫开始现身网络。1998 年爆发的"HaPpy99"蠕虫病毒成为第一个世界性的大规模蠕虫病毒。它是通过电子邮件传播的，一旦该蠕虫代码被执行，用户的屏幕上就会出现一幅彩色的烟花画面。随后出现的"CodeRed""Nimda""Slammer"等大规模的蠕虫病毒给网络用户造成了前所未有的损失。而后来的"红色代码""尼姆达"病毒的疯狂传播，造成几十亿美元的损失。2003 年 1 月 26 日，一种名为"2003 蠕虫王"的计算机病毒迅速传播并袭击了全球，致使互联网严重堵塞，许多域名服务器(DNS)瘫痪，造成网民浏览互联网网页及收发电子邮件的速度大幅减缓，同时银行自动提款机的运作中断，机票等网络预订系统的运作中断，信用卡等收付款系统出现故障。专家估计，此病毒造成的直接经济损失在 26 亿美元以上。2004 年 5 月出现的"震荡波"蠕虫，破坏性超过 2003 年 8 月的"冲击波"病毒，全球各地上百万用户遭到攻击，并造成重大损失。蠕虫病毒已经成为互联网最主要的威胁之一，未来能够给网络带来重大灾难的也必定是网络蠕虫。

蠕虫是一种通过网络传播的恶意代码，它具有普通病毒的传播性、隐蔽性和破坏性，但与普通病毒也有很大差别，如表 7-2 所示。

就存在形式而言，蠕虫不需要寄生到宿主文件中，它是一个独立的程序；而普通病毒需要宿主文件的介入。传统病毒是需要寄生的，它可以通过自己指令的执行，将自己的指令代码写到其他程序的体内，而被感染的文件就被称为"宿主"。宿主程序执行的时候，就可以先执行病毒程序，病毒程序运行完之后，再把控制权交给宿主原来的程序指令。可见，病毒的主要目的就是破坏文件系统。蠕虫一般不采用插入文件的方法，而是复制自身在

表 7-2　蠕虫与病毒的比较

比较对象	蠕虫	普通病毒
存在形式	独立程序	寄生
触发机制	自动执行	用户激活
复制方式	复制自身	插入宿主程序
搜索机制	扫描网络 IP	扫描本地文件系统
破坏对象	网络	本地文件系统
是否需用户参与	不需要	需要

互联网环境下进行传播，病毒的传染主要是针对计算机内的文件系统而言，蠕虫病毒的传染目标是互联网内的所有计算机。

就触发机制而言，蠕虫代码不需要计算机用户的干预就能自动执行。一旦蠕虫程序成功入侵一台主机，它就会按预先设定好的程序自动执行。而传统病毒代码的运行，一般需要用户的激活。只有用户进行了某个操作，才会触发病毒的执行。

就复制方式而言，蠕虫完全依靠自身来传播，它通过自身的复制将蠕虫代码传播给扫描到的目标对象。而普通病毒需要将自身嵌入到宿主程序中，等待用户的激活。

就搜索机制而言，蠕虫搜索的是网络中存在某种漏洞的主机。普通病毒则只会针对本地上的文件进行搜索并传染，其破坏力相当有限。也正是由于蠕虫的这种搜索机制导致了蠕虫的破坏范围远远大于普通病毒。

就破坏对象而言，蠕虫的破坏对象主要是整个网络。蠕虫造成的最显著破坏就是造成网络的拥塞。而普通病毒的攻击对象则是主机的文件系统，删除或修改攻击对象的文件信息，其破坏力是局部的、个体的。

最后，蠕虫的可怕之处也就在于它不需要计算机用户的参与就能悄无声息地传播，直至造成了严重的影响甚至是网络拥塞才会被人们所意识到，而此时，蠕虫的传播范围已非常广泛。

根据使用者情况的不同，可将蠕虫分为面向企业用户的蠕虫和面向个人用户的蠕虫两类。面向企业用户的蠕虫利用系统漏洞，主动进行攻击，可能对整个网络造成瘫痪性的后果，这一类蠕虫以“红色代码”“尼姆达”“Slmmar”为代表；面向个人用户的蠕虫通过网络(主要是电子邮件、恶意网页形式等)迅速传播，以“爱虫”“求职信”蠕虫为代表。在这两类中，第一类具有很大的主动攻击性，而且爆发也有一定的突然性，但由于这一类蠕虫主要利用系统漏洞对网络进行破坏，查杀这一类蠕虫并不是很困难。第二类的传播方式比较复杂和多样，少数利用操作系统或应用程序的漏洞，更多的是利用社会工程学对用户进行欺骗和诱使，这样的病毒造成的损失是非常大的，同时也是很难根除的。比如求职信蠕虫病毒，在 2001 年就已经被各大杀毒厂商发现，但直到 2002 年年底依然排在病毒危害排行榜的首位。

根据传播途径的不同，又可以将蠕虫分成漏洞蠕虫和电子邮件蠕虫。漏洞蠕虫可利用微软的几个系统漏洞进行传播，如 SQL 漏洞、PRC 漏洞、RPC 漏洞和 LSASS 漏洞。其中,PRC漏洞和LSASS漏洞最为严重。漏洞蠕虫极具危害性,大量的攻击数据堵塞网络,并可造成被攻击系统不断重启、系统速度变慢等现象。漏洞蠕虫的特性与黑客特性集成到一起,造成的危害就更大了。蠕虫多以系统漏洞进行攻击与破坏,在网络中通过攻击系统漏洞从而再复制与传播自己。反病毒专家介绍,每当企业感染了蠕虫后都非常难以清除,需要拔掉网线后将每台机器都查杀干净。如果网络中有一台机器受到漏洞蠕虫病毒攻击,那么整个网络将陷入蠕虫"泥潭"中。"冲击波""震荡波"蠕虫就是典型的例子。

电子邮件蠕虫主要通过邮件进行传播。邮件蠕虫使用自己的SMTP引擎,将病毒邮件发送给搜索到的邮件地址。有时候我们会发现同事或好友重复不断发来各种英文主题的邮件,这就是感染了邮件蠕虫。邮件蠕虫还能利用IE漏洞,使用户在没有打开附件的情况下感染病毒。MYDOOM蠕虫变种AH能利用IE漏洞,使病毒邮件不再需要附件就可以感染用户。

蠕虫病毒具有如下技术特性。

(1) 跨平台。蠕虫并不仅局限于Windows平台,它也攻击其他的一些平台,诸如流行的UNIX平台的各种版本。

(2) 多种攻击手段。新的蠕虫病毒有多种手段来渗入系统,比如利用Web服务器、浏览器、电子邮件、文件共享和其他基于网络的应用。

(3) 极快的传播速度。一种加快蠕虫传播速度的手段是,先对网络上有漏洞的主机进行扫描,并获得其IP地址。

(4) 多态性。为了躲避检测、过滤和实时分析,蠕虫采取了多态技术。每个蠕虫的病毒都可以产生新的功能相近的代码并使用密码技术。

(5) 可变形性。除了改变其表象,可变形性病毒在其复制的过程中通过其自身的一套行为模式指令系统,从而表现出不同的行为。

(6) 传输载体。由于蠕虫病毒可以在短时间内感染大量的系统,因此它是传播分布式攻击工具的一个良好的载体,比如分布式拒绝服务攻击中的僵尸程序。

(7) 零时间探测利用。为了达到最大的突然性和分布性,蠕虫在其进入到网络上时就应立即探测仅由特定组织所掌握的漏洞。

7.5.2 蠕虫的传播过程

任何蠕虫在传播过程中都要经历如下三个过程:首先,探测存在漏洞的主机;其次,攻击探测到的脆弱主机;最后,获取蠕虫副本,并在本机上激活它。因此,蠕虫代码的功能模块至少需包含扫描模块、攻击模块和复制模块三个部分。

蠕虫的扫描功能模块负责探测网络中存在漏洞的主机。当程序向某个主机发送探测漏洞的信息并收到成功的反馈信息后,就得到一个可传播的对象。对于不同的漏洞需要发送不同的探测包进行扫描探测。例如,针对Web的cgi漏洞可以发送一个特殊的HTTP请求来探测,针对远程缓冲区溢出漏洞就需要发送溢出代码来探测。缓冲区溢出是一种最常见的系统漏洞,通过向缓冲区中写入超出其范围的内容,使得缓冲区发生溢出,破坏程序的堆栈,迫使程序转而执行其他指令,从而达到攻击的目的。

攻击模块针对扫描到的目标主机的漏洞或缺陷，采取相应的技术攻击主机，直到获得主机的管理员权限，并获得一个 Shell。利用获得的权限在主机上安装后门、跳板、监视器、控制端等，最后清除日志。

攻击成功后，复制模块就负责将蠕虫代码自身复制并传输给目标主机。复制的过程实际上就是一个网络文件的传输过程。复制过程也有很多种方法，可以利用系统本身的程序实现，也可以用蠕虫自带的程序实现。从技术上看，由于蠕虫已经取得了目标主机的控制权限，所以很多蠕虫都倾向于利用系统本身提供的程序来完成自我复制，这样可以有效地减少蠕虫程序本身的大小。

经过上述三个步骤之后，感染蠕虫病毒的主机就成功地将蠕虫代码传播给网络中其他存在漏洞的主机了。由此可见，实际上，蠕虫传播的过程就是自动入侵的过程，蠕虫采用的是自动入侵技术。由于受程序大小的限制，自动入侵程序不可能有太强的智能性，所以自动入侵一般都采用某种特定的模式。目前，蠕虫使用的入侵模式就是：扫描漏洞→攻击并获得 Shell→利用 Shell。这种入侵模式也就是现在蠕虫常用的传播模式。

7.5.3 蠕虫的分析和防范

蠕虫与传统病毒不同的一个特征就是蠕虫能利用漏洞进行传播和攻击。这里所说的漏洞主要是软件缺陷和人为缺陷。软件缺陷，如远程溢出、微软 IE 和 Outlook 的自动执行漏洞等，需要软件厂商和用户共同配合，不断地升级软件来解决。人为缺陷主要是指计算机用户的疏忽。这就是所谓的社会工程学，当收到一封带着病毒的求职信邮件时，大多数人都会去单击。对于企业用户来说，威胁主要集中在服务器和大型应用软件上；而对于个人用户来说，主要是防范人为缺陷。

1. 企业类蠕虫的防范

当前，企业网络主要应用于文件和打印服务共享、办公自动化系统、企业管理系信息系统(MIS)、Internet 应用等领域。网络具有便利的信息交换特性，蠕虫就可能充分利用网络快速传播达到其阻塞网络的目的。企业在充分利用网络进行业务处理时，要考虑病毒防范问题，以保证关系企业命运的业务数据的完整性和可用性。

企业防治蠕虫需要考虑对蠕虫的查杀能力、病毒的监控能力和对新病毒的反应能力等问题。企业防毒的一个重要方面就是管理策略。企业防范蠕虫的常见策略如下。

(1) 加强网络管理员安全管理水平，提高安全意识。由于蠕虫利用的是系统漏洞，所以需要在第一时间内保持系统和应用软件的安全性，保持各种操作系统和应用软件的更新。由于各种漏洞的出现，使得安全问题不再是一劳永逸的事，作为企业用户，所经受攻击的危险也越来越大，要求企业的管理水平和安全意识也越来越高。

(2) 建立对蠕虫的检测系统。能够在第一时间内检测到网络的异常和蠕虫攻击。

(3) 建立应急响应系统。将风险减少到最低。由于蠕虫爆发的突然性，可能在发现的时候已经蔓延到整个网络，所以建立一个紧急响应系统是很有必要的，在蠕虫爆发的第一时间即能提供解决方案。

(4) 建立备份和容灾系统。对于数据库和数据系统,必须采用定期备份、多机备份和容灾等措施,防止意外灾难下的数据丢失。

2. 个人用户蠕虫的分析和防范

对于个人用户而言,威胁大的蠕虫一般采取电子邮件和恶意网页传播方式。这些蠕虫对个人用户的威胁最大,同时也最难以根除,造成的损失也很大。利用电子邮件传播的蠕虫通常利用的是社会工程学欺骗,即以各种各样的欺骗手段诱惑用户单击的方式进行传播。

该类蠕虫对个人用户的攻击主要还是通过社会工程学,而不是利用系统漏洞,所以防范此类蠕虫需要从以下几点入手。

(1) 提高防杀恶意代码的意识。

(2) 购买正版的防病毒(蠕虫)软件。

(3) 经常升级病毒库。

(4) 不随意查看陌生邮件,尤其是带有附件的邮件。

7.6 网络安全管理体系与信息伦理

7.6.1 网络安全管理体系

面对网络安全的脆弱性,除了在网络设计上增加了安全服务功能,完善系统的安全保密措施外,还必须花大力气加强网络的安全管理。网络安全管理体系由法律管理、制度管理和培训管理3个部分组成。

1. 法律管理

法律管理是根据相关的国家法律、法规对信息系统主体及其与外界关联行为的规范和约束。法律管理具有对信息系统主体行为的强制性约束力,并且有明确的管理层次性。与安全有关的法律法规是信息系统安全的最高行为准则。

为促进和规范信息化建设的管理,保护信息化建设健康有序发展,我国政府结合信息化建设的实际情况,制定了一系列法律和法规。

1997年3月,中华人民共和国第八届全国人民代表大会第五次会议对《中华人民共和国刑法》进行了修订。明确规定了非法侵入计算机信息系统罪和破坏计算机信息系统罪的具体体现。

1994年2月,国务院颁布了《中华人民共和国计算机信息系统安全保护条例》,主要内容包括计算机信息系统的概念、安全保护的内容、信息系统安全主管部门及安全保护制度等。

1996年2月,国务院颁布《中华人民共和国计算机信息网络管理暂行规定》,体现了国家对国际联网实行统筹规划、统一标准、分级管理、促进发展的原则。

1997 年 12 月，国务院颁布《中华人民共和国计算机信息网络国际联网安全保护管理办法》，加强了国际联网的安全保护。

1991 年 6 月，国务院颁布《中华人民共和国计算机软件保护条例》，加强了对软件著作权的保护。

2017 年 6 月，国务院颁布《中华人民共和国网络安全法》，它是我国第一部全面规范网络空间安全管理方面问题的基础性法律。

2019 年 11 月 20 日，国家互联网信息办公室就《网络安全威胁信息发布管理办法(征求意见稿)》公开征求社会意见，对发布网络安全威胁信息的行为做出规范。

2. 制度管理

制度管理是信息系统内部依据系统必要的国家、团体的安全需求制定的一系列内部规章制度，主要内容包括安全管理和执行机构的行为规范、岗位设定及其操作规范、岗位人员的素质要求及行为规范、内部关系与外部关系的行为规范等。制度管理是法律管理的形式化、具体化，是法律、法规与管理对象的接口。

3. 培训管理

培训管理是确保信息系统安全的前提。培训管理的内容包括法律法规培训、内部制度培训、岗位操作培训、普通安全意识和岗位相关的重点安全意识相结合的培训、业务素质与技能技巧培训等。培训的对象不仅仅是从事安全管理和业务的人员，而应包括信息系统有关的所有人员。

7.6.2 信息伦理

信息伦理是指涉及信息开发、信息传播、信息的管理和利用等方面的伦理要求、伦理准则、伦理规约，以及在此基础上形成的新型的伦理关系。信息伦理又称信息道德，它是调整人们之间以及个人和社会之间信息关系的行为规范的总和。

信息伦理不是由国家强行制定和强行执行的，是在信息活动中以善恶为标准，依靠人们的内心信念和特殊社会手段维系的。信息伦理结构的内容可概括为两个方面，三个层次。

所谓两个方面，即主观方面和客观方面。前者指人类个体在信息活动中以心理活动形式表现出来的道德观念、情感、行为和品质，如对信息劳动的价值认同，对非法窃取他人信息成果的鄙视等，即个人信息道德；后者指社会信息活动中人与人之间的关系以及反映这种关系的行为准则与规范，如扬善抑恶、权利义务、契约精神等，即社会信息道德。

所谓三个层次，即信息道德意识、信息道德关系、信息道德活动。信息道德意识是信息伦理的第一个层次，包括与信息相关的道德观念、道德情感、道德意志、道德信念、道德理想等，它是信息道德行为的深层心理动因。信息道德意识集中地体现在信息道德原则、规范和范畴之中。信息道德关系是信息伦理的第二个层次，包括个人与个人的关系、个人与组织的关系、组织与组织的关系。这种关系是建立在一定的权利和义务的基础上，并以一定信息道德规范形式表现出来的，如联机网络条件下的资源共享，网络成员既有共享网上资源的权利(尽管有级次之分)，也要承担相应的义务，遵循网络的管理规则。成员之间的关系是通过大家共同认同的信息道德规范和准则维系的。信息道德关系是一种特殊的社会关系，是被经济关系和其他社会关系所决定、所派生出的人与人之间的信息关系。信息道德活动是信息伦理的第三层次，包括信息道德行为、信息道德评价、信息道德教育和信息道德修养等。这是信息道德的一个十分活跃的层次。信息道德行为即人们在信息交流中所采取的有意识的、经过选择的行动。根据一定的信息道德规范对人们的信息行为进行善恶判断即为信息道德评价。按一定的信息道德理想对人的品质和性格进行陶冶就是信息道德教育。信息道德修养则是人们对自己的信息意识和信息行为的自我解剖、自我改造。信息道德活动主要体现在信息道德实践中有机统一。

总的来说，作为意识现象的信息伦理，它是主观的东西；作为关系现象的信息伦理，它是客观的东西；作为活动现象的信息伦理，则是主观见之于客观的东西。换言之，信息伦理是主观方面即个人信息伦理与客观方面即社会信息伦理的有机统一。

7.7 保障信息安全常用手段

7.7.1 数据加密技术

数据加密是计算机系统对信息进行保护的一种最可靠的办法。它利用密码技术对信息进行加密，实现信息隐蔽，从而起到保护信息的安全的作用。

1. 加密术语

在密码学中，原始的消息称为明文，而加密后的消息称为密文。将明文变换成密文，以使非授权用户不能获取原始信息的过程称为加密；从密文恢复明文的过程称为解密。明文到密文的变换法则，即加密方案，称为加密算法；而密文到明文的变换法则称为解密算法。加/解密过程中使用的明文、密文以外的其他参数，称为密钥，如图 7-1 所示。

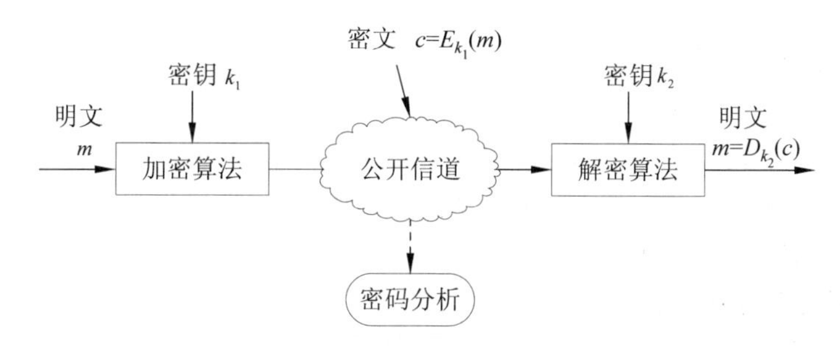

图 7-1 密码学模型

2. 数据加密标准

从不同角度，根据不同标准，可以将密码体制分成不同的类型。根据加解密是否使用相同的密钥，可将密码体制分为对称密码和非对称密码。

加密和解密都是在密钥的作用下进行的。对称密码体制也叫单钥密码体制，在对称密码体制中，加密和解密使用完全相同的密钥，或者加密密钥和解密密钥彼此之间非常容易推导。非对称密码体制也称为公钥（公开密钥）密码体制，在公钥密码体制中，加密和解密使用不同的密钥，而且由其中一个推导另外一个是非常困难的。这两个不同的密钥，往往其中一个是公开的，而另外一个保持秘密性。

1）对称加密算法举例

以常用的对称加密算法 DES（Data Encryption Standard，数据加密标准）为例，使用 http://tool.chacuo.net/cryptdes 网站的加密算法举例说明加密解密过程。

（1）加密过程。例如，发送一条消息："I am a student."，"I am a student." 消息称为明文；密钥设置为"123456"；加密算法采用 DES 中的 ECB 加密模式。单击"DES 加密"按钮，得到的密文为"cc4600ce3839178a07a917bae623a76a"，如图 7-2 所示。

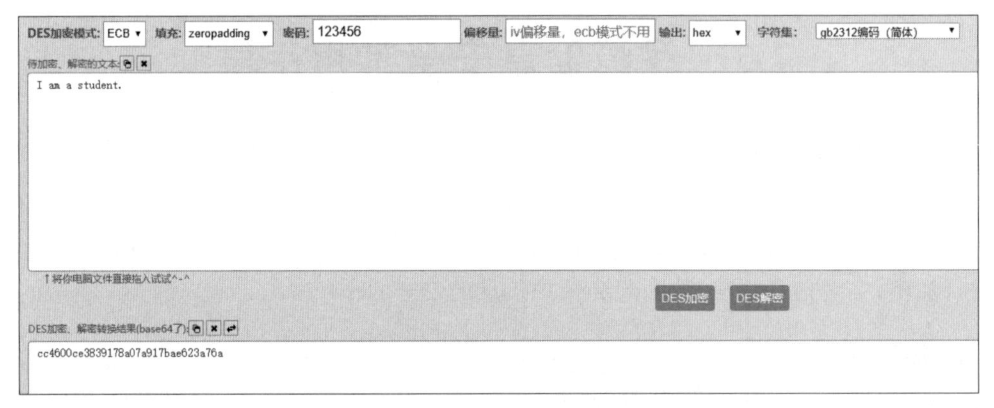

图 7-2　对称加密算法加密过程

（2）解密过程。将加密过程得到的密文"cc4600ce3839178a07a917bae623a76a"输入到加密/解密框中，单击"DES 解密"按钮，得到解密后的明文为"I am a student."，与加密前的明文一致。注意实验中加密和解密使用完全相同的密钥，如图 7-3 所示。

2）非对称加密算法举例

以常用的非对称加密算法 RSA（RSA 是 1977 年由 Ron Rivest、Adi Shamir 和 Leonard Adleman 一起提出的。RSA 就是他们三人姓氏开头字母拼在一起组成的）为例，使用 http://tool.chacuo.net/cryptdes 网站的加密算法举例说明加密解密过程。非对称加密算法原理如图 7-4 所示。

（1）生成密钥对过程。在网站界面左侧选择密钥对，例如这里选择"RSA 密钥对"，单击"生成密钥对（RSA）"按钮，生成的密钥对如图 7-5 所示。

（2）利用公钥加密过程。例如，发送一条消息："I am a student."，"I am a student."

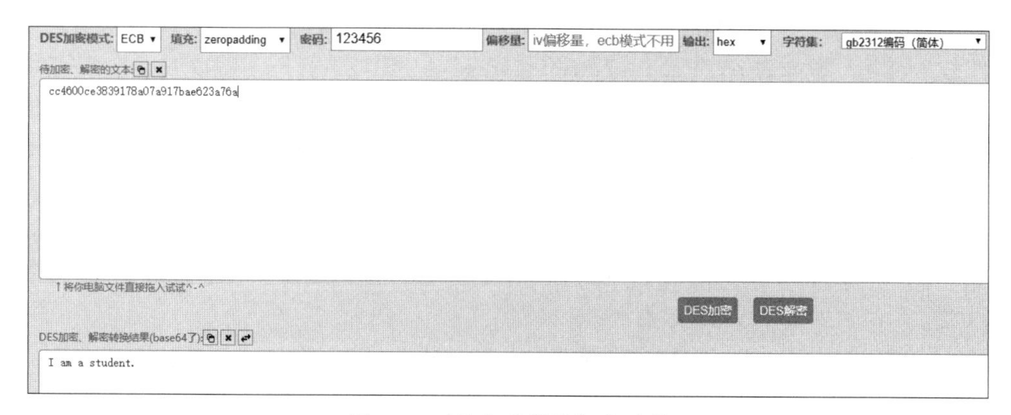

图 7-3　对称加密算法解密过程

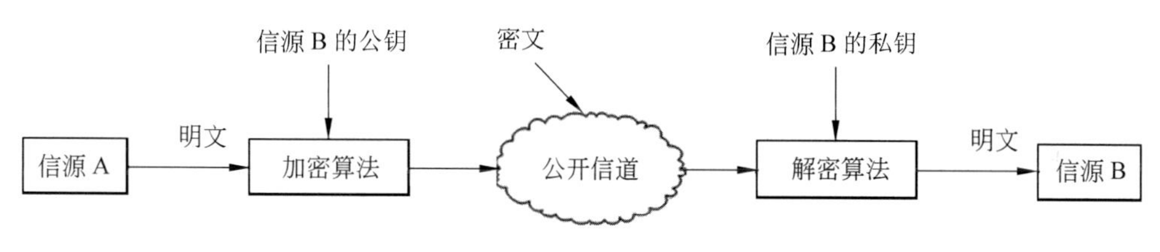

图 7-4　非对称加密算法原理

图 7-5　非对称加密算法密钥生成过程

消息称为明文；将上一步得到的公钥作为加密公钥输入。单击“RSA 公钥加密”按钮，得到的密文如下：“Rv2W9K5VaMubN8IQf/uw2n2gkVEGZ9m1FnVEcD0Qqk51XSY9qU0Gnn4n4IGDdrKHgRibqde48jDaaYpkz10cwff/WOPSDP5LMOsDhGSNY8RH0t5ov2zvwXrdvfdgsSgrmwaS59WYw3PWXYGjmXQ + Ok1NG0xNKrtYoNcbN8g5UI0 = ”，如图 7 6 所示。

图 7-6　非对称加密算法加密过程

（3）利用私钥解密过程。利用私钥解密时将加密过程得到的密文如下：“Rv2W9K5VaMubN8IQf/uw2n2gkVEGZ9m1FnVEcD0Qqk51XSY9qU0Gnn4n4IGDdrKHgRibqde48jDaaYpkz10cwff/WOPSDP5LMOsDhGSNY8RH0t5ov2zvwXrdvfdgsSgrmwaS59WYw3PWXYGjmXQ+Ok1NG0xNKrtYoNcbN8g5UI0=”输入到加密/解密框中，单击“RSA 私钥解密”按钮，得到解密后的明文为“I am a student.”，与加密前的明文一致，如图 7-7 所示。注意非对称加密算法需要两个密钥：公钥（Public Key）与私钥（Private Key）。公钥与私钥是一对，如果用公钥对数据进行加密，只有用对应的私钥才能解密；如果用私钥对数据进行加密，则只有用对应的公钥才能解密。因为加密和解密使用的是两个不同的密钥，所以这种算法称为非对称加密算法。

图 7-7　非对称加密算法解密过程

由此可见，非对称加密算法比对称加密算法复杂度更高。现实生活中，我们常常把两种加密算法结合起来使用，传递对称加密的密钥时，采用非对称加密传递；传递完密钥后，在传递具体的数据内容时，采用对称加密的方式，缩短了用时。

数据加密技术的缺陷是别有用心的人拿到了公钥后，虽然他没有私钥，不能解密数据，但可以用拿到的公钥加密伪造数据，这时候接收者收到的就是被篡改的数据。为了防止数据信息发布后不被篡改以及数据的完整性，就需要用到数字签名。

7.7.2 数字签名技术

在实际生活中，许多事情的处理需要人们手写签名。签名起到了鉴别、核准、负责等作用，表明签名者对文档内容的认可，并产生某种承诺或法律上的效应。数字签名是手写签名的数字化形式，数字签名是指可以添加到文件中的电子安全标记，使用数字签名可以验证文件的发布者以及帮助验证文件自被数字签名后是否发生更改。数字签名应该能在数据通信过程中识别通信双方的真实身份，保证通信的真实性以及不可抵赖性，起到手写签名或者印章相同的作用。

自从 1976 年数字签名的概念被提出，就受到了特别的关注。数字签名已成为计算机网络不可缺少的一项安全技术，在商业、金融、军事等领域，得到了广泛的应用。各国对数字签名的使用颁布了相应的法案。美国 2000 年通过的《电子签名全球与国内贸易法案》就规定数字签名与手写签名具有同等法律效力，我国的《电子签名法》也规定可靠的数字签名与手写签名或印章有同等法律效力。

1. 数字签名的必要性

例如，B 可以伪造一条消息并称该消息发自 A。此时，B 只需产生一条消息，用 A 和 B 共享的密钥产生消息鉴别码，并将消息鉴别码附于消息之后。因为 A 和 B 共享密钥，则 A 无法证明自己没有发送过该消息。

又比如，A 可以否认曾发送过某条消息。同样道理，因为 A 和 B 共享密钥，B 可以伪造消息，所以无法证明 A 确实发送过该消息。

在通信双方彼此不能完全信任对方的情况下，就需要除消息鉴别之外的其他方法来解决这些问题。数字签名是解决这个问题的最好方法，它的作用相当于手写签名。用户 A 发送消息给 B，B 只要通过验证附在消息上的 A 的签名，就可以确认消息是否确实来自于 A。同时，因为消息上有 A 的签名，A 在事后也无法抵赖所发送过的消息。因此，数字签名的基本目的是认证、核准和负责，防止相互欺骗和抵赖。数字签名在身份认证、数据完整性、不可否认性和匿名性等方面有着广泛的应用。

2. 数字签名的概念及其机制

数字签名在 ISO 7498-2 标准中定义为："附加在数据单元上的一些数据，或是对数据单元所作的密码变换，这种数据和变换允许数据单元的接收者用以确认数据单元来源和数据单元的完整性，并保护数据，防止被人（例如接收者）进行伪造。"

数字签名机制确定两个过程，对数据单元签名、验证签过名的数据单元。签名过程使用签名者专用的保密信息作为私用密钥，加密一个数据单元并产生数据单元的一个密码校验值；验证过程则使用公开的方法和信息来确定签名是否使用签名者的专用信息产生的。但由验证过程不能推导出签名者的专用保密信息。数字签名的基本特点是签名只能使用签名者的专用信息产生。

1）对数据单元签名

对数据单元签名过程如图 7-8 所示。数据单元可以是原始文件；SHA1(Secure Hash Algorithm 1)称为安全散列算法 1；该算法对数据单元进行散列后可以得到一个 160 位(20 字节)的散列值，该散列值即称为消息摘要，消息摘要通常的呈现形式为 40 个十六进制数；RSA 为非对称加密算法；使用私钥对摘要进行加密后得到的数据即为数字签名；将数据单元与数字签名称作对数据单元的签名结果。

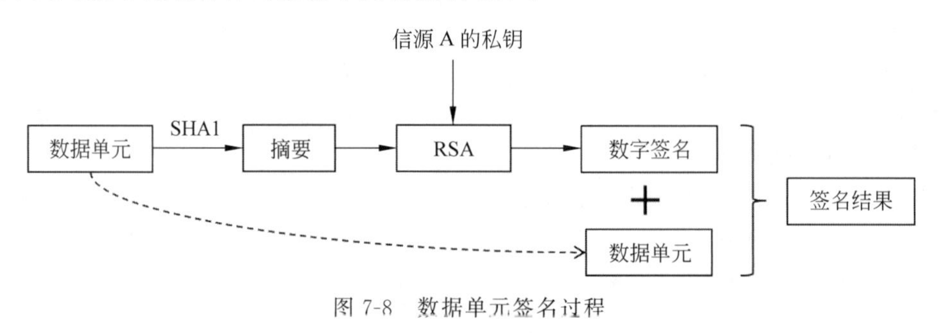

图 7-8　数据单元签名过程

2）对数字签名验证

对数字签名验证如图 7-9 所示。对数字签名进行验证时，首先将数字签名利用 RSA 算法使用信源 A 的公钥进行解密得到解密的摘要，然后将数据单元利用 SHA1 算法得到计算的摘要，最后将解密的摘要与计算的摘要进行对比，相等则表明签名真实。

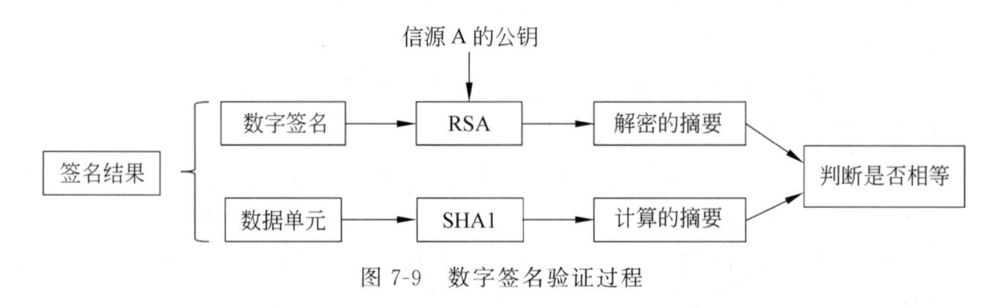

图 7-9　数字签名验证过程

数字签名技术的缺陷是接收者拿到的信源 A 的公钥可能被替换为攻击者的公钥。这时攻击者利用自己的私钥将篡改的数据单元进行签名并发送给接收者，则接收者收到的是被篡改的数据单元。解决该问题的方法是用数字证书来绑定公钥和公钥所属人。

7.7.3　数字证书技术

数字证书(Digital Certificate)是指在互联网通信中标志通信各方身份信息的一个数

字认证，人们可以在网上用它来识别对方的身份。CA 证书授权（Certificate Authority）中心是数字证书发行的唯一机构。

CA 中心采用的是以数字加密技术为核心的数字证书认证技术，通过数字证书，CA 中心可以对互联网上所传输的各种信息进行加密、解密、数字签名与签名认证等各种处理，同时也能保障在数字传输的过程中不被不法分子侵入，或者即使受到侵入也无法查看其中的内容。

如果用户在电子商务的活动过程中安装了数字证书，那么即使其账户或者密码等个人信息被盗取，其账户中的信息与资金安全仍然能得到有效的保障。数字证书就相当于社会中的身份证，用户在进行电子商务活动时可以通过数字证书来证明自己的身份，并识别对方的身份，在数字证书的应用过程中 CA 中心作为第三方机构具有关键性的作用。

数字证书实际上是一串很长的数字编码，包括证书申请者的名称和相关信息（如用户姓名、身份证号码、有效日期等），申请者的公钥，证书签发机构的信息（CA 名称、序列号等），签发机构的数字签名及证书的有效期等内容。

以微软的必应搜索引擎 bing.com 为例，单击“证书”按钮，选择证书，即可查看网站证书，如图 7-10 所示。

图 7-10　数字证书示例

7.7.4　身份认证技术

身份认证也称身份验证或身份鉴别，是指在计算机及计算机网络系统中确认操作者身份的过程。

在现实世界中，人们常常被问到：你是谁？为了证明自己的身份，人们通常要出示一些证件，比如身份证、户口本等。在计算机网络世界中，这个问题仍然非常重要。在进行通信之前，必须弄清楚对方是谁，确定对方的身份，以确保资源被合法用户合理地使用。认证是防止主动攻击的重要技术，是安全服务的最基本内容之一。

计算机网络领域的身份认证是通过将一个证据与实体绑定来实现的。实体可能是用户、主机、应用程序甚至是进程。证据与身份之间是一一对应的关系。双方通信过程中，一方实体向另一方提供这个证据证明自己的身份，另一方通过相应的机制来验证证据，以确定该实体是否与证据所宣称的身份一致。身份认证技术在网络安全中处于非常重要的地位,是其他安全机制的基础。只有实现了有效的身份认证,才能保证访问控制、安全审计、入侵防范等安全机制的有效实施。

根据被认证实体的不同,身份认证包括两种情况：第一是计算机认证人的身份,称为用户认证;第二种是计算机认证计算机,主要出现在通信过程中的认证握手阶段。

本节介绍计算机认证人(用户认证)和计算机认证计算机(认证协议)的基本原理。

1. 用户认证

用户认证是由计算机对用户身份进行识别的过程,用户向计算机系统出示自己的身份证明,以便计算机系统验证确实是所声称的用户,允许该用户访问系统资源。一个典型的场景是用户要使用公共场所安装的工作站。用户认证的实质是计算机认证人的身份,以查明用户是否具有他所请求的信息的使用权利。用户认证是对访问者授权的前提,即用户获得访问系统权限的第一步。若用户身份得不到系统的认可,则无法进入系统访问资源。

用户认证的依据主要包括以下三种：

(1) 所知道的信息,比如身份证号码、账号密码、口令等。

(2) 所拥有的物品,比如 IC 卡、USBkey 等。

(3) 所具有的独一无二的身体特征,比如指纹、虹膜、声音等。

2. 认证协议

在开放的网络环境中,为了通信的安全,一般都要求有一个初始的认证握手过程,以实现对通信双方或某一方的身份验证过程。身份认证协议在网络安全中占据十分重要的地位,对网络应用的安全有着非常重要的作用。

认证协议主要包括以下两种。

1) 单向认证

单向认证是指通信双方中,只有一方对另一方进行认证。通常,单向认证协议包括三个步骤：①应答方 B 通过网络发送一个挑战；②发起方 A 回送一个对挑战的响应；③应答方 B 检查此响应,然后再进行通信。单向认证既可以采用对称密码技术实现,也可以采用公钥密码技术实现。

基于对称加密的单向认证方案如图 7-11 所示。在图 7-11(a)中,B 随机选择一个挑战 R 发送给 A,A 收到后使用共享的密钥 K_{AB}加密 R 并将解密结果发送给 B,则 B 加密得到 R′,通过验证 R=R′来实现对 A 的单向身份认证。图 7-11(b)所示协议是图 7-11(b)的一个变形。B 随机选择一个挑战 R,并将 R 加密发送给 A。A 收到后使用共享的密钥 K_{AB}解密收到的数据,得到 R′并发送给 B。同样,B 可以验证 R=R′来实现对 A 的单向身份认证。

2) 双向认证

双向认证是一个重要的应用领域,指通信双方相互验证对方的身份。双向认证协议可以使通信双方确信对方的身份并交换会话密钥。保密性和及时性是认证的密钥交换中

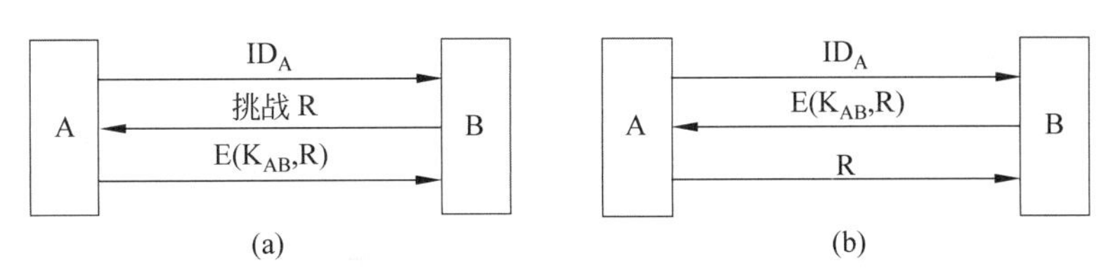

图 7-11　基于对称加密的单向认证

两个重要的问题。为防止假冒和会话密钥的泄密，用户标识和会话密钥这样的重要信息必须以密文的形式传送，这就需要事先已有能用于这一目的的密钥或公钥。因为可能存在消息重放，所以及时性非常重要，在最坏情况下，攻击者可以利用重放攻击威胁会话密钥或者成功地假冒另一方。对付重放攻击的方法之一是，在每个用于认证交换的消息后附加一个序列号，只有序列号正确的消息才能被接受。但是这种方法存在一个问题，即它要求每一通信方都要记录其他通信各方最后的序列号，因此，认证和密钥交换一般不使用序列号，而是使用下列两种方法之一。

(1) 时间戳。仅当消息包含时间戳并且在 A 看来这个时间戳与其所认为的当前时间足够接近时，A 才认为收到的消息是新消息，这种方法要求通信各方的时钟应保持同步。

(2) 挑战/应答。若 A 要接收 B 发来的消息，则 A 首先给 B 发送一个临时交互号(挑战)，并要求 B 发来的消息(应答)包含该临时交互号。

时间戳方法不适合于面向连接的应用。第一，它需要某种协议保持通信各方的时钟同步，为了能够处理网络错误，该协议必须能够容错，并且还应能抗恶意攻击；第二，如果由于通信一方时钟机制出错而使同步失效，那么攻击成功的可能性就会增大；第三，由于各种不可预知的网络延时，不可能保持各分布时钟精确同步。因此，任何基于时间戳的程序都应有足够长的时限以适应网络延时，同时应有足够短的时限以使攻击的可能性最小。

另一方面，挑战/应答不适合于无连接的应用，因为它要求在任何无连接传输之前必须先握手，这与无连接的主要特征相违背。

与单向认证类似，双向认证既可以采用对称密码技术实现，也可以采用公钥密码技术实现。用公钥密码进行会话密钥分配的方法见图 7-12。

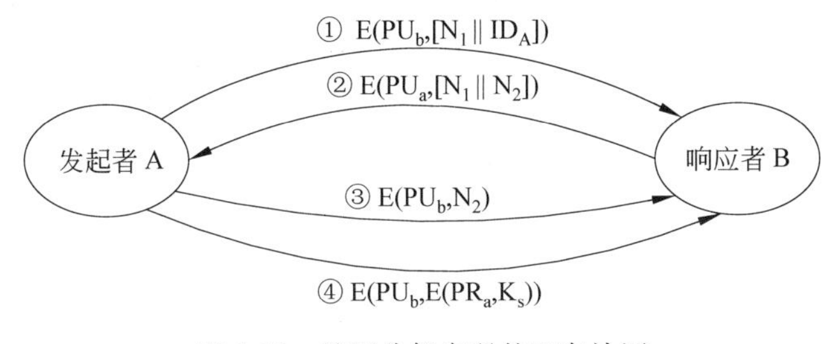

图 7-12　基于公钥密码的双向认证

(1) A 用 B 的公钥对含有其标识 ID_A 和挑战(N_1)的消息加密，并发送给 B。其中 N_1 用来唯一标识本次交易。

(2) B 发送一条用 PU_a 加密的消息，该消息包含 A 的挑战(N_1)和 B 产生的新挑战(N_2)。因为只有 B 可以解密消息①，所以消息②中的 N_1 可使 A 确信其通信伙伴是 B。

(3) A 用 B 的公钥对 N_2 加密，并返回给 B，这样可使 B 确信其通信伙伴是 A。

至此，A 与 B 实现了双向认证。

(4) A 选择密钥 K_s，并将 $M=E(PU_b, E(PR_a, K_s))$ 发送给 B。使用 B 的公钥对消息加密可以保证只有 B 才能对它解密；使用 A 的私钥加密可以保证只有 A 才能发送该消息。

(5) B 计算 $D(PU_a, D(PR_b, M))$ 得到密钥。

步骤(4)和步骤(5)实现了对称密码的密钥分配。

7.7.5 数字水印技术

数字水印(Digital Watermark)是一种应用计算机算法嵌入载体文件的保护信息。数字水印技术，是一种基于内容的、非密码机制的计算机信息隐藏技术。它是将一些标识信息(即数字水印)直接嵌入数字载体当中(包括多媒体、文档、软件等)或是间接表示(修改特定区域的结构)，且不影响原载体的使用价值，也不容易被探知和再次修改。但可以被生产方识别和辨认。通过这些隐藏在载体中的信息，可以达到确认内容创建者、购买者、传送隐秘信息或者判断载体是否被篡改等目的。数字水印是保护信息安全、实现防伪溯源、版权保护的有效办法，是信息隐藏技术研究领域的重要分支和研究方向。

1. 数字水印技术的特点

(1) 安全性(Security)。数字水印的信息应是安全的，难以篡改或伪造，同时，应当有较低的误检测率，当原内容发生变化时，数字水印应当发生变化，从而可以检测原始数据的变更；当然数字水印同样对重复添加有很强的抵抗性。

(2) 隐蔽性(Invisibility)。数字水印应是不可知觉的，而且应不影响被保护数据的正常使用；不会降质。

(3) 鲁棒性(Robustness)。该特性适用于鲁棒水印。是指在经历多种无意或有意的信号处理过程后，数字水印仍能保持部分完整性并能被准确鉴别。可能的信号处理过程包括信道噪声、滤波、数/模与模/数转换、重采样、剪切、位移、尺度变化以及有损压缩编码等。

(4) 敏感性(Sensitivity)。该特性适用于脆弱水印。是经过分发、传输、使用过程后，数字水印能够准确地判断数据是否遭受篡改。进一步的，可判断数据篡改位置、程度甚至恢复原始信息。

2. 数字水印应用

随着数字水印技术的发展，数字水印的应用领域也得到了扩展，数字水印的基本应用领域是防伪溯源、版权保护、隐藏标识、认证和安全隐蔽通信。

当数字水印应用于防伪溯源时，包装、票据、证卡、文件印刷打印都是潜在的应用领域。用于版权保护时,潜在的应用市场在于电子商务、在线或离线地分发多媒体内容以及大规模的广播服务。数字水印用于隐藏标识时,可在医学、制图、数字成像、数字图像监控、多媒体索引和基于内容的检索等领域得到应用。数字水印的认证方面主要为ID卡、信用卡、ATM卡等上面数字水印的安全,隐蔽通信将在国防和情报部门得到广泛的应用。

数字作品(如计算机美术、扫描图像、数字音乐、视频、三维动画)的版权保护是当前的热点问题。由于数字作品的复制、修改非常容易,而且可以做到与原作品完全相同,所以原创者不得不采用一些严重损害作品质量的办法来加上版权标识,而这种明显可见的标识很容易被篡改。“数字水印”利用数据隐藏原理使版权标识不可见或不可听,既不损害原作品,又达到了版权保护的目的。

随着高质量图像输入输出设备的发展,特别是精度超过1200dpi的彩色喷墨、激光打印机和高精度彩色复印机的出现,使得货币、支票以及其他票据的伪造变得更加容易。数字水印也可用于商务交易中的票据防伪。

在从传统商务向电子商务转化的过程中,会出现大量过渡性的电子文件,如各种纸质票据的扫描图像等。即使在网络安全技术成熟以后,各种电子票据也还需要一些非密码的认证方式。数字水印技术可以为各种票据提供不可见的认证标识,从而大大增加了伪造的难度。

国内在证件防伪领域面临巨大的商机,由于缺少有效的措施,使得“造假”“买假”“用假”成风,已经严重地干扰了正常的经济秩序,对国家的形象也有不良影响。通过水印技术可以确认该证件的真伪,使得该证件无法仿制和复制。

数据的标识信息往往比数据本身更具有保密价值,如遥感图像的拍摄日期、经/纬度等。没有标识信息的数据有时甚至无法使用,但直接将这些重要信息标记在原始文件上又很危险。数字水印技术提供了一种隐藏标识的方法,标识信息在原始文件上是看不到的,只有通过特殊的阅读程序才可以读取。这种方法已经被国外一些公开的遥感图像数据库采用。

数据的篡改提示也是一项很重要的工作。现有的信号拼接和镶嵌技术可以做到“移花接木”而不为人知,因此,如何防范对图像、录音、录像数据的篡改攻击是重要的研究课题。基于数字水印的篡改提示是解决这一问题的理想技术途径,通过隐藏水印的状态可以判断声像信号是否被篡改。

数字水印所依赖的信息隐藏技术不仅提供了非密码的安全途径,更引发了信息战尤其是网络情报战的革命,产生了一系列新颖的作战方式,引起了许多国家的重视。

网络情报战是信息战的重要组成部分,其核心内容是利用公用网络进行保密数据传送。迄今为止,学术界在这方面的研究思路一直未能突破“文件加密”的思维模式,然而,经过加密的文件往往是混乱无序的,容易引起攻击者的注意。网络多媒体技术的广泛应用使得利用公用网络进行保密通信有了新的思路,利用数字化声像信号相对于人的视觉、听觉冗余,可以进行各种时(空)域和变换域的信息隐藏,从而实现隐蔽通信。

7.7.6 区块链技术

从科技层面来看，区块链涉及数学、密码学、互联网和计算机编程等很多科学技术问题。从应用视角来看，简单来说，区块链是一个分布式的共享账本和数据库，具有去中心化、不可篡改、全程留痕、可以追溯、集体维护、公开透明等特点。这些特点保证了区块链的"诚实"与"透明"，为区块链创造信任奠定基础。而区块链丰富的应用场景，基本上都基于区块链能够解决信息不对称问题，实现多个主体之间的协作信任与一致行动。

1. 特征

(1) 去中心化。区块链技术不依赖额外的第三方管理机构或硬件设施，没有中心管制，除了自成一体的区块链本身，通过分布式核算和存储，各个节点实现了信息自我验证、传递和管理。去中心化是区块链最突出最本质的特征。

(2) 开放性。区块链技术基础是开源的，除了交易各方的私有信息被加密外，区块链的数据对所有人开放，任何人都可以通过公开的接口查询区块链数据和开发相关应用，因此整个系统信息高度透明。

(3) 独立性。基于协商一致的规范和协议(类似比特币采用的哈希算法等各种数学算法)，整个区块链系统不依赖其他第三方，所有节点能够在系统内自动安全地验证、交换数据，不需要任何人为的干预。

(4) 安全性。只要不能掌控全部数据节点的51%，就无法肆意操控修改网络数据，这使区块链本身变得相对安全，避免了主观人为的数据变更。

(5) 匿名性。除非有法律规范要求，单从技术上来讲，各区块节点的身份信息不需要公开或验证，信息传递可以匿名进行。

2. 应用

随着区块链技术的发展，区块链的应用领域也得到了扩展，区块链的基本应用领域是金融领域、物联网和物流领域、公共服务领域、数字版权领域、保险领域以及公益领域。

区块链在国际汇兑、信用证、股权登记和证券交易所等金融领域有着潜在的巨大应用价值。将区块链技术应用在金融行业中，能够省去第三方中介环节，实现点对点的直接对接，从而在大大降低成本的同时，快速完成交易支付。

区块链在物联网和物流领域也可以天然结合。通过区块链可以降低物流成本，追溯物品的生产和运送过程，并且提高供应链管理的效率。该领域被认为是区块链一个很有前景的应用方向。

区块链在公共管理、能源、交通等领域都与民众的生产生活息息相关，但是这些领域的中心化特质也带来了一些问题，可以用区块链来改造。区块链提供的去中心化的完全分布式 DNS 服务通过网络中各个节点之间的点对点数据传输服务就能实现域名的查询和解析，可用于确保某个重要的基础设施的操作系统和固件没有被篡改，可以监控软件的状态和完整性，发现不良的篡改，并确保使用了物联网技术的系统所传输的数据没有被篡改。

通过区块链技术，可以对作品进行鉴权，证明文字、视频、音频等作品的存在，保证权属的真实、唯一性。作品在区块链上被确权后，后续交易都会进行实时记录，实现数字版权全生命周期管理，也可作为司法取证中的技术性保障。例如，美国纽约一家创业公司 Mine Labs 开发了一个基于区块链的元数据协议，这个名为 Mediachain 的系统利用 IPFS 文件系统，实现数字作品版权保护，主要是面向数字图片的版权保护应用。

在保险理赔方面，保险机构负责资金归集、投资、理赔，往往管理和运营成本较高。通过智能合约的应用，既无须投保人申请，也无须保险公司批准，只要触发理赔条件，实现保单自动理赔。一个典型的应用案例就是 LenderBot，是 2016 年由区块链企业 Stratumn、德勤与支付服务商 Lemonway 合作推出，它允许人们通过 Facebook Messenger 的聊天功能，注册定制化的微保险产品，为个人之间交换的高价值物品进行投保，而区块链在贷款合同中代替了第三方角色。

区块链上存储的数据，高可靠且不可篡改，天然适合用在社会公益场景。公益流程中的相关信息，如捐赠项目、募集明细、资金流向、受助人反馈等，均可以存放于区块链上，并且有条件地进行透明公开公示，方便社会监督。

思 考 题

1. 什么是恶意代码？主要包括哪些类型？
2. 恶意代码生存技术主要包括哪几个方面？分别简述其原理。
3. 计算机病毒的概念及特征是什么？
4. 简述常见的病毒检测技术原理。
5. 什么是木马？木马和普通病毒有哪些主要区别？
6. 简述木马的三线程技术原理。
7. 什么是蠕虫？蠕虫具有哪些技术特性？
8. 蠕虫代码主要包括哪些模块？分别具有什么功能？
9. 网络安全管理体系由哪三个部分组成？
10. 信息伦理结构的内容可概括为哪两个方面，三个层次？

图书资源支持

感谢您一直以来对清华版图书的支持和爱护。为了配合本书的使用，本书提供配套的资源，有需求的读者请扫描下方的“书圈”微信公众号二维码，在图书专区下载，也可以拨打电话或发送电子邮件咨询。

如果您在使用本书的过程中遇到了什么问题，或者有相关图书出版计划，也请您发邮件告诉我们，以便我们更好地为您服务。

我们的联系方式：

地　　址：北京市海淀区双清路学研大厦 A 座 701

邮　　编：100084

电　　话：010-83470236　010-83470237

资源下载：http://www.tup.com.cn

客服邮箱：2301891038@qq.com

QQ：2301891038（请写明您的单位和姓名）

资源下载、样书申请

书圈

扫一扫，获取最新目录

课　程　直　播

用微信扫一扫右边的二维码，即可关注清华大学出版社公众号“书圈”。